俞经善 李一鸣 冯月春 ◎ 主编 / 谢涛 徐晓君 王庆月 ◎ 副主编

算法

数学应用与竞赛案例解析

清华大学出版社

北京

内 容 简 介

本书共 13 章，依次讲述程序设计基础、算法基础、排序、查找、搜索、字符串匹配、图论、动态规划、高级数据结构、数论、组合数学、计算几何基础、博弈论。

书中提供了大量习题和答案供读者学习使用。

本书可作为高等学校计算机相关专业算法设计类课程的教材，也可供对算法设计、程序设计竞赛感兴趣的读者自学使用。

图书在版编目(CIP)数据

算法：数学应用与竞赛案例解析/俞经善，李一鸣，冯月春主编. —北京：清华大学出版社，2023.6
ISBN 978-7-302-62882-8

Ⅰ. ①算⋯　Ⅱ. ①俞⋯ ②李⋯ ③冯⋯　Ⅲ. ①计算机算法－高等学校－教材　Ⅳ. ①TP301.6

中国国家版本馆 CIP 数据核字(2023)第 037779 号

策划编辑：张瑞庆　常建丽
封面设计：何凤霞
责任校对：韩天竹
责任印制：宋　林

出版发行：清华大学出版社
　　　　网　　　址：http://www.tup.com.cn，http://www.wqbook.com
　　　　地　　　址：北京清华大学学研大厦 A 座　　　邮　　编：100084
　　　　社 总 机：010-83470000　　　　邮　　购：010-62786544
　　　　投稿与读者服务：010-62776969，c-service@tup.tsinghua.edu.cn
　　　　质量反馈：010-62772015，zhiliang@tup.tsinghua.edu.cn
　　　　课件下载：http://www.tup.com.cn，010-83470236
印 装 者：三河市铭诚印务有限公司
经　　销：全国新华书店
开　　本：185mm×260mm　　　印　　张：20.5　　　字　　数：499 千字
版　　次：2023 年 6 月第 1 版　　　印　　次：2023 年 6 月第 1 次印刷
印　　数：1～1500
定　　价：99.00 元

产品编号：092299-01

前言

近几年,在校学生以及在职者对与算法相关的知识越来越重视,但现有的针对初学者的算法书籍却不多。本书根据算法的相关知识由浅入深地进行介绍,提供了大量目前比较主流类型的题目并对其进行解析。题目侧重基础,浅显易懂,适合不同水平的读者学习。

作为大学计算机类专业的教师,我们一直坚持认为学习的目的不仅仅是获取知识,更重要的是具备分析问题和解决问题的能力。而算法是程序设计的灵魂,算法的选择则代表着用程序设计解决具体问题的能力,因此算法的优劣决定了用程序解决问题的效率。

算法设计是算法思维的体现,算法运用不好的程序员,很难说是一名好的程序员。计算机类专业人才理应具有一定的算法功底,拥有一定的算法思维,并且能利用这些思想有效地转换为解决程序设计问题的能力。因此,本书特别强调算法实践,通过对具体的例题、程序的算法解析,讲解程序设计的思路和具体实现,并配有大量的课后习题以供练习。

本书依次讲述程序设计基础、算法基础、排序、查找、搜索、字符串匹配、图论、动态规划、高级数据结构、数论、组合数学、计算几何基础、博弈论。

本书不仅讲解这些算法的基本原理,还结合具体案例详细介绍这些算法的应用。本书涉及的程序设计问题将充分锻炼读者的思维能力和动手能力,有助于读者形成全面、灵活、缜密的思考习惯,从而提升读者解决未知问题的能力。

算法思想博大精深,而作者时间和能力有限,书中难免有遗漏或不足之处,望读者海涵并不吝赐教。

作　者

2023 年 2 月

目录

第 **1** 章

程序设计基础

1.1 程序设计语言入门

运行计算机程序可以实现特定功能。计算机程序通常用某种程序设计语言编写,目前较热门的程序设计语言有 C 语言、C++ 语言、Java 语言、Python 语言、C♯ 语言、Go 语言等,C 语言是使用较广泛的编程语言。

从 1972 年美国贝尔实验室的 D. M. Ritchie 设计出 C 语言至今,无论风云怎样变幻,C 语言始终在编程语言排行榜名列前十名。

下面是一个典型的 C 语言程序。

例 **1.1** 输出"Hello World!"。

```
#include <stdio.h>
int main()
{
    printf("Hello World!\n");
    return 0;
}
```

程序运行结果:

```
Hello World!
```

说明:

程序中 main 是主函数的函数名,表示这是一个主函数。

每个 C 语言程序都必须有,且只能有一个主函数(main 函数)。

printf 函数的功能是把要输出的内容送到显示器显示。

printf 函数是一个由系统定义的标准函数,可在程序中直接调用。

计算机程序主要描述两部分内容:一是对数据的描述,在程序中要指定数据的类型和数据的组织形式,即数据结构;二是对操作的描述,即操作步骤,也就是算法。因此,对程序的描述可总结为:程序=数据结构+算法。

1.1.1 基本数据类型

在 C 语言中，数据处理的基本对象是常量和变量，它们都属于某种数据类型。C 语言提供的数据类型如图 1-1 所示。

1. 基本数据类型

基本数据类型最主要的特点是，其值不可以再分解为其他类型。也就是说，基本数据类型是自我说明的。

2. 构造数据类型

构造数据类型是根据已定义的一个或多个数据类型用构造的方法定义的。也就是说，一个构造类型的值可以分解成若干"成员"或"元素"。每个"成员"都是一个基本数据类型或又是一个构造类型。

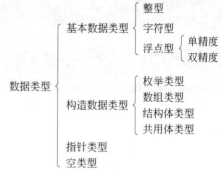

图 1-1　C 语言提供的数据类型

3. 指针类型

指针是一种特殊的，同时又是具有重要作用的数据类型。

4. 空类型

在调用函数值时，通常应向调用者返回一个函数值。这个返回的函数值具有一定的数据类型，应在函数定义及函数说明中说明。但是，也有一类函数，调用后并不需要向调用者返回函数值，这种函数可以定义为"空类型"，其类型说明符为 void。

1.1.2 顺序结构程序设计

在进行复杂的程序设计前，首先需要了解结构化程序设计的几种基本结构，即顺序结构、条件结构、循环结构。这三种基本结构可以组成所有的各种复杂程序。

顺序结构的程序设计是最简单的程序设计。顺序结构的程序由一组顺序执行的程序块组成。最简单的程序块由若干个顺序执行的语句构成。这些语句可以是赋值语句、输入/输出语句等。为此，我们首先介绍赋值语句和简单的输入/输出语句，然后说明顺序程序设计的方法。

1. 赋值语句

以分号结尾的赋值表达式称为表达式语句，也称为赋值语句。例如：

```
a=b+c-d*e;
```

在赋值语句中，首先计算等号左边的表达式的值，然后将其值赋给等号左边的变量。如果等号右边的表达式的类型与左边变量的类型不一致，系统将自动把等号右边的表达式的值转换为与左边变量相同的类型，然后再赋值。

2. 顺序结构程序设计举例

计算机处理的问题难易程度差别很大。简单问题的程序，其结构可能完全是顺序的，即执行时是顺序逐句执行。而复杂问题的程序则不仅包含顺序结构，还可能包含分支结构和循环结构。

例 1.2　输入三角形的三条边长，求三角形的面积。

若三角形的三边长为 a，b，c，则该三角形的面积公式为

$$area=\sqrt{s(s-a)(s-b)(s-c)}$$

其中 $s=(a+b+c)/2$。

参考程序：

```c
#include <stdio.h>
#include <math.h>
main()
{
    int a,b,c;float s,p;
    printf("请输入三角形的三条边长");
    scanf("%d%d%d",&a,&b,&c);
    if((a+b>c)&&(a+c>b)&&(b+c>a))
    {
        p=1*(a+b+c)/2;
        s=sqrt(p*(p-a)*(p-b)*(p-c));
        printf("%d",s);
    }
    else printf("输入错误");
}
```

1.1.3　条件结构程序设计

与顺序结构一样,分支结构也是程序的基本结构之一,也是常用的一种结构。所谓分支结构,就是根据不同的条件,选择不同的处理块(或程序块,或分程序)。例如,对于形如 ax^2-bx+c 的方程,应根据系数 a 是否等于零分别当作一次方程和二次方程求解。因此,分支结构又叫条件分支结构。

在 C 语言中,条件分支结构可通过 if 语句和 switch 语句实现。if 语句有 if、if-else 和 if-else-if 三种形式。

1. 第一种形式为基本形式：if

```
if(表达式)
        语句;
```

其语义是：如果表达式的值为真,则执行其后的语句,否则不执行该语句。if 语句的执行过程如图 1-2 所示。

例 **1.3**　输入两个整数,输出其中较大的数。

```c
#include <stdio.h>
main(){
    int a,b,max;
    printf("请输入两个整数:");
    scanf("%d%d",&a,&b);
    max=a;
    if (max<b) max=b;
    printf("较大的数为:%d",max);
}
```

本例程序中,输入两个数 a 和 b。把 a 先赋予变量 max,再用 if 语句判别 max 和 b 的大小,如 max 小于 b,则把 b 赋予 max。因此,max 中总是大数,最后输出 max 的值。

2. 第二种形式：if-else

```
if( 表达式)
        语句 1;
    else
        语句 2;
```

其语义是：如果表达式的值为真,则执行语句 1,否则执行语句 2。

if-else 语句的执行过程如图 1-3 所示。

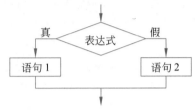

图 1-2　if 语句的执行过程　　　　　图 1-3　if-else 语句的执行过程

例 1.4　输入两个整数,输出其中较大的数。

```c
#include <stdio.h>
main(){
    int a, b;
    printf("请输入两个整数:  ");
    scanf("%d%d",&a,&b);
    if(a>b)
      printf("较大的数为:%d\n",a);
    else
      printf("较大的数为:%d\n",b);
}
```

改用 if-else 语句判别 a 与 b 的大小,若 a 大,则输出 a,否则输出 b。

3. 第三种形式：if-else-if

前两种形式的 if 语句一般都用于两个分支的情况。当有多个分支选择时,可采用 if-else-if 语句,其一般形式为

```
if (表达式 1)
        语句 1;
    else  if (表达式 2)
        语句 2;
    else  if (表达式 3)
        语句 3;
        ...
    else  if (表达式 m)
        语句 m;
    else  if
        语句 n;
```

其语义是：首先依次判断表达式的值,当出现某个值为真时,则执行其对应的语句。其次跳到整个 if 语句之外继续执行程序。如果所有的表达式均为假,则执行语句 n。最后继续执行后续程序。if-else-if 语句的执行过程如图 1-4 所示。

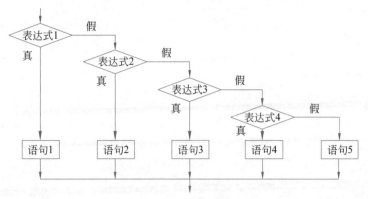

图 1-4　if-else-if 语句的执行过程

例 1.5　判断输入的字符类别。

```c
#include"stdio.h"
main(){
    char c;
    printf("请输入一个字符：    ");
    c=getchar();
    if(c<32)
      printf("这是一个控制字符\n");
    else if(c>='0'&&c<='9')
      printf("这是一个数字\n");
    else if(c>='A'&&c<='Z')
      printf("这是一个大写字符\n");
    else if(c>='a'&&c<='z')
      printf("这是一个小写字符\n");
    else
      printf("这是一个其他字符\n");
}
```

本例要求判别输入字符的类别。可以根据输入字符的 ASCII 码判别类型。由 ASCII 码表可知 ASCII 码值小于 32 的为控制字符。ASCII 码值在"0"和"9"之间的为数字，在"A"和"Z"之间的为大写字母，在"a"和"z"之间的为小写字母，其余则为其他字符。这是一个多分支选择的问题，用 if-else-if 语句编程，判断输入字符 ASCII 码所在的范围，分别给出不同的输出。例如，输入"g"，输出显示"这是一个小写字符"。

4. 条件运算符和条件表达式

如果在条件语句中只执行单条赋值语句，常可使用条件表达式实现。这样不但使程序变得简洁，而且提高了运行效率。

条件运算符为?和:，它是一个三目运算符，即有三个参与运算的量。

由条件运算符组成条件表达式的一般形式为

表达式 1? 表达式 2:表达式 3;

其求值规则为：如果表达式 1 的值为真，则以表达式 2 的值作为条件表达式的值，否则以表达式 3 的值作为整个条件表达式的值。

条件表达式通常用于赋值语句之中。

例如,条件语句:

```
if(a>b)   max=a;
    else max=b;
```

可用条件表达式写为

```
max=(a>b)?a:b;
```

执行该语句的语义是:如 a>b 为真,则把 a 赋予 max,否则把 b 赋予 max。

例 1.6　用条件表达式对上例重新编程,输出两个数中较大的数。

```
#include <stdio.h>
main(){
    int a,b,max;
    printf("请输入两个整数:   ");
    scanf("%d%d",&a,&b);
    printf("较大的数为:%d",a>b?a:b);
}
```

5. switch 语句

C 语言还提供了另一种用于多分支选择的 switch 语句,其一般形式为

```
switch(表达式){
    case 常量表达式 1:   语句 1;
    case 常量表达式 2:   语句 2;
    …
    case 常量表达式 n:   语句 n;
    default:   语句 n+1;
}
```

其语义是:计算表达式的值,并逐个与其后的常量表达式值比较,当表达式的值与某个常量表达式的值相等时,即执行其后的语句,然后不再进行判断,继续执行后面所有 case 后的语句。若表达式的值与所有 case 后的常量表达式的值均不相同,则执行 default 后的语句。

例 1.7　输入一个整数,输出一个英文单词。

```
#include <stdio.h>
main(){
    int a;
    printf("请输入一个整数:      ");
    scanf("%d",&a);
    switch (a){
      case 1:printf("Monday\n");
      case 2:printf("Tuesday\n");
      case 3:printf("Wednesday\n");
      case 4:printf("Thursday\n");
      case 5:printf("Friday\n");
      case 6:printf("Saturday\n");
      case 7:printf("Sunday\n");
      default:printf("error\n");
    }
}
```

本程序要求输入一个数字,输出一个英文单词。但是,当输入 3 之后,却执行了 case3

以及以后的所有语句,输出了 Wednesday 及以后的所有单词。这当然不是我们希望的。为什么会出现这种情况呢?这恰恰反映 switch 语句的一个特点。在 switch 语句中,"case 常量表达式"相当于一个语句标号,若表达式的值和某标号相等,则转向该标号执行,但不能在执行完该标号的语句后自动跳出整个 switch 语句,所以出现了继续执行所有后面 case 语句的情况。这与前面介绍的 if 语句完全不同,应特别注意。为了避免上述情况,C 语言还提供了一种 break 语句,专用于跳出 switch 语句。break 语句只有关键字 break,没有参数,后面还将详细介绍。修改例 1.7 的程序,在每条 case 语句之后增加 break 语句,使每次执行语句之后均可跳出 switch 语句,从而避免输出不应有的结果。

```c
#include <stdio.h>
main(){
    int a;
    printf("请输入一个整数:      ");
    scanf("%d",&a);
    switch (a){
      case 1:printf("Monday\n");break;
      case 2:printf("Tuesday\n"); break;
      case 3:printf("Wednesday\n");break;
      case 4:printf("Thursday\n");break;
      case 5:printf("Friday\n");break;
      case 6:printf("Saturday\n");break;
      case 7:printf("Sunday\n");break;
      default:printf("error\n");
    }
}
```

1.1.4 循环结构

循环结构是程序中一种很重要的结构。其特点是,在给定条件成立时,反复执行某程序段,直到条件不成立为止。给定的条件称为循环条件,反复执行的程序段称为循环体。C 语言提供了多种循环语句,它们可以组成各种不同形式的循环结构。

① 用 goto 语句和 if 语句构成循环;

② 用 while 语句构成循环;

③ 用 do-while 语句构成循环;

④ 用 for 语句构成循环。

1. goto 语句

goto 语句是一种无条件转移语句,与 Basic 中的 goto 语句相似。goto 语句的使用格式为

```
goto 语句标号;
```

其中语句标号是一个有效的标识符,这个标识符加上一个":"一起出现在函数内某处,执行 goto 语句后,程序将跳转到该语句标号处并执行其后的语句。另外,语句标号必须与 goto 语句同处于一个函数中,但可以不在一个循环层中。通常,goto 语句与 if 条件语句连用,当满足某一条件时,程序跳到语句标号处运行。

goto 语句通常不用,主要因为它将使程序层次不清,且不易读,但在多层嵌套退出时,

用 goto 语句则比较合理。

例 1.8 用 goto 语句和 if 语句构成循环,计算 $1+2+3+\cdots+99+100$。

```c
#include <stdio.h>
main()
{
    int i,sum=0;
    i=1;
loop: if(i<=100)
     {sum=sum+i;
      i++;
      goto loop;}
    printf("%d\n",sum);
}
```

2. while 语句

while 语句的一般形式为

```
while(表达式)
        语句;
```

其中表达式是循环条件,语句为循环体。

while 语句的语义是:计算表达式的值,当值为真(非 0)时,执行循环体语句。其执行过程如图 1-5 所示。

例 1.9 用 while 语句求 $1+2+3+\cdots+99+100$ 的结果。

用 N-S 结构流程图表示算法,如图 1-6 所示。

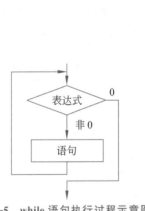

图 1-5 while 语句执行过程示意图

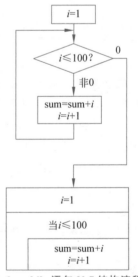

图 1-6 while 语句 N-S 结构流程图

```c
#include <stdio.h>
main()
{
    int i,sum=0;
    i=1;
```

```
    while(i<=100)
      {
sum=sum+i;
      i++;
      }
    printf("%d\n",sum);
}
```

例 1.10 统计从键盘输入一行字符的个数。

```
#include <stdio.h>
main(){
    int n=0;
    printf("输入一个字符串:\n");
    while(getchar()!='\n') n++;
    printf("%d",n);
}
```

本例程序中的循环条件为 getchar()!='\n',其意义是,只要从键盘输入的字符不是回车就继续循环。循环体 n++;完成对输入字符的计数,从而程序实现了对输入一行字符的字符个数计数。

使用 while 语句应注意:while 语句中的表达式一般是关系表达式或逻辑表达式,只要表达式的值为真(非 0)即可继续循环。

例 1.11 根据输入的 n 值,输出 $2,4,6,8,\cdots,2(n-1),2n$。

```
#include <stdio.h>
main(){
    int a=0,n;
    printf("\n请输入一个整数:    ");
    scanf("%d",&n);
    while (n--)
      printf("%d  ",a++ * 2);
}
```

本例程序将执行 n 次循环,每执行一次,n 值减 1。循环体输出表达式 a++ * 2 的值。该表达式等效于(a * 2;a++)。循环体如包括一条以上的语句,则必须用{}括起来,组成复合语句。

3. do-while 语句

do-while 语句的一般形式为

```
do
    语句
while(表达式);
```

这个循环与 while 循环的不同在于:它先执行循环中的语句,然后再判断表达式是否为真,如果为真,则继续循环;如果为假,则终止循环。因此,do-while 循环至少执行一次循环语句,其执行过程如图 1-7 所示。

例 1.12 用 do-while 语句求 $1+2+3+\cdots+99+100$ 的值。

用 N-S 结构流程图表示算法,如图 1-8 所示。

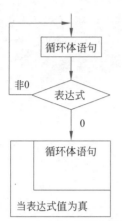

图 1-7　do-while 语句执行过程示意图

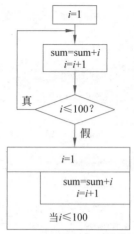

图 1-8　do-while 语句 N-S 结构流程图

```
#include <stdio.h>
main() {
    int i, sum = 0;
    i = 1;
    do {
        sum = sum + i;
        i++;
    } while (i <= 100);
    printf("%d\n", sum);
}
```

4. for 语句

在 C 语言中,for 语句的使用最为灵活,它完全可以取代 while 语句。它的一般形式为

```
for(表达式 1;表达式 2;表达式 3)
    语句;
```

它的执行过程如下:

(1) 先求解表达式 1。

(2) 求解表达式 2,若其值为真(非 0),则执行 for 语句中指定的内嵌语句,然后执行步骤(3);若其值为假(0),则结束循环,转到步骤(5)。

(3) 求解表达式 3。

(4) 转回步骤(2)继续执行。

(5) 循环结束,执行 for 语句下面的一条语句。

其执行过程如图 1-9 所示。

for 语句是最简单的应用形式,也是最容易理解的形式,具体如下。

```
for(对循环变量赋初值;循环条件;循环变量增量) 语句
```

对循环变量赋初值总是一条赋值语句,用来给循环控制变量赋初值;循环条件是一个关系

图 1-9　for 语句执行
过程示意图

表达式,它决定什么时候退出循环;循环变量增量,用来定义循环控制变量每循环一次后按什么方式变化。这三部分之间用分号";"分开。

例如:

```
for(i=1; i<=100; i++)sum=sum+i;
```

先给 i 赋初值 1,判断 i 是否小于或等于 100,若是,则执行语句,之后值增加 1。再重新判断,直到条件为假,即 i>100 时,结束循环。

相当于:

```
    i=1;
while(i<=100)
    { sum=sum+i;
    i++;
}
```

对于 for 循环中语句的一般形式,就是如下的 while 循环形式:

```
    表达式 1;
while(表达式 2)
    {语句
    表达式 3;
}
```

5. continue 语句

continue 语句的作用是跳过循环体中剩余的语句而强行执行下一次循环。continue 语句只用在 for、while、do…while 等循环体中,常与 if 条件语句一起使用,用来加速循环。其执行过程如图 1-10 所示。

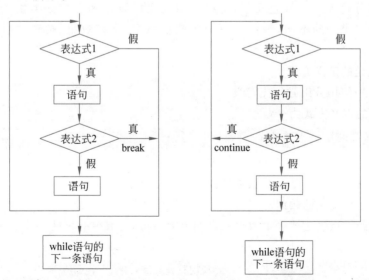

图 1-10　continue 和 break 语句执行过程示意图

1) while(表达式 1)

```
    { …
    if(表达式 2)break;
```

```
        …
        }
```

2) while(表达式 1)

```
    { …
        if(表达式 2) continue;
        …
    }
```

例 1.13　循环输出输入的除回车外的字符,按 Esc 键跳到下一次循环。

```
main()
{
  char c;
  while(c!=13)                      /* 若不是回车符,则循环 */
    {
      c=getch();
      if(c==0X1B)
        continue;                   /* 若按 Esc 键不输出,则进行下次循环 */
      printf("%c\n", c);
    }
}
```

1.1.5　数组

在程序设计中,为了处理方便,把具有相同类型的若干变量按有序的形式组织起来。这些按序排列的同类数据元素的集合称为数组。在 C 语言中,数组属于构造数据类型。一个数组可以分解为多个数组元素,这些数组元素可以是基本数据类型或是构造类型。因此按数组元素类型的不同,数组又可分为数值数组、字符数组、指针数组、结构数组等类别。

1. 一维数组的定义方式

在 C 语言中使用数组必须先定义。

一维数组的定义方式为

类型说明符　数组名 [常量表达式];

其中:

类型说明符是任一种基本数据类型或构造数据类型。

数组名是用户定义的数组标识符。

方括号中的常量表达式表示数据元素的个数,也称为数组的长度。

例如:

```
int a[10];                  //说明整型数组 a 有 10 个元素
float b[10],c[20];          //说明实型数组 b 有 10 个元素,实型数组 c 有 20 个元素
char ch[20];                //说明字符数组 ch 有 20 个元素
```

2. 一维数组元素的引用

数组元素是组成数组的基本单元。数组元素也是一种变量,其标识方法为数组名后跟一个下标。下标表示了元素在数组中的顺序号。

数组元素的一般形式为

```
数组名[下标]
```

其中下标只能为整型常量或整型表达式。如为小数时,C 编译将自动取整。

例如:

```
a[5]
a[i+j]
a[i++]
```

都是合法的数组元素。

数组元素通常也称为下标变量。必须先定义数组,才能使用下标变量。在 C 语言中只能逐个地使用下标变量,而不能一次引用整个数组。

例 1.14　输出有 10 个元素的数组。必须使用循环语句逐个输出各下标变量:

```
for(i=0; i<10; i++)
    printf("%d",a[i]);
```

而不能用一个语句输出整个数组。

下面的写法是错误的:

```
printf("%d",a);
```

参考程序 1:

```
main()
{
  int i,a[10];
  for(i=0;i<=9;i++)
    a[i]=i;
  for(i=9;i>=0;i--)
    printf("%d ",a[i]);
}
```

参考程序 2:

```
main()
{
  int i,a[10];
  for(i=0;i<10;)
    a[i++]=i;
  for(i=9;i>=0;i--)
    printf("%d",a[i]);
}
```

参考程序 3:

```
main()
{
  int i,a[10];
  for(i=0;i<10;)
    a[i++]=2*i+1;
  for(i=0;i<=9;i++)
  printf("%d ",a[i]);
```

```
printf("\n%d %d\n",a[2],a[8]);
}
```

本例中用一个循环语句给 a 数组各元素送入奇数值,然后用第二个循环语句输出各个奇数。在第一个 for 语句中,表达式 3 省略了。在下标变量中使用了表达式 i++,用以修改循环变量。当然,第二个 for 语句也可以这样。C 语言允许用表达式表示下标。程序中最后一条 printf 语句输出了两次 a[5]的值,可以看出,当下标不为整数时将自动取整。

3．一维数组的初始化

给数组赋值的方法除了用赋值语句对数组元素逐个赋值外,还可采用初始化赋值和动态赋值的方法。

数组初始化赋值是指在数组定义时给数组元素赋初值。数组初始化是在编译阶段进行的,这样将减少运行时间,提高运行效率。

初始化赋值的一般形式为

类型说明符 数组名[常量表达式]={值,值,…,值};

其中在{}中的各数据值即各元素的初值,各值之间用逗号间隔。

例如:

int a[10]={ 0,1,2,3,4,5,6,7,8,9 };

相当于

a[0]=0;a[1]=1,…,a[9]=9;

C 语言对数组的初始化赋值还有以下几点规定:

可以只给部分元素赋初值。

当{ }中值的个数少于元素个数时,只给前面部分元素赋值。

例如:

int a[10]={0,1,2,3,4};

表示只给 a[0]～a[4]这 5 个元素赋值,而后 5 个元素自动赋 0 值。

只能给元素逐个赋值,不能给数组整体赋值。

例如,给十个元素全部赋 1 值,只能写为

int a[10]={1,1,1,1,1,1,1,1,1,1};

而不能写为

int a[10]=1;

如给全部元素赋值,则在数组说明中,可以不给出数组元素的个数。

例如:

int a[5]={1,2,3,4,5};

可写为

int a[]={1,2,3,4,5};

4．一维数组程序举例

可以在程序执行过程中对数组作动态赋值,这时可用循环语句配合 scanf 函数逐个对

数组元素赋值。

例 1.15　输入 10 个整数,输出最大的那个数。

```
main()
{
  int i,max,a[10];
  printf("请输入 10 个整数:\n");
  for(i=0;i<10;i++)
    scanf("%d",&a[i]);
  max=a[0];
  for(i=1;i<10;i++)
    if(a[i]>max) max=a[i];
  printf("maxmum=%d\n",max);
}
```

本例程序中第一个 for 语句逐个输入 10 个数到数组 a 中。然后把 a[0]送入 max 中。在第二个 for 语句中,从 a[1]到 a[9]逐个与 max 中的内容比较,若比 max 的值大,则把该下标变量送入 max 中,因此 max 在已比较过的下标变量中总是最大者。比较结束,输出 max 的值。

例 1.16　输入 10 个整数,输出最大的那个数的下标。

```
main()
{
  int i,j,p,q,s,a[10];
  printf("\请输入 10 个整数:\n");
  for(i=0;i<10;i++)
    scanf("%d",&a[i]);
  for(i=0;i<10;i++){
    p=i;q=a[i];
    for(j=i+1;j<10;j++)
    if(q<a[j]) { p=j;q=a[j]; }
    if(i!=p)
      {s=a[i];
       a[i]=a[p];
       a[p]=s; }
    printf("%d",a[i]);
  }
}
```

本例程序中用了两个并列的 for 循环语句,在第二个 for 语句中又嵌套了一个循环语句。第一个 for 语句用于输入 10 个元素的初值。第二个 for 语句用于排序。本程序的排序采用逐个比较的方法进行。在 i 次循环时,把第一个元素的下标 i 赋予 p,而把该下标变量值 a[i]赋予 q。然后进入小循环,从 a[i+1]起到最后一个元素止,逐个与 a[i]作比较,若比 a[i]大,则将其下标送 p,元素值送 q。一次循环结束后,p 即最大元素的下标,q 则为该元素值。若此时 i≠p,说明 p,q 值均已不是进入小循环之前所赋之值,则交换 a[i]和 a[p]之值。此时 a[i]为已排序完毕的元素。输出该值之后转入下一次循环。对 i+1 以后的各个元素排序。

5. 二维数组的定义

前面介绍的数组只有一个下标,称为一维数组,其数组元素也称为单下标变量。在实际问题中有很多量是二维的或多维的,因此 C 语言允许构造多维数组。多维数组元素有多个下标,以标识它在数组中的位置,所以也称为多下标变量。本小节只介绍二维数组,多维数组可由二维数组类推而得到。

二维数组定义的一般形式是:

类型说明符 数组名[常量表达式 1][常量表达式 2]

其中常量表达式 1 表示第一维下标的长度,常量表达式 2 表示第二维下标的长度。

例如:

```
int a[3][4];
```

说明了一个三行四列的数组,数组名为 a,其下标变量的类型为整型。该数组的下标变量共有 3×4 个,即

```
a[0][0],a[0][1],a[0][2],a[0][3]
a[1][0],a[1][1],a[1][2],a[1][3]
a[2][0],a[2][1],a[2][2],a[2][3]
```

二维数组在概念上是二维的,即其下标在两个方向上变化,下标变量在数组中的位置也处于一个平面中,而不是像一维数组只是一个向量。但是,实际的硬件存储器却是连续编址的,也就是说,存储器单元是按一维线性排列的。在一维存储器中存放二维数组有两种方式:一种是按行排列,即放完一行之后顺次放入第二行;另一种是按列排列,即放完一列之后再顺次放入第二列。在 C 语言中,二维数组是按行排列的,即先存放 a[0] 行,再存放 a[1] 行,最后存放 a[2] 行。每行中的四个元素也是依次存放。由于数组 a 说明为 int 类型,因此该类型占 2 字节的内存空间,所以每个元素均占 2 字节。

6. 二维数组元素的引用

二维数组元素也称为双下标变量,其表示形式为

数组名[下标][下标]

其中下标应为整型常量或整型表达式。

例如 a[3][4] 表示 a 数组三行四列的元素。

下标变量和数组说明在形式中有些相似,但这两者具有完全不同的含义。数组说明的方括号中给出的是某一维的长度,即可取下标的最大值;而数组元素中的下标是该元素在数组中的位置标识。前者只能是常量,后者可以是常量、变量或表达式。

例 1.17　一个学习小组有 5 个人,每个人有三门课程的考试成绩,如表 1-1 所示。求全组分科的平均成绩和各科总平均成绩。

表 1-1　学习小组 5 人三门课程的成绩

课　　　程	张	王	李	赵	周
Math	80	61	59	85	76
C	75	65	63	87	77
Foxpro	92	71	70	90	85

可设一个二维数组 a[5][3]存放 5 个人三门课程的成绩。再设一个一维数组 v[3]存放所求得各分科平均成绩,设变量 average 为全组各科总平均成绩。代码如下:

```
main()
{
  int i,j,s=0,average,v[3],a[5][3];
  printf("请输入成绩\n");
  for(i=0;i<3;i++)
  {
    for(j=0;j<5;j++)
    { scanf("%d",&a[j][i]);
      s=s+a[j][i];}
    v[i]=s/5;
    s=0;
  }
  average=(v[0]+v[1]+v[2])/3;
  printf("math:%d\nc languag:%d\ndbase:%d\n",v[0],v[1],v[2]);
  printf("total:%d\n",average );
}
```

程序中首先用了一个双重循环。在内循环中依次读入某一门课程的各个学生的成绩,并把这些成绩累加起来,退出内循环后再把该累加成绩除以 5 送入 v[i]中,这就是该门课程的平均成绩。外循环共循环三次,分别求出三门课程各自的平均成绩并存放在 v 数组中。退出外循环之后,把 v[0]、v[1]、v[2]相加之后除以 3 即得到各科总平均成绩。最后按题意输出各个成绩。

7. 二维数组初始化

二维数组初始化也是在类型说明时给各下标变量赋初值。二维数组可按行分段赋值,也可按行连续赋值。

例如,对数组 a[5][3]:

按行分段赋值可写为

```
int a[5][3]={ {80,75,92},{61,65,71},{59,63,70},{85,87,90},{76,77,85} };
```

按行连续赋值可写为

```
int a[5][3]={ 80,75,92,61,65,71,59,63,70,85,87,90,76,77,85};
```

这两种赋初值的结果是完全相同的。

例 1.18 计算数组元素的平均值。

```
main()
{
  int i,j,s=0, average,v[3];
  int a[5][3]={{80,75,92},{61,65,71},{59,63,70},{85,87,90},{76,77,85}};
  for(i=0;i<3;i++)
  { for(j=0;j<5;j++)
    s=s+a[j][i];
    v[i]=s/5;
    s=0;
  }
```

```
average=(v[0]+v[1]+v[2])/3;
  printf("math:%d\nc languag:%d\ndFoxpro:%d\n",v[0],v[1],v[2]);
  printf("total:%d\n",average);
}
```

对于二维数组初始化赋值,还有以下说明:

可以只对部分元素赋初值,未赋初值的元素自动取 0 值。

例如:

```
int a[3][3]={{1},{2},{3}};
```

是对每一行的第一列元素赋值,未赋值的元素取 0 值。赋值后各元素的值为

```
1 0 0
2 0 0
3 0 0
```

对于 int a [3][3]={{0,1},{0,0,2},{3}},赋值后的元素值为

```
0 1 0
0 0 2
3 0 0
```

若对全部元素赋初值,则第一维的长度可以不给出。

例如:

```
int a[3][3]={1,2,3,4,5,6,7,8,9};
```

可以写为

```
int a[][3]={1,2,3,4,5,6,7,8,9};
```

数组是一种构造类型的数据。二维数组可以看作由一维数组的嵌套而构成的。设一维数组的每个元素又都是一个数组,就组成了二维数组。当然,前提是各元素类型必须相同。根据这样的分析,一个二维数组也可以分解为多个一维数组。C 语言允许这种分解。

如二维数组 a[3][4],可分解为三个一维数组,其数组名分别为

```
a[0]
a[1]
a[2]
```

对这三个一维数组不需另作说明即可使用。这三个一维数组都有 4 个元素,例如:一维数组 a[0] 的元素为 a[0][0],a[0][1],a[0][2],a[0][3]。

必须强调的是,a[0],a[1],a[2] 不能当作下标变量使用,它们是数组名,不是一个单纯的下标变量。

1.1.6　函数

前面已经介绍过,C 参考程序是由函数组成的。虽然在程序中大都只有一个主函数 main,但实用程序往往由多个函数组成。函数是 C 参考程序的基本模块,通过对函数模块的调用可实现特定的功能。C 语言中的函数相当于其他高级语言的子程序。C 语言不仅提供了极为丰富的库函数(如 Turbo C,MS C 都提供了 300 多个库函数),还允许用户建立自己定义的函数。用户可把自己的算法编成一个个相对独立的函数模块,然后用调用的方法

使用函数。可以说 C 程序的全部工作都是由各式各样的函数完成的,所以也把 C 语言称为函数式语言。

由于采用了函数模块式的结构,因此 C 语言易于实现结构化程序设计,使程序的层次结构清晰,便于程序的编写、阅读、调试。

还应该指出的是,在 C 语言中,所有的函数定义,包括主函数 main 在内,都是平行的。也就是说,在一个函数的函数体内不能再定义另一个函数,即不能嵌套定义。但是函数之间允许相互调用,也允许嵌套调用。习惯上把调用者称为主调函数。函数自己调用自己,称为递归调用。

main 函数是主函数,它可以调用其他函数,而不允许被其他函数调用。因此,C 程序的执行总是从 main 函数开始,完成对其他函数的调用后再返回到主函数 main,最后由 main 函数结束整个程序。一个 C 参考程序必须有,也只能有一个主函数 main。

以下是函数定义的一般形式。

(1) 无参函数的定义形式:

```
类型标识符 函数名()
{
    声明部分语句;
}
```

其中类型标识符和函数名为函数头。类型标识符指明了本函数的类型,函数的类型实际上是函数返回值的类型。该类型标识符与前面介绍的各种说明符相同。函数名是由用户定义的标识符,函数名后有一个空括号,其中无参数,但括号不可少。

{}中的内容称为函数体。在函数体中声明部分,是对函数体内部所用到的变量的类型进行说明。

在很多情况下不要求无参函数有返回值,此时函数类型符可以写为 void。

我们可以改写一个函数定义:

```
void Hello()
{
    printf ("Hello,world \n");
}
```

这里只把 main 改为 Hello 作为函数名,其余不变。Hello 函数是一个无参函数,当被其他函数调用时,输出"Hello,world"字符串。

(2) 有参函数定义的一般形式:

```
类型标识符 函数名(形式参数表列)
{
    声明部分语句
}
```

有参函数比无参函数多了一个内容,即形式参数表列。在形式参数列表中给出的参数称为形式参数(简称形参),它们可以是各种类型的变量,各参数之间用逗号间隔。在进行函数调用时,主调函数将赋予这些形式参数实际的值。形参既然是变量,必须在形参表中给出形参的类型说明。

例 1.19 定义一个函数,用于求两个数中的大数。

```
int max(int a, int b)
{
    if (a>b) return a;
        else return b;
}
```

第一行说明 max 函数是一个整型函数,其返回的函数值是一个整数。形参为 a 和 b,均为整型量。a,b 的具体值是由主调函数在调用时传送过来的。在{}中的函数体内,除形参外,没有使用其他变量,因此只有语句而没有声明部分。在 max 函数体中的 return 语句是把 a(或 b)的值作为函数的值返回给主调函数。有返回值函数中至少应有一个 return 语句。

在 C 语言程序中,一个函数的定义可以放在任意位置,既可放在主函数 main 之前,也可放在 main 之后。

例如:

可把 max 函数放在主函数 main 之后,也可以把它放在 main 之前。修改后的程序为

```
int max(int a,int b)
{
    if(a>b) return a;
    else return b;
}
main()
{
    int max(int a,int b);
    int x,y,z;
    printf("请输入两个整数:\n");
    scanf("%d%d",&x,&y);
    z=max(x,y);
    printf("较大的数为:%d",z);
}
```

现在可以从函数定义、函数说明及函数调用的角度分析整个程序,从中进一步了解函数的各种特点。

程序的第 1 行至第 5 行为 max 函数的定义。进入主函数后,因为准备调用 max 函数,所以先对 max 函数进行说明(程序第 8 行)。函数定义和函数说明并不是一回事,后面会专门讨论。可以看出,函数说明与函数定义中的函数头部分相同,但是末尾要加分号。程序第 12 行为调用 max 函数,并把 x,y 中的值传送给 max 的形参 a,b。max 函数执行的结果(a 或 b)将返回给变量 z。最后由主函数输出 z 的值。

1.1.7 指针

指针是 C 语言中广泛使用的一种数据类型。运用指针编程是 C 语言最主要的风格之一。利用指针变量可以表示各种数据结构;能很方便地使用数组和字符串;并能像汇编语言一样处理内存地址,从而编出精炼而高效的程序。指针极大地丰富了 C 语言的功能。

1. 地址指针的基本概念

在计算机中,所有数据都存放在存储器中。一般把存储器中的一字节称为一个内存单

元,不同的数据类型占用的内存单元数不等,如整型量占 2 个单元,字符量占 1 个单元等,前面已有详细的介绍。为了正确地访问这些内存单元,必须为每个内存单元编上号。根据一个内存单元的编号即可准确地找到该内存单元。内存单元的编号也叫地址。因为根据内存单元的编号或地址就可以找到所需的内存单元,所以通常也把这个地址称为指针。内存单元的指针和内存单元的内容是两个不同的概念。可以用一个通俗的例子说明它们之间的关系。我们到银行存、取款时,银行工作人员将根据我们的账号找存款单,找到之后在存款单上写入存、取款的金额。在这里,账号就是存款单的指针,存款数是存款单的内容。对于一个内存单元来说,单元的地址即指针,其中存放的数据才是该单元的内容。在 C 语言中,允许用一个变量存放指针,这种变量称为指针变量。因此,一个指针变量的值就是某个内存单元的地址或称为某内存单元的指针,如图 1-11 所示。

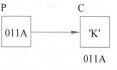

图 1-11　指针示意图

图 1-11 中,设有字符变量 C,其内容为“K”(ASCII 码为十进制数 75),C 占用了 011A 号单元(地址用十六进制数表示)。设有指针变量 P,内容为 011A,这种情况我们称为 P 指向变量 C,或说 P 是指向变量 C 的指针。

严格地说,一个指针是一个地址,是一个常量。而一个指针变量却可以被赋予不同的指针值,是变量。但常把指针变量简称为指针。为了避免混淆,我们约定:“指针”是指地址,是常量,“指针变量”是指取值为地址的变量。定义指针的目的是通过指针访问内存单元。

既然指针变量的值是一个地址,那么这个地址不仅可以是变量的地址,也可以是其他数据结构的地址。在一个指针变量中存放一个数组或一个函数的首地址有何意义呢?因为数组或函数都是连续存放的。通过访问指针变量取得了数组或函数的首地址,也就找到了该数组或函数。这样,凡是出现数组、函数的地方都可以用一个指针变量表示,只要对该指针变量赋予数组或函数的首地址即可。这样做将会使程序的概念十分清楚,程序本身也精炼、高效。在 C 语言中,一种数据类型或数据结构往往都占有一组连续的内存单元。用“地址”这个概念并不能很好地描述一种数据类型或数据结构,而“指针”虽然实际上也是一个地址,但它却是一个数据结构的首地址,它是“指向”一个数据结构的,因而概念更为清楚,表示更为明确。这也是引入“指针”概念的一个重要原因。

2. 变量的指针和指向变量的指针变量

变量的指针就是变量的地址。存放变量地址的变量是指针变量,即在 C 语言中,允许用一个变量存放指针,这种变量称为指针变量。因此,一个指针变量的值就是某个变量的地址,或称为某变量的指针。

为了表示指针变量和它所指向的变量之间的关系,在程序中用“ * ”符号表示“指向”。例如,i_pointer 代表指针变量,而 * i_pointer 是 i_pointer 所指向的变量,如图 1-12 所示。

图 1-12　指针变量示意图

因此,下面两条语句的作用相同:

```
i=3;
* i_pointer=3;
```

第二条语句的含义是将 3 赋给指针变量 i_pointer 所指向的变量。

1.1.8　结构体

在实际问题中,一组数据往往具有不同的数据类型。例如,在学生登记表中,姓名应为字符型;学号可为整型或字符型;年龄应为整型;性别应为字符型;成绩可为整型或实型。显然,不能用一个数组存放这组数据。因为数组中各元素的类型和长度都必须一致,以便于编译系统处理。为了解决这个问题,C语言中给出了另一种构造数据类型——结构(structure)或称"结构体"。它相当于其他高级语言中的记录。"结构"是一种构造类型,由若干"成员"组成。每个成员可以是一个基本数据类型,或者是一个构造类型。既然结构是一种"构造"而成的数据类型,那么在说明和使用之前必须先定义它,也就是构造它,如同在说明和调用函数之前要先定义函数一样。

定义一个结构的一般形式:

```
struct 结构名
    {
      成员表列
    };
```

成员表列由若干个成员组成,每个成员都是该结构的一个组成部分。对每个成员也必须作类型说明,形式为

```
类型说明符 成员名;
```

成员名的命名应符合标识符的书写规定。例如:

```
struct stu
    {
        int num;
        char name[20];
        char sex;
        float score;
    };
```

在这个结构定义中,结构名为 stu,该结构由 4 个成员组成。第一个成员为 num,整型变量;第二个成员为 name,字符数组;第三个成员为 sex,字符变量;第四个成员为 score,实型变量。注意:括号后的分号是不可少的。在结构定义之后,即可进行变量说明。凡说明为结构 stu 的变量都由上述 4 个成员组成。由此可见,结构是一种复杂的数据类型,是数目固定、类型不同的若干有序变量的集合。

1. 结构类型变量的说明

说明结构变量有以下三种方法。以上面定义的 stu 为例加以说明。

1) 先定义结构,再说明结构变量

例如:

```
struct stu
    {
        int num;
        char name[20];
        char sex;
        float score;
```

```
        };
    struct stu boy1,boy2;
```

说明了两个变量 boy1 和 boy2 为 stu 结构类型。也可以用宏定义使一个符号常量表示一个
结构类型。

例如：

```
#define STU struct stu
STU
    {
        int num;
        char name[20];
        char sex;
        float score;
    };
STU boy1,boy2;
```

2）在定义结构类型的同时说明结构变量

例如：

```
struct stu
    {
        int num;
        char name[20];
        char sex;
        float score;
}boy1,boy2;
```

这种形式的说明一般形式为

```
struct 结构名
    {
成员表列
}变量名表列;
```

3）直接说明结构变量

例如：

```
struct
    {
        int num;
        char name[20];
        char sex;
        float score;
}boy1,boy2;
```

这种形式的说明一般形式为

```
struct
    {
成员表列
}变量名表列;
```

第三种方法与第二种方法的区别在于第三种方法中省去了结构名，而直接给出结构变

量。三种方法中说明的 boy1,boy2 变量都具有图 1-13 所示的结构。

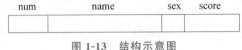

图 1-13　结构示意图

说明 boy1,boy2 变量为 stu 类型后,即可向这两个变量中的各个成员赋值。在上述的 stu 结构定义中,所有成员都是基本数据类型或数组类型。

成员也可以是一个结构,即构成了嵌套的结构,如图 1-14 所示。

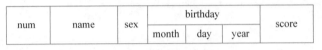

图 1-14　嵌套结构示意图

按图 1-14 可给出以下结构定义。

```c
struct date
{
    int month;
    int day;
    int year;
};
struct{
    int num;
    char name[20];
    char sex;
    struct date birthday;
    float score;
}boy1,boy2;
```

首先定义一个结构 date,它由 month(月)、day(日)、year(年)三个成员组成。在定义并说明变量 boy1 和 boy2 时,其中的成员 birthday 被说明为 date 结构类型。成员名可与程序中的其他变量同名,互不干扰。

2. 结构变量成员的表示方法

在程序中使用结构变量时,往往不把它作为一个整体使用。在 ANSI C 中除允许具有相同类型的结构变量相互赋值外,一般对结构变量的使用,包括赋值、输入、输出、运算等都是通过结构变量的成员实现的。

表示结构变量成员的一般形式:

结构变量名.成员名

例如:

```
boy1.num                          //即第一个人的学号
boy2.sex                          //即第二个人的性别
```

若成员本身又是一个结构,则必须逐级找到最低级的成员才能使用。

例如:

```
boy1.birthday.month
```

即第一个人出生的月份成员可以在程序中单独使用,与普通变量完全相同。

3. 结构变量的赋值

结构变量的赋值就是给各成员赋值,可用输入语句或赋值语句完成。

例 1.20 给结构变量赋值并输出其值。

```
main()
{
    struct stu
    {
        int num;
        char * name;
        char sex;
        float score;
    } boy1,boy2;
    boy1.num=102;
    boy1.name="Zhang ping";
    printf("input sex and score\n");
    scanf("%c %f", &boy1.sex, &boy1.score);
    boy2=boy1;
    printf("Number=%d\nName=%s\n",boy2.num,boy2.name);
    printf("Sex=%c\nScore=%f\n",boy2.sex,boy2.score);
}
```

本程序中用赋值语句给 num 和 name 两个成员赋值,name 是一个字符串指针变量。用 scanf()函数动态地输入 sex 和 score 成员值,然后把 boy1 的所有成员的值整体赋予 boy2。最后分别输出 boy2 的各个成员值。本例表示了结构变量的赋值、输入和输出的方法。

4. 结构变量的初始化

和其他类型变量一样,对结构变量可以在定义时进行初始化赋值。

例 1.21 对结构变量初始化。

```
main()
{
    struct stu                          /*定义结构*/
    {
        int num;
        char * name;
        char sex;
        float score;
    }boy2,boy1-{102,"Zhang ping",'M',78.5};
    boy2=boy1;
    printf("Number=%d\nName=%s\n",boy2.num,boy2.name);
    printf("Sex=%c\nScore=%f\n",boy2.sex,boy2.score);
}
```

本例中,boy2,boy1 均被定义为外部结构变量,并对 boy1 进行了初始化赋值。在 main 函数中,把 boy1 的值整体赋予 boy2,然后用两个 printf 语句输出 boy2 各成员的值。

5. 结构数组的定义

由于数组的元素也可以是结构类型,因此可以构成结构型数组。结构数组的每一个元素都是具有相同结构类型的下标结构变量。在实际应用中,经常用结构数组表示具有相同数据结构的一个群体。如一个班的学生档案、一个车间的职工的工资表等。

方法和结构变量相似,只需说明它为数组类型即可。

例如:

```
struct stu
    {
        int num;
        char * name;
        char sex;
        float score;
}boy[5];
```

定义了一个结构数组 boy,其中共有 5 个元素 boy[0]～boy[4]。每个数组元素都具有 struct stu 的结构形式。对结构数组可以作初始化赋值。

```
struct stu
    {
        int num;
        char * name;
        char sex;
        float score;
    }boy[5]={
            {101,"Li ping","M",45},
            {102,"Zhang ping","M",62.5},
            {103,"He fang","F",92.5},
            {104,"Cheng ling","F",87},
            {105,"Wang ming","M",58};
    }
```

当对全部元素作初始化赋值时,也可不给出数组长度。

例 1.22 计算学生的平均成绩和不及格的人数。

```
struct stu
{
    int num;
    char * name;
    char sex;
    float score;
}boy[5]={
        {101,"Li ping",'M',45},
        {102,"Zhang ping",'M',62.5},
        {103,"He fang",'F',92.5},
        {104,"Cheng ling",'F',87},
        {105,"Wang ming",'M',58},
        };
main()
{
    int i,c=0;
    float ave,s=0;
    for(i=0;i<5;i++)
        {
        s+=boy[i].score;
        if(boy[i].score<60) c+=1;
```

```
    }
    printf("s=%f\n",s);
    ave=s/5;
    printf("average=%f\ncount=%d\n",ave,c);
}
```

本例程序中定义了一个外部结构数组 boy,共 5 个元素,并作了初始化赋值。在 main
函数中用 for 语句逐个累加 boy 中各元素的 score 成员值并存于 s 中,若 score 的值小于 60
(不及格),则计数器 c 加 1,循环完毕后计算平均成绩,并输出全班总分、平均分及不及格
人数。

例 1.23 建立学生通讯录。

```
#include"stdio.h"
#define NUM 3
struct mem
{
    char name[20];
    char phone[10];
};
main()
{
    struct mem man[NUM];
    int i;
    for(i=0;i<NUM;i++)
     {
      printf("请输入名字:\n");
      gets(man[i].name);
      printf("请输入电话号码:\n");
      gets(man[i].phone);
     }
    printf("name\t\t\tphone\n\n");
    for(i=0;i<NUM;i++)
      printf("%s\t\t\t%s\n",man[i].name,man[i].phone);
}
```

本程序中定义了一个结构 mem,它的两个成员 name 和 phone 用来表示姓名和电话号
码。在主函数中定义 man 为具有 mem 类型的结构数组。在 for 语句中,用 gets 函数分别
输入各元素中两个成员的值。然后又在 for 语句中用 printf 语句输出各元素中两个成员
的值。

1.2 数据结构入门(基础)

任何现代编程语言中都有数据类型的概念。例如,在 C 语言中,整型等是基本数据类
型,对于这些数据类型,我们在使用它的时候并不需要了解关于它们的具体细节,如它们在
计算机内部的表示方法等,实际上使用者也只关心怎样使用这些数据,或者说关心这些数据
的行,而不是关心它们的实现。

根据数据之间的相互关系,抽象数据类型可以分为线性抽象数据类型和非线性抽象数

据类型两大类。典型的线性抽象数据类型有线性表、栈、队列等,非线性抽象数据类型有树、图、集合等。

1.2.1　栈

栈是一种后入先出(Last In First Out,LIFO)的数据类型,很多实际问题(如表达式的求值)都可以使用栈实现。

按照栈的定义,每次对栈的操作总是对栈顶元素进行,最先入栈的元素位于栈底。可以规定不含任何元素的栈为空栈。栈数据操作模式如图 1-15 所示。

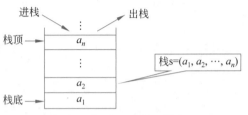

图 1-15　栈数据操作模式

栈的基本操作除入栈和出栈外,还有栈的初始化、栈空的判定,以及取栈顶元素等。下面给出栈的抽象数据类型定义。

ADT Stack {

数据对象:$D=\{|a_i=\text{ElemSet},i=1,2,\cdots,n,n\geqslant 0\}$。

数据关系:$R=\{<a_{i-1},a_i>|a_{i-1},a_i\in D,i=2,3,\cdots,n\}$。

约定 a_n 端为栈顶,a_1 端为栈底。

基本操作:

InitStack(&s)

操作结果:构造一个空栈 s。

DestroyStack(&s)

初始条件:栈 s 已存在。

操作结果:栈 s 被销毁。

ClearStack(&s)

初始条件:栈 s 已存在。

操作结果:将 s 清为空栈。

StackEmpty(s)

初始条件:栈 s 已存在。

操作结果:若栈 s 为空栈,则返回 true,否则返回 false。

StackLength (s)

初始条件:栈 s 已存在。

操作结果:返回 s 的元素个数,即栈的长度。

GetTop(s)

初始条件:栈 s 已存在且非空。

操作结果:返回 s 的栈顶元素,不修改栈顶指针。

Push(&s,e)

初始条件：栈 s 已存在。

操作结果：插入元素 e 为新的栈顶元素。

Pop(&s,&e)

初始条件：栈 s 已存在且非空。

操作结果：删除 s 的栈顶元素,并用 e 返回其值。

StackTraverse(s)

初始条件：栈 s 已存在且非空。

操作结果：从栈底到栈顶依次对 s 的每个数据元素进行访问。

}ADT Stack

和线性表类似,栈也有两种存储表示方法,分别称为顺序栈和链栈。

1.2.2　队列

队列(queue)是只允许在一端进行插入操作,而在另一端进行删除操作的线性表。队列是一种先进先出(First In First Out,FIFO)的线性表,允许插入的一端称为队尾,允许删除的一端称为队头。假设队列 $q=(a_1,a_2,\cdots,a_n)$,那么 a_1 是队头元素,而 a_n 是队尾元素。删除时总是从 a_1 开始,而插入时总在最后。

队列也有两种存储表示,即顺序表示和链式表示。

和顺序栈类似,在队列的顺序存储结构中,除用一组地址连续的存储单元依次存放从队。列头到队列尾的元素外,尚需附设两个整型变量 front 和 rear,分别指示队列头元素及队列尾元素。

```
#define MAXQSIZE 100
typedef struct
{
QElemType * base;
int front;
int rear;
) SqQueue;
//队列可能达到的最大长度
//存储空间的基地址
//头指针
//尾指针
```

为了在 C 语言中描述方便,在此约定：初始化创建空队列时,令 front＝rear＝0,每当插入。新的队列尾元素时,尾指针 rear 增1;每当删除队列中的头元素时,头指针 front 增1。因此,在非空队列中,头指针始终指向队列头元素,而尾指针始终指向队列尾元素的下一个位置,如图 1-16 所示。

假设当前队列分配的最大空间为 6,则当队列处于图 1-16(d)所示的状态时不可再继续插入新的队尾元素,否则会出现溢出现象,即因数组越界而导致程序的非法操作错误。事实上,此时队列的实际可用空间并未占满,所以这种现象称为"假溢出"。这是"队尾入队,队头出队"这种受限制的操作造成的。怎样解决这种"假溢出"问题呢?一个较巧妙的办法是将顺序队列变为一个环状的空间,通常称之为循环队列。

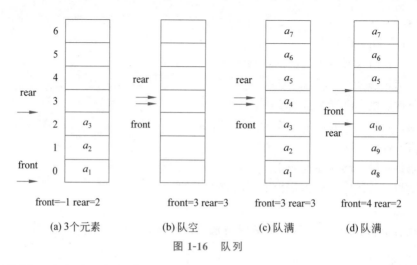

front=-1 rear=2　　　　front=3 rear=3　　　　front=3 rear=3　　　　front=4 rear=2

(a)3个元素　　　　　(b)队空　　　　　(c)队满　　　　　(d)队满

图 1-16　队列

头、尾指针以及队列元素之间的关系不变,只是在循环队列中,头、尾指针"依环状增 1"的操作可用"模"运算实现。通过取模,头指针和尾指针就可以在顺序表空间内以头尾衔接的方式"循环"移动。

1.2.3　链队

链队是指采用链式存储结构实现的队列。通常链队用单链表表示。

一个链队需要两个分别指示队头和队尾的指针(分别称为头指针和尾指针)才能唯一确定。这里和线性表的单链表一样,为了操作方便起见,给链队添加一个头结点,并令头指针始终指向头结点。队列的链式存储结构如图 1-17 所示。

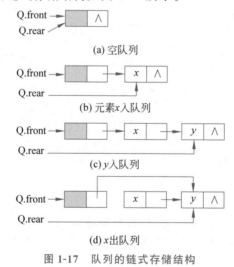

(a) 空队列

(b) 元素x入队列

(c) y入队列

(d) x出队列

图 1-17　队列的链式存储结构

链队的操作即单链表插入和删除操作的特殊情况,只是需进一步修改尾指针或头指针。下面给出链队初始化、入队、出队操作的实现。

1. 初始化

链队的初始化操作就是构造一个只有一个头结点的空队,如图 1-17(a)所示。

链队的初始化算法步骤:

以生成的新结点作为头结点,队头和队尾指针指向此结点。

头结点的指针域置空。

算法描述:

```
Status InitQueue (LinkQueue &Q)
{//构造一个空队列 Q
Q.front=Q.rear = new QNode;
Q.front->next=NULL;
return OK;
//生成的新结点作为头结点,队头和队尾指针指向此结点
//头结点的指针域置空
```

2. 入队

和循环队列的入队操作不同的是,链队在入队前不需要判断队是否满,而是需要为入队元素动态分配一个结点空间,如图 1-17(b)和图 1-17(c)所示。

算法步骤:

(1)为入队元素分配结点空间,用指针 p 指向。

(2)将新结点的数据域置为 e。

(3)将新结点插到队尾。

(4)修改队尾指针为 p。

算法描述:

```
Status EnQueue (LinkQueue &Q, QElemType e)
{//插入元素 e 为 Q 的新的队尾元素
p=new QNode;                        //为入队元素分配结点空间,用指针 p 指向
p->data = e;
//将新结点的数据域置为 e
p->next = NULL; Q. rear->next=p;     //将新结点插到队尾
Q.rear = p;
//修改队尾指针
return OK;
```

3. 出队

和循环队列一样,链队在出队前也需要判断队列是否为空,不同的是,链队在出队后需要释放队头元素所占的空间。

算法步骤:

(1)先判断队列是否为空,若队列为空,则返回 ERROR。

(2)临时保存队头元素的空间,以备释放。

(3)修改队头指针,使其指向下一个结点。

(4)判断出队元素是否为最后一个元素,若是,则将队尾指针重新赋值,使其指向头结点。

算法描述:

```
Status DeQueue(LinkQueue &Q,QElemType &e)
{//删除 Q 的队头元素,用 e 返回其值
if(Q.front==Q.rear) return ERROR;
p=Q.front->next;
```

```
e=p->data;
Q.front->next = p->next;
if(Q.rear == p) Q.rear = Q.front;
delete p;
return OK;
//若队列为空,则返回 ERROR
//p 指向队头元素
//e 保存队头元素的值
//修改头指针
//最后一个元素被删, 队尾指针指向头结点
//释放原队头元素的空间。
```

　　需要注意的是,在链队出队操作时还要考虑当队列中最后一个元素被删后,队列尾指针也丢失了,因此需对队尾指针重新赋值(指向头结点)。

　　4. 取队头元素

　　与循环队列一样,当队列非空时,此操作返回当前队头元素的值,队头指针保持不变。

　　算法描述:

```
SElemType GetHead{LinkQueue Q)
{//返回 Q 的队头元素 , 不修改队头指针
if(Q.front!=Q.rear)                          //队列非空
return Q.front->next->data;                   //返回队头元素的值,队头指针不变
}
```

第 2 章

算法基础

2.1 递归算法

2.1.1 递归算法概述

在数学与计算机科学中,递归(recursion)是指一个过程或函数在其定义或说明中又直接或间接调用自身的一种方法。它通常把一个大型复杂的问题层层转化为一个与原问题相似的规模较小的问题来求解。递归策略只需少量的程序就可描述出解题过程所需的多次重复计算,大大减少了程序的代码量。递归的能力在于用有限的语句定义对象的无限集合。一个递归问题可分为递推和回归两个阶段。在递推阶段,把较复杂问题(规模为 n)的求解推到比原问题简单一些的问题(规模小于 n)的求解;在回归阶段,当获得最简单情况的解后,逐级返回,依次得到稍复杂问题的解。

只有同时满足下面三个条件的问题,才能用递归解决。

(1) 一个问题可以转化为一个与原问题相似的、规模较小的子问题来求解。比如,在 n 的阶乘的计算中,将 n 的阶乘的问题转化为 $n-1$ 的阶乘乘以 n,此问题便可解决。

(2) 这个问题与分解之后的子问题,除数据规模不同,求解思路完全一样。比如,n 的阶乘问题中,求解 n 的阶乘的思路,和求解 $n-1$ 的阶乘的思路是一模一样的。

(3) 存在递归终止条件。

把问题分解为子问题,再把子问题分解为子子问题,一层一层分解下去,不能存在无限循环,这就需要有终止条件。比如,n 的阶乘问题中,0 或 1 的阶乘为 1,也就是 $f(1)=1$,$f(0)=1$,这就是递归的终止条件。

递归是很多算法实现的基础,是程序设计中的一种重要思想和机制,如分治、深度优先搜索、动态规划等算法中均用到递归思想。

2.1.2 汉诺塔问题

汉诺(Hanoi)塔问题是一个经典的运用递归方法解决问题的例子。

问题描述：

汉诺塔是一个发源于印度的益智游戏，也叫河内塔。相传它源于印度神话中的大梵天创造的三根金刚柱，一根柱子上叠着上下从小到大 64 个黄金圆盘。大梵天命令婆罗门将这些圆盘按从小到大的顺序移动到另一根柱子上，其中大圆盘不能放在小圆盘上面。当这 64 个圆盘移动完的时候，世界就将毁灭。

那么，好多人会问 64 个圆盘移动到底会花多少时间？古代印度距离现在已经很远，这 64 个圆盘还没移动完么？我们通过计算看完成这个任务到底要多少时间？计算结果非常恐怖，移动圆盘的次数为 2^{n-1}，即 18446744073709551615，假设移动一次圆盘用时一秒，一年为 31536000 秒。那么，18446744073709551615/31536000 约等于 584942417355 年，即约为 5850 亿年。目前太阳寿命约为 50 亿年，太阳的完整寿命大约 100 亿年。所以，整个人类文明都等不到移动完整圆盘的那一天。很多人对汉诺塔的解法产生了兴趣。从一阶汉诺塔到 N 阶汉诺塔它们是否有规律性的算法？能否编程输出每一次移动的方法呢？这就是本例要解决的问题。

输入：

输入一个正整数 n，表示有 n 个圆盘在第一根柱子上。

输出：

输出操作序列，格式为 move t from x to y。每个操作一行，表示把 x 柱子上的编号为 t 的盘片挪到柱子 y 上。柱子编号为 a，b，c，要用最少的操作把所有盘子从 a 柱子上转移到 c 柱子上。

输入样例：

```
3
```

输出样例：

```
move 1 from a to c
move 2 from a to b
move 1 from c to b
move 3 from a to c
move 1 from b to a
move 2 from b to c
move 1 from a to c
```

解题思路：

实现这个算法，可以简单分为以下三个步骤。

（1）把第 $n-1$ 个圆盘由 a 移到 b。

（2）把第 n 个圆盘由 a 移到 c。

（3）把第 $n-1$ 个圆盘由 b 移到 c。

从这里入手，加上上面数学问题解法的分析，不难发现，移动的步数必为奇数步。

（1）第二步是把 a 柱子上剩下的一个盘子移到 c 柱子上。

（2）第一步可以看成把 a 柱子上的 $n-1$ 个圆盘借助 c 柱子移到 b 柱子上。

（3）第三步可以看成把 b 上的 $n-1$ 个圆盘借助 a 柱子移到 c 柱子上。

如 3 阶汉诺塔的移动：A→C，A→B，C→B，A→C，B→A，B→C，A→C。

参考程序：

```
#include <fstream>
#include <iostream>
using namespace std;
/*将 x 柱子上编号为 t 的圆盘移动到 y 柱子上*/
void Move(int t, char x, char y) {
cout<<"move "<<t<<" from "<<x<<" to "<<y<<endl;
}
/*将 n 个圆盘从 a 柱子借助 b 柱子移到 c 柱子*/
void Hannoi(int n, char a, char b, char c)   {
    if(n==1)
        Move(1,a,c);                /*若只有一个圆盘,则直接将该圆盘由 a 柱子移到 c 柱子*/
    else
    {
        Hannoi(n-1,a,c,b);    /*把 a 柱子上的 n-1 个圆盘借助 c 柱子移到 b 柱子上*/
        Move(n,a,c);          /*把 a 柱子上剩下的一个盘子移到 c 柱子上*/

        Hannoi(n-1,b,a,c);    /*把 b 柱子上的 n-1 个圆盘借助 a 柱子移到 c 柱子上*/
    }
}
int main()
{
    int n;
    scanf("%d",&n);
    Hannoi(n,'a','b','c');
    return 0;
}
```

2.1.3 n-皇后问题

问题描述:

n-皇后问题是指将 n 个皇后放在 n * n 的棋盘上,使得皇后不能相互攻击到,即任意两个皇后都不能处于同一行、同一列或同一斜线上,如图 2-1 所示。

图 2-1 为 8-皇后问题的一种解法。

现在给定整数 n,请输出所有满足条件的棋子摆法。

输入格式:

共一行,包含整数 n。

输出格式:

每个解决方案占 n 行,每行输出一个长度为 n 的字符串,用来表示完整的棋盘状态。

其中"."表示某个位置的方格状态为空,"Q"表示某个位置的方格上摆着皇后。

每个方案输出完成后,输出一个空行。

输出方案的顺序任意,只要不重复且没有遗漏即可。

图 2-1 8-皇后问题的一种解法

数据范围：$1 \leqslant n \leqslant 9$。

输入样例：

```
4
```

输出样例：

```
.Q..
...Q
Q...
..Q.

..Q.
Q...
...Q
.Q..
```

解题思路：

按行进行遍历，其中 col[i]，dg[u + i]，udg[n − u + i] 分别记录的是该位置的列、对角线、反对角线上是否已经存在过皇后，若均不存在，则填入皇后，并递归到下一行。

参考程序：

```cpp
//col 表示列,dg 表示对角线,udg 表示反对角线
//g[N][N]用来存路径
#include <iostream>
using namespace std;
const int N = 20;
int n;
char g[N][N];
int col[N], dg[N], udg[N];
void dfs(int u)
{
    if(u == n)
    {
        for(int i = 0; i < n; i ++)
        {
            for(int j = 0; j < n; j ++)
            {
                printf("%c",g[i][j]);
            }
            puts("");
        }
        puts("");
        return ;
    }
    for(int i = 0; i < n; i ++)
    {
        if(col[i] == 0 && dg[u + i] == 0 && udg[n - u + i] == 0)
        {
            g[u][i] = 'Q';
            col[i] = dg[u + i] = udg[n - u + i] = 1;
            dfs(u + 1);
```

```
            col[i] = dg[u + i] = udg[n - u + i] = 0;
            g[u][i] = '.';
        }
    }
}
int main()
{
    cin >> n;
    for(int i = 0; i < n; i ++)
        for(int j = 0; j < n; j ++)
            g[i][j] = '.';
    dfs(0);
    return 0;
}
```

2.2　分治算法

2.2.1　分治算法概述

分治算法的基本思想是将一个规模为 N 的问题分解为 K 个规模较小的子问题,这些子问题相互独立且与原问题性质相同。求出子问题的解或只求一部分子问题的解,就可得到原问题的解。

分治法是很多高效算法的基础,如排序算法(快速排序、归并排序)、傅里叶变换(快速傅里叶变换)等。

例如称伪币问题。给你一个装有 16 枚硬币的袋子。16 枚硬币中有可能有 1 枚是伪造的硬币,并且那个伪造的硬币比真的硬币要轻一些。你的任务是找出这个伪造的硬币。

为了帮助你完成这一任务,将提供一台可用来比较两组硬币质量的仪器,利用这台仪器可以知道两组硬币的质量是否相同。

利用分治算法解决称伪币问题的思路是:

假如把 16 枚硬币的例子看成一个大的问题。

第一步,把这一问题分成两个小问题。随机选择 8 枚硬币作为第一组,称为 A 组,剩下的 8 枚硬币作为第二组,称为 B 组。这样就把 16 枚硬币的问题分成两个 8 枚硬币的问题来解决。

第二步,判断 A 和 B 组中是否有伪币。可以利用仪器比较 A 组硬币和 B 组硬币的质量。若两组硬币的质量相等,则可以判断伪币不存在。若两组硬币的质量不相等,则存在伪币,并且可以判断它位于较轻的那一组硬币中。

第三步,若伪币不存在,则算法结束。

否则,将轻的那组硬币继续划分为两组硬币来寻找伪币。假设 B 是轻的那一组,因此再把它分成两组,每组有 4 枚硬币,称其中一组为 B_1,另一组为 B_2。比较这两组,肯定有一组轻一些。如果 B_1 轻,则伪币在 B_1 中,再将 B_1 分成两组,每组有两个硬币,称其中一组为 B_{1a},另一组为 B_{1b}。比较这两组,可以得到一个较轻的组。由于这个组只有两枚硬币,因此不必再细分。比较组中两个硬币的质量,可以立即知道哪枚硬币轻一些。较轻的硬币就是所要找的伪币。

2.2.2　计数问题

问题描述：

给你两个数 a 和 b，你的任务是计算出 1 在 a 和 b 之间出现的次数，比如，如果 $a=1024$，$b=1032$，那么 a 和 b 之间的数就是：

1024 1025 1026 1027 1028 1029 1030 1031 1032

有 10 个 1 出现在这些数中。

输入：

输入不会超过 500 行。每一行有两个数 a 和 b，a 和 b 的范围是 $0<a,b<100000000$。输入两个 0 时程序结束，两个 0 不作为输入样例。

输出：

对于输入的每一对 a 和 b，输出一个数，代表 1 出现的个数。

输入样例：

```
1 10
44 497
346 542
1199 1748
1496 1403
1004 503
1714 190
1317 854
1976 494
1001 1960
0 0
```

输出样例：

```
2
185
40
666
113
105
1133
512
1375
1256
```

解题思路：

这道题让求出 1 在两个数 a 和 b 之间出现的次数。可以由分治的思想，先求出 1 在 $0\sim a$ 出现的次数，再求出 1 在 $0\sim b$ 出现的次数，然后两者相减即可。现在的问题转换为如何求出 1 在 $0\sim a$ 出现的次数。

将 $0\sim197$ 的数列出来后可以看出规律：

首先，可以求出 1 在 $190\sim197$ 出现的次数，然后对于 $0\sim189$，1 在百位数上出现了 1 次。

然后,百位考虑完后,直接考虑 197/10-1(即 18)中 1 出现的次数,同时考虑到,数字减小了,每一位的权值会增加,也就是说,每个数字出现的次数会增加 10 倍。比如:现在的 1,是原来 10~19 的所有的 1,即权值变为了原来的 10 倍。

参考程序:

```cpp
/* 本算法算出了 0~9 在 a 和 b 之间分别出现的次数,取答案时直接取 d[1]即可。 */
#include<iostream>
using namespace std;
/************************************************/
const int N = 11;
int d[N];//d[N]中存储数字 0~9 分别出现的次数
int value;//记录相应的权值变化
void deal(int n);
/************************************************/
void deal(int n)
{
    if(n<=0) return;
    int one, ten;                    //one,ten 分别表示个位和十位
    one = n%10;
    n /= 10;
    ten = n;

    for(int i=0; i<=one; i++)        //将个位上出现的数统计下来
        d[i] += value;
    while(ten)
    {
        d[ten%10] += (one+1) * value;
        ten /= 10;
    }
    for(int i=0; i<10; i++)
        d[i] += value * n;
    d[0] -= value;                   //将第一位是 0 的情况排除
    value *= 10;                     //权值变化,变为原来的 10 倍
    deal(n-1);
}
/************************************************/
int main()
{
    int a, b;
    while(cin >> a >> b)
    {
        if(a==0 && b==0) break;
        if(a<b){int tmp=b; b=a; a=tmp;}  //将较大值存入 a 中,较小值存入 b 中
        for(int i=0; i<10; i++)          //初始化操作
            d[i] = 0;
        /* 处理过程 */
        value = 1;
        deal(a);
        value = -1;                  //此处 value=-1 是为了求出最后的答案 deal(a)-deal(b)
        deal(b-1);
```

```
        / * 输出结果 * /
        cout << d[1] << endl;
    }

//   system("pause");
    return 0;
}
```

2.2.3 归并排序

归并排序是采用分治法(Divide and Conquer)的一个非常典型的应用。归并排序的主要思想是分治法。

归并排序的主要过程是：

(1) 将 n 个元素从中间切开,分成两部分(左边可能比右边多 1 个数)。

(2) 将步骤(1)分成的两部分,再分别进行递归分解,直到所有部分的元素个数都为 1。

(3) 从最底层开始逐步合并两个排好序的数列。

例如,对以下 5 个元素进行归并排序：

初始关键字：[39] [45] [23] [29] [10]

分解： [39] [45] [23]   [29] [10]

分解： [39] [45]   [23]   [29]   [10]

分解： [[[39] [45]] [23]] [[29]   [10]]

归并： [[39] [45]   [23]] [10]   [29]

归并： [[23] [39]   [45]] [10]   [29]]

归并： [10] [23]   [29]   [39]   [45]

归并操作的工作原理如下。

第一步：申请空间,使其大小为两个已经排序序列之和,该空间用来存放合并后的序列。

第二步：设定两个指针,最初位置分别为两个已经排序序列的起始位置。

第三步：比较两个指针所指向的元素,选择相对小的元素放到合并空间,并移动指针到下一位置。

重复第三步,直到某一指针超出序列尾。

将另一序列剩下的所有元素直接复制到合并序列尾。

参考程序：

```
#include <iostream>
using namespace std;
//将数组 a 的局部 a[low,mid]和 a[mid+1,high]合并到 tmp,并保证 tmp 有序,然后再复制回 a
[low,high]
void Merge(int a[],int low,int mid, int high,int tmp[])
{
//归并操作的时间复杂度为 O(e-m+1),即 O(n)
int pb = 0;
int p1 = low,p2 = mid+1;
while( p1 <= mid && p2 <= high) {
```

```
if( a[p1] < a[p2])
tmp[pb++] = a[p1++];
else
tmp[pb++] = a[p2++];
}
while( p1 <= mid)
tmp[pb++] = a[p1++];
while( p2 <= high)
tmp[pb++] = a[p2++];
for(int i = 0;i < high-low+1; ++i)
a[low+i] = tmp[i];
}
//归并排序的递归算法
void MergeSort(int a[],int low,int high,int tmp[])
{
if( low < high) {
int mid = low + (high-low)/2;                      //中间点
MergeSort(a,low,mid,tmp);                           //对前一半进行排序
MergeSort(a,mid+1,high,tmp);                         //对后一半进行排序
Merge(a,low,mid,high,tmp);                          //归并
}
}
int main()
{int a[10] = { 39,45,23,29,10,5,67,98,23,75};        //待排序元素
int b[10];                                          //中间存储空间
int size = sizeof(a)/sizeof(int);
MergeSort(a,0,size-1,b);                             //归并排序的初始调用过程
for(int i = 0;i < size; ++i)
cout << a[i] << ",";
cout << endl;
return 0;
}
```

算法分析：

归并排序的时间复杂度为 $O(n\log n)$。

空间复杂度为 $O(N)$，归并排序需要一个与原数组相同长度的数组辅助排序。

稳定性：归并排序是稳定的排序算法。

temp[i++] = arr[p1] <= arr[p2] ? arr[p1++] : arr[p2++];

这行代码可以保证当左、右两部分的值相等时，先复制左边的值，这样可以保证值相等的时候两个元素的相对位置不变。

2.3 枚　举

枚举算法，就是列举出问题中所有可能的解，然后根据问题的实际意义排除错误答案，最终找到正确答案的过程。下面看一道具体可以用到枚举算法的题目。

2.3.1 木棒三角形

问题描述:

小 A 家里有很多长度不一的木棒,有一天他很无聊,摆弄这些木棒解闷。小 A 的数学学得很好,所以他想在这些木棒中挑出三根木棒组成一个直角三角形,当然,这可能有很多种选法,他还想挑出三根木棒组成一个面积最大的直角三角形。

输入:

输入有多组,每组输入包括两行,第一行输入一个 $n(0 \leqslant n \leqslant 100)$,表示小 A 有 n 根木棒,接着一行有 n 个整数($n \leqslant 1000$),表示木棒的长度(长度从小到大给出)。

输出:

输出面积最大的直角三角形的面积,且保留 3 位小数,若不能组成,则输出"My Good!"。

输入数据:

```
4
1 2 3 4
5
2 3 4 5 6
6
3 4 5 6 8 10
2
1 1
```

输出数据:

```
My Good!
6.000
24.000
My Good!
```

解题思路:

看到题目很容易想到如果求出从 n 根木棒中选出三根木棒的所有情况的解,那答案也就出来了。

现在的主要问题是怎么用程序枚举所有情况。我们知道直角三角形的三条边中斜边是最长的,题目给出一个"长度从小到大给出"的条件,这样我们可以依次枚举三角形中长度最短、第二长和最长的边,具体实现代码如下。

参考程序:

```
#include<stdio.h>
#include<stdlib.h>
int main(){
    int i,j,k;
    double ans;
    int n;
    int len[110];
    while(scanf("%d",&n)!=EOF){
        for(i = 1;i <= n;i++)
            scanf("%d",&len[i]);          //存储木棒长度
        ans = -1;
```

```
        for(i = 1;i <= n;i++){                          //枚举最短木棒
            for(j = i+1;j <= n;j++){                     //枚举第二长的木棒
                for(k = j+1;k <= n;k++){                 //枚举最长的木棒
                    if(len[i] * len[i] + len[j] * len[j] == len[k] * len[k]){
//如果是直角三角形
                        if(0.5 * len[i] * len[j] > ans)   //取最优解
                            ans = 0.5 * len[i] * len[j];
                    }
                }
            }
        }
        if(ans == -1)
            printf("My Good!\n");
        else
            printf("%.3lf\n",ans);
    }
}
```

2.3.2 四大湖问题

问题描述:

我国有四大淡水湖,4 个人的说法如下。

甲说:洞庭湖最大,洪泽湖最小,鄱阳湖第三。

乙说:洪泽湖最大,洞庭湖最小,鄱阳湖第二,太湖第三。

丙说:洪泽湖最小,洞庭湖第三。

丁说:鄱阳湖最大,太湖最小,洪泽湖第二,洞庭湖第三。

已知对于每个湖的大小,每人仅说对一个,请编写程序判断四大湖的排名。

解题思路:

假设各湖与对应的排名为:洞庭湖排名为 dth,洪泽湖排名为 hzh,鄱阳湖排名为 pyh,太湖排名为 th。

则可以将问题翻译成:

甲:dth=4,hzh=1,pyh=3;

乙:hzh=4,dth=1,pyh=2,th=3;

丙:hzh=1,dth=3;

丁:pyh=4,th=1,hzh=2,dth=3。

各湖名次的取值范围是:dth(1~4),hzh(1~4),pth(1~4),th=10−dth−hzh−pyh。

若任意两个湖大小一致,则说明不符合题意,结束后续比较,进行下一次循环。

若各值满足上述条件,则输出此时的排序值,并结束循环。

参考程序:

```
#include <stdio.h>
int main()
{
    int dth,hzh,pyh,th;
    for (dth=1; dth<=4; ++dth)
```

```
    {
        for (hzh=1; hzh<=4; ++hzh)
    {
        if (dth==hzh)
            continue;
        else
            for (pyh=1; pyh<=4; ++pyh)
            {
                if (pyh==dth||pyh==hzh)
                    continue;
                else
                {
                    th=10-dth-pyh-hzh;
                    if (((dth==1)+(hzh==4)+(pyh==3))==1 &&((hzh==1)+(dth
==4)+(pyh==2)+(th==3))==1 &&((hzh==4)+(dth==3))==1 &&((pyh==1)+(th==4)+
(hzh==2)+(dth==3))==1)
                    {
                    printf("洞庭湖第%d名\n",dth);
                        printf("洪泽湖第%d名\n",hzh);
                        printf("鄱阳湖第%d名\n",pyh);
                        printf("太湖第%d名\n",th);
                        break;
                    }
                }
            }
        }
    }
    return 0;
}
```

2.4 贪　心

贪心算法是指在对问题求解时,总是做出在当前看来是最好的选择。也就是说,不从整体最优上加以考虑,它所做出的仅是在某种意义上的局部最优解。

贪心算法不是对所有问题都能得到整体最优解,但对范围相当广泛的许多问题它能产生整体最优解或者是整体最优解的近似解。

贪心算法的基本思路如下。

(1)建立数学模型来描述问题。

(2)把求解的问题分成若干个子问题。

(3)对每个子问题求解,得到子问题的局部最优解。

(4)把子问题的局部最优解合成原来问题的一个解。

2.4.1 砝码称重

问题描述:

现在有好多种砝码,它们的质量是 $w_0, w_1, w_2, \cdots$,每种各一个。问用这些砝码能不能

表示一个质量为 m 的东西。

样例解释：可以将重物和 3 放到一个托盘中，9 和 1 放到另外一个托盘中。

输入：

单组测试数据。

第一行有两个整数 w,m（$2\leqslant w\leqslant 10^9,1\leqslant m\leqslant 10^9$）。

输出：

如果托盘能平衡，则输出 YES，否则输出 NO。

输入样例：

```
3 7
```

输出样例：

```
YES
```

解题思路：

质量是 m 的东西要用质量是 w 的砝码表示，只需要将 m 表示成 w 进制数，然后要求每一位不是 0 就是 1。（每个质量的砝码只有一个，要么放，要么不放）

如果由 m 转化成的 w 进制的某一位为 0 或者 1，就给它＋0（理解为不作处理）；如果为 $w-1$ 时，就给它＋1（相当于加一个砝码）使其进位，本位变为 0。如果是其他情况，就不能转化成由 0 和 1 组成的串，所以就不能称出。

参考程序：

```
#include <stdio.h>
int main (){
    int w,m;
    scanf ("%d%d",&w,&m);
    while (m){
        if (m%w==0||m%w==1){
            m=m/w;
        }
        else if (m%w==w-1){
            m=(m+1)/w;
        }
        else {
            printf ("NO\n");
            return 0;
        }
    }
    printf ("YES\n");
    return 0;
    }
```

2.4.2　石头剪刀布

问题描述：

寒假时强强一个人在家很无聊，于是他想出一种新的石头剪刀布玩法（单机版）。具体玩法如下。

S代表石头,J代表剪刀,B代表布。赢得一分,平不得分,输扣一分。进行 n 次游戏,而且对手每次游戏出的什么都是已知的。但是自己只能出 a 次 S,b 次 J 和 c 次 B(a,b,c 都是非负并且 a+b+c=n)。

如何安排这 a 次 S,b 次 J 和 c 次 B 使自己最后得到的分数最大。

首先给出 n(n≤100),表示进行 n 次游戏;其次给 n 个由 S,J,B 组成的字符串,表示对手每次游戏出的是什么;最后给出 a,b,c。

当 n=0 时,输入结束。

对于每组测试数据,给出一个整数 x,表示此次游戏强强能赢的最大分数。

输入样例:

```
2
JJ
2 0 0
0
```

输出样例:

```
2
```

解题思路:

这道题目纯粹就是一个贪心的题目。每次找一个能得分最多的策略。先用石头对剪刀,布对石头,剪刀对布,这样能尽量获得高分,然后尽量平局,剩下最少的扣分步骤。

参考程序:

```c
#include<math.h>
#include<stdlib.h>
#include<stdio.h>
int main()
{
    char str[1000];
    int n;
    int i,j,m,j1,j2,s1,s2,b1,b2;
    while(scanf("%d",&n)!=EOF&&n!=0)
    {
        getchar();
        j1=0;j2=0;s1=0;s2=0;b1=0;b2=0;
        scanf("%s",&str);
        for(i=0;str[i]!='\0';i++)
        {
            if(str[i]=='J')j1++;
            if(str[i]=='S')s1++;
            if(str[i]=='B')b1++;
        }
        scanf("%d %d %d",&s2,&j2,&b2);
        int win=0;
        if(j1>s2)                          //用石头对剪刀
        {
            j1=j1-s2;
            win=win+s2;
            s2=0;
```

```
        }
    else
     {
      s2=s2-j1;
      win=win+j1;
      j1=0;
     }

    if(s1>b2)                        //用布对石头
    {
       s1=s1-b2;
       win=win+b2;
       b2=0;
    }
    else
    {
      b2=b2-s1;
      win=win+s1;
      s1=0;
    }
   if(b1>j2)                         //用剪刀对布
     {
       b1=b1-j2;
       win=win+j2;
       j2=0;
     }
    else
    {
      j2=j2-b1;
      win=win+b1;
      b1=0;
    }
//到这一步尽量找能打平的策略
   if(s2!=0)
   {
       if(s2>s1)
         {s2=s2-s1;win=win-s2;s1=0;}
       else
         {s1=s1-s2;s2=0;}
   }

   if(b2!=0)
   {
       if(b1<b2)
         {b2=b2-b1;b1=0;win=win-b2;}
       else
         {b1=b1-b2;b2=0;}
   }

   if(j2!=0)
```

```
{
    if(j1<j2)
      {j2=j2-j1;j1=0;win=win-j2;}
    else
      {j1=j1-j2;j2=0;}ctjji
    }
  printf("%d\n",win);

}
  return 0;
}
```

2.4.3　马驰爱钓鱼

问题描述：

马驰最大的爱好是钓鱼，今天他又打算去湖边钓鱼。沿着湖边的小路总共有 $N(2 \leqslant N \leqslant 25)$ 个湖，编号为 $1, 2, \cdots, N$，他沿着湖边的小路走，且只能向前走，但在什么地方停止取决于马驰。已知从第 i 个湖到达第 $i+1$ 个湖花费 $t_i * 5(\min)$。马驰共有 h 小时可用 $(1 \leqslant h \leqslant 25)$。一开始每个湖中鱼的数量为 $f_i \geqslant 0$，但随着马驰的钓鱼，每隔 5min 湖中的鱼就减少 $d_i \geqslant 0$ 条（当然，若湖中鱼的数量小于 d_i，就不能这么计算了）。为了简化问题，假设除马驰，没有别的人钓鱼。

请写一个程序帮助马驰把此次钓鱼数量最大化。

输入：

每个输入以 $n(1 \leqslant n)$ 开始，接下来两行分别有 n 个数告诉你 f_i 和 d_i。然后最后一行有 n-1 个数告诉你 t_i。

输入以 $n=0$ 为结束。

输出：

对每组输入，先输出一行表示在每个湖中的钓鱼时间，接着另一行输出总的钓鱼时间。如果有多种方案，请使最前面的湖花费的时间尽可能多。在每组输出后添加一个换行符。

输入样例：

```
2
1
10  1
2  5
2
4
4
10  15  20  17
0  3  4  3
1  2  3
4
4
10  15  50  30
0  3  4  3
1  2  3
0
```

输出样例：

```
45, 5
Number of fish expected: 31
240, 0, 0, 0
Number of fish expected: 480
115, 10, 50, 35
Number of fish expected: 724
```

解题思路：

（1）注意，马驰只能沿着路向前走，他可以只选择前 k 个湖钓鱼（$1 \leqslant k \leqslant n$），从一个湖转移到另一个湖要花费一定的时间。

（2）由于每个湖中鱼的数量只与马驰钓了多长时间有关，与什么时候钓无关，因此我们可以一次将移动的时间全部扣除，这样每个时刻我们都可以选择拥有鱼数量最多的湖垂钓，这是典型的贪心算法。

参考程序：

```
/**
 * 1042 Gone Fishing
 */
#include <stdio.h>
#include <string.h>
const int N = 28;
int f[N], d[N], t[N];              //变量含义依题意
int tf[N];                         //f[N]的临时变量
int cnt[N];                        //在每个湖上所花费的时间
int getmax(int n) {                //返回当前拥有最大数量鱼的湖序号
    int max = 0, rem = 0;
    for (int i = 1; i <= n; ++i)
        if (tf[i] > max) {
            max = tf[i];
            rem = i;
        }
    return rem;
}

int main()
{
    int n;
    double h;
    while (scanf("%d", &n) != EOF && n) {
        scanf("%lf", &h);
        for (int i = 1; i <= n; ++i)
            scanf("%d", f+i);
        for (int i = 1; i <= n; ++i)
            scanf("%d", d+i);
        for (int i = 1; i < n; ++i)
            scanf("%d", t+i);
        for (int i = 1; i <= n; ++i)
            cnt[i] = 0;
```

```
        int maxnum = -1;                    //最大钓鱼量(不能初始化为0)
        int tcnt[N];                        //cnt[N]的临时变量
        for (int k = 1; k <= n; ++k) {      //枚举1~k
            for (int i = 1; i <= n; ++i) {
                tcnt[i] = 0;
                tf[i] = f[i];               //不能改变f[i]的值
            }
            int tmp = 0;
            double left = h * 60;           //剩余时间,转化为分钟
            for (int i = 1; i < k; ++i)
                left -= t[i] * 5;
            for (left; left >= 5.0; left -= 5.0) {
                int id = getmax(k);
                if (id == 0) break;         //已经无鱼可钓
                tcnt[id] += 5;
                tmp += tf[id];
                tf[id] -= d[id];
            }
            tcnt[1] += left;                //将剩余时间加到第一个湖上
            if (tmp > maxnum) {
                maxnum = tmp;
                for (int i = 1; i <= k; ++i) {
                    cnt[i] = tcnt[i];
                }
            }
        }
        //输出
        int i;
        for (i = 1; i < n; ++i)
            printf("%d, ", cnt[i]);
            printf("%d\n", cnt[i]);
            printf("Number of fish expected: %d\n\n", maxnum);
    }
    return 0;
}
```

2.5 模　　拟

2.5.1 猜数

问题描述:

Xiaoz 提前回到学校。他们寝室只有他和另一个兄弟。他们晚上实在没有事做。Xiaoz 想出一个很好的游戏,让他兄弟猜他身上有多少钱。

猜的方法是:

他兄弟说一个数,由 Xiaoz 判断,如果 Xiaoz 认为自己没有这么多钱,他会回答 too high,如果 Xiaoz 认为比猜的数多,他会回答 too how。如果 Xiaoz 认为游戏结束,他会说

right on。

每次游戏结束,由他兄弟判断 Xiaoz 是不是说谎。如是说谎,则输出 Xiaoz is dishonest,否则输出 Xiaoz is honest。

输入:

有多组数据,输入一个整数 n(n 大于 0 且小于 10000)。接下来的一行是(too high,too low,right on)中的一个。 如果是 right on,则这组输入结束。

输出:

若 Xiaoz 没有说谎,则输出 Xiaoz may be honest,否则输出 Xiaoz is dishonest,每组输出占一行。

输入样例:

```
10
too high
3
too low
4
too high
2
right on
5
too low
7
too high
6
right on
```

输出样例:

```
Xiaoz is dishonest
Xiaoz may be honest
```

解题思路:

每次游戏开始时都要对最大值与最小值进行初始化,同时想清游戏的特点——游戏在运行中,它的最大值与最小值的变化规律,注意字符串的输入。

首先将最大值初始化为 11,将最小值初始化为 0,进行简单的判断,然后将答案的范围缩小,最终对答案进行校对,看最终数是否在答案范围内,即当出现 too high 时,就拿这个值和当前游戏的最大值比较,看其是不是比当前的最大值小,若是小,则更新当前最大值,否则不更新。当出现 too low 时,就拿这个值和当前游戏的最小值比较,看其是否比当前最小值大,若是大,则更新当前最小值,否则不更新。字符串的输入可以分开输入(scanf)或者是一次性输入(gets)。

参考程序:

```
#include<stdio.h>
#include<stdlib.h>
#include<string.h>
int main()
{
    int n;
```

```
char str1[20],str2[20];
int min=0,max=11;
while(scanf("%d",&n)&&n)
    {
    while(1)
    {
    scanf("%s%s",str1,str2);
    if(!strcmp(str1,"too"))
        {
        if(!strcmp(str2,"high"))
            {
            if(max>n)
                max=n;
            }
        else
            if(min<n)
                min=n;
        }
    else
        if((min<n)&&(n<max))
            {
            printf("Xiaoz may be honest\n");
            min=0;
            max=11;
            break;
            }
        else
            {
            printf("Xiaoz is dishonest\n");
            min=0;
            max=11;
            break;
            }
    scanf("%d",&n);
    }
    }
return 0;
}
```

2.5.2 敌兵布阵

问题描述:

C 国的对手 A 国要进行军事演练,C 国的国王想知道 A 国工兵的动态,A 国有 n 个工兵营,他们经常变换每个工兵营内的工兵数,C 国的国王想知道 A 国某段时间工兵营内的人数。

输入:

首先输入 T,表示有 T 组数据。

每组第一行一个正整数 $1 \leqslant N \leqslant 50000$,表示敌人有 N 个工兵营地,接下来是 N 个正整数,第 i 个数 a_i 表示第 i 个工兵营内起初有的工兵数($1 \leqslant a_i \leqslant 50$)。

接下来每行有一条命令,命令有以下 4 种形式。

Add i j, i 和 j 为正整数,表示第 i 个营地增加 j 个人(j 不超过 30);

Sub i j, i 和 j 为正整数,表示第 i 个营地减少 j 个人(j 不超过 30);

Query i j, i 和 j 为正整数, i≤j, 表示询问第 i 到第 j 个营地的总人数;

End 表示结束,这条命令在每组数据最后出现;

每组数据最多有 40000 条命令。

输出:

对第 i 组数据,首先输出"Case i:"和回车键,对于每个 Query 询问,输出一个整数并按回车键,表示询问的段中的总人数,最多不超过 1000000。

输入样例:

```
1
10
1 2 3 4 5 6 7 8 9 10
Query 1 3
Add 3 6
Query 2 7
Sub 10 2
Add 6 3
Query 3 10
End
```

输出样例:

```
Case 1:
6
33
59
```

解题思路:

刚看到这个题目且经验不多的人一看便知是模拟,如果再看一下数据范围,若模拟超时,则这个题目要求我们快速地修改某一点的值,然后快速求出一段区间的和,哪个算法能做到,无非就是线段树和树状数组,但是从编程复杂度看,树状数组才是最佳选择,这需要我们会用树状数组。

输入起始的每个营地的人数时我们将其插入记录数组中,然后根据要求看是增加还是减少,如果是增加,就插入正数,反之就插入负数,直到结束。

参考程序:

```
#include<stdio.h>
#include<string.h>
#include<math.h>
int a[50005];
int n;
int lowbit(int t)                        //位运算
{
    return t&(-t);
}
```

```
void insert(int t,int d)                        //插入,修改
{
    while(t<=n)
    {
        a[t]+=d;
        t=t+lowbit(t);
    }
}
long long getsum(int t)                          //求和
{
    long long sum=0;
    while(t>0)
    {
        sum+=a[t];
        t=t-lowbit(t);
    }
    return sum;
}
int main()
{
    int T,i,j,k,t;
    scanf("%d",&T);
    t=0;
    while(T--)                                   //T组测试数据
    {
        memset(a,0,sizeof(a));
        scanf("%d",&n);                          //n个营地
        for(i=1;i<=n;i++)
        {
            scanf("%d",&k);                      //每个营地的初始兵数目
            insert(i,k);
        }
        char str[10];
        scanf("%s",str);
        printf("Case %d:\n",++t);                //输出第t组数据
        while(strcmp(str,"End")!=0)              //输入数据结束
        {
            int x,y;
            scanf("%d%d",&x,&y);
            if(strcmp(str,"Query")==0)           //表示询问
            printf("%lld\n",getsum(y)-getsum(x-1));
            else if(strcmp(str,"Add")==0)        //增加工兵数目
            insert(x,y);
            else if(strcmp(str,"Sub")==0)        //减少工兵数目
            insert(x,(-1)*y);
            scanf("%s",str);
        }
    }
}
```

第3章

排　序

排序(sorting)是计算机内经常进行的一种操作,其目的是将一组"无序"的数据元素(或记录)序列调整为"有序"的序列。

排序的概念:将杂乱无章的数据元素,通过一定的方法按关键字顺序排列的过程叫作排序。

常见的排序算法如下。

插入排序:直接插入排序、希尔排序。

选择排序:选择排序、堆排序。

交换排序:冒泡排序、快速排序。

归并排序:归并排序。

假设待排序的文件中存在两条或两条以上的记录具有相同的关键字,在用某种排序法排序后,若这些相同关键字的元素的相对次序仍然不变,则这种排序方法是稳定的。其中冒泡排序、插入排序、基数排序、归并排序属于稳定排序,选择排序、快速排序、希尔排序、堆排序属于不稳定排序。多种排序算法的对比如表 3-1 所示。

表 3-1　多种排序算法的对比

排序方法		时间复杂度			空间复杂度	稳定性
		平均情况	最好情况	最坏情况		
插入排序	直接插入	$O(n^2)$	$O(n)$	$O(n^2)$	$Q(1)$	稳定
	希尔排序	$O(n^{1\sim2})$	$O(n\log^2 n)$	$O(n^2)$	$Q(1)$	不稳定
选择排序	直接选择	$O(n^2)$	$O(n^2)$	$O(n^2)$	$O(1)$	不稳定
	堆排序	$O(n\log_2 n)$	$O(n\log_2 n)$	$O(n\log_2 n)$	$O(1)$	不稳定
交换排序	冒泡排序	$O(n^2)$	$O(n)$	$O(n^2)$	$O(1)$	稳定
	快速排序	$Q(n\log_2 n)$	$O(n\log_2 n)$	$O(n^2)$	$O(\log_2 n)$	不稳定
归并排序		$O(n\log_2 n)$	$O(n\log_2 n)$	$O(n\log_2 n)$	$O(n)$	稳定
基数排序		$O(d(n+r))$	$O(d(n+r))$	$O(d(n+r))$	$O(n+rd)$	稳定

注:1. 希尔排序的时间复杂度和增量的选择有关。

2. 基数排序的复杂度中,r 代表关键字的基数,d 代表长度,n 代表关键字的个数。

关于时间复杂度：

1. 平方阶（$O(n^2)$）排序

各类简单排序：直接插入、直接选择和冒泡排序。

2. 线性对数阶（$O(n\log_2 n)$）排序

如快速排序、堆排序和归并排序。

3. $O(n+\S)$排序

$\S$是介于0和1的整数，如希尔排序。

4. 线性阶（$O(n)$）排序

如基数排序，此外还有桶、箱排序。

5. 说明

当原表有序或基本有序时，直接插入排序和冒泡排序将大大减少比较次数和移动记录的次数，时间复杂度可降至$O(n)$。

而快速排序则相反，当原表基本有序时，它将蜕化为冒泡排序，时间复杂度提高为$O(n^2)$。

表是否有序，对简单选择排序、堆排序、归并排序和基数排序的时间复杂度影响不大。

关于稳定性：

（1）排序算法的稳定性：若待排序的序列中存在多个具有相同关键字的记录，经过排序，这些记录的相对次序保持不变，则称该算法是稳定的；若经排序后记录的相对次序发生了改变，则称该算法是不稳定的。

（2）稳定性的好处：排序算法如果是稳定的，那么从一个键上排序，然后再从另一个键上排序，第一个键排序的结果可以为第二个键排序所用。基数排序就是这样，先按低位排序，逐次按高位排序，低位相同的元素其顺序在高位也相同时是不会改变的。另外，如果排序算法稳定，可以避免多余的比较。

（3）稳定的排序算法：冒泡排序、直接插入排序、归并排序和基数排序。

（4）不稳定的排序算法：选择排序、快速排序、希尔排序、堆排序。

选择排序算法的准则和依据：

（1）准则：每种排序算法各有优缺点。因此，使用时需根据不同情况适当选用，甚至可以将多种方法结合起来使用。

（2）依据：影响排序算法的因素有很多，平均时间复杂度低的算法并不一定就是最优的。相反，有时平均时间复杂度高的算法可能更适合某些特殊情况。同时，选择算法时还得考虑它的可读性，以利于软件的维护。一般而言，需考虑以下4个因素。

① 待排序的记录数目n的大小；

② 记录本身数据量的大小，也就是记录中除关键字外的其他信息量的大小；

③ 关键字的结构及其分布情况；

④ 对排序稳定性的要求。

设待排序元素的个数为n：

（1）当n较大时，可采用时间复杂度为$O(n\log_2 n)$的排序方法，如快速排序、堆排序或归并排序。

快速排序：是目前基于比较的内部排序中被认为是最好的方法，当待排序的关键字是随机分布时，快速排序的平均时间最短。

堆排序：如果内存空间允许且要求稳定性的；

归并排序：它有一定数量的数据移动，所以可以与插入排序结合，先获得一定长度的序列，然后再合并，这样在效率上会有所提高。

（2）当 n 较小时，可采用直接插入排序或直接选择排序。

直接插入排序：当元素分布有序，直接插入排序将大大减少比较次数和移动记录的次数。

直接选择排序：元素分布有序，如果不要求稳定性，可选直接选择排序。

（3）一般不使用或不直接使用传统的冒泡排序。

（4）基数排序：它是一种稳定的排序算法，但有一定的局限性：

① 关键字可分解；

② 记录的关键字位数较少，如果密集更好；

③ 如果是数字，最好是无符号的，否则将增加相关的映射复杂度，可先将其按正负分开排序。

3.1　冒泡排序

3.1.1　冒泡排序的基本原理

冒泡排序（Bubble Sort）是一种简单直观的排序算法。它重复地走访要排序的数列，依次比较相邻的数据，将小数据放在前，大数据放在后，即第一趟先比较第 1 个和第 2 个数，大数在后，小数在前，再比较第 2 个数与第 3 个数，大数在后，小数在前，以此类推，则将最大的数"冒泡"到最后一个位置；第二趟则将次大的数滚动到倒数第二个位置……第 $n-1$（n 为无序数据的个数）趟即能完成排序。走访数列的工作是重复地进行，直到不再需要交换，也就是说，该数列已经排序完成。这个算法的名字由来是较小的元素经交换会慢慢"浮"到数列的顶端。

3.1.2　冒泡排序的算法步骤

（1）比较相邻的元素。如果第一个数比第二个数大，就交换它们的位置。

（2）对每一对相邻元素做同样的工作，从开始的第一对数据到结尾的最后一对数据。这步做完后，最后的元素会是最大的数。

（3）针对所有元素重复以上步骤，除最后一个。

（4）持续对越来越少的元素重复上面的步骤，直到没有任何一对数需要比较。

什么时候最快：当输入的数据已经是正序时。

什么时候最慢：当输入的数据是反序时。

3.1.3　冒泡排序的基本算法实现

```
int main ()
{
    int a[7]={5,2,9,10,3,7,1};
```

```
int len = sizeof(a)/sizeof(a[0]);   //测数组的长度
int i = 0;
int j = 0;
int tmp=0;                          //空瓶子,用于交换数组
for(j = 0;j < len ;j ++)            //比较多少趟
{
    for(i =0;i < len-j-1 ;i++)      //第一次少比较 0 个;第二次少比较 1 个;第三次少
                                    //比较 2 个;……;第 i 次就少比较 i-1 个
                                    //每趟的比较
    {
        if(a[i] > a[i+1])
        {
            tmp = a[i];
            a[i]=a[i+1];
            a[i+1]=tmp;
        }
    }
}
for(i =0;i < len ; i ++)
{
    printf("%d ",a[i]);
}
return 0 ;
}
```

3.1.4 冒泡排序的优化

当一堆数相对比较整齐时,我们就简化代码,方法就是加一个标志,如果上一轮进去没有做过交换,就不用再继续下一趟的比较。

```
int main ()
{
    int a[7]={5,2,9,10,3,7,1};
    int len = sizeof(a)/sizeof(a[0]);   //测数组的长度
    int i = 0;
    int j = 0;
    int tmp=0;                          //空瓶子,用于交换数组
    bool flag = true;                   //一个标志
    int count = 0;
    for(j = 0;j < len ;j ++)            //比较多少趟
    {
        flag = true;                    //判断完了,就恢复真
        for(i =0;i < len-j-1 ;i++)      //第一次少比较 0 个;第二次少比较 1 个;第三
                                        //次少比较 2 个;……;第 i 次就少比较 i-1 个
                                        //每趟的比较
        {
            if(a[i] > a[i+1])
            {
                count ++;
                tmp = a[i];
                a[i]=a[i+1];
                a[i+1]=tmp;
```

```
            flag = false;                    //如果交换过了,就返回 false,标志交换过
        }


    }
    if(flag)
    {
        break;
    }

}
for(i =0;i < len ; i ++)
{
    printf("%d ",a[i]);
}


return 0 ;
}
```

当数相对比较整齐时,明显可以看出效率提高了。

3.2 快速排序

3.2.1 快速排序的基本原理

同冒泡排序一样,快速排序也属于交换排序,它通过元素之间的比较和交换位置达到排序的目的。

不同的是,冒泡排序在每一轮只把一个元素冒泡到数列的一端,而快速排序在每一轮挑选一个基准元素,并让其他比它大的元素移动到数列一边,比它小的元素移动到数列的另一边,从而把数列拆解成两部分。

3.2.2 快速排序算法的步骤

快速排序算法通过多次比较和交换实现排序,其排序流程如下。

(1)首先设定一个分界值,通过该分界值将数组分成左、右两部分。

(2)将大于或等于分界值的数据集中到数组右边,将小于分界值的数据集中到数组的左边。此时,左边部分中各元素都小于或等于分界值,而右边部分中各元素都大于或等于分界值。

(3)然后,左边和右边的数据可以独立排序。左侧的数组数据,又可以取一个分界值,将该部分数据分成左、右两部分,同样在左边放置较小值,在右边放置较大值。右侧的数组数据也可以做类似处理。

(4)重复上述过程,可以看出,这是一个递归定义。通过递归将左侧部分排好序后,再递归排好右侧部分的顺序。当左、右两部分各数据排序完成后,整个数组的排序也就完成了。

3.2.3 快速排序的基本算法实现

```
//快速排序
#include<iostream>
```

```cpp
using namespace std;
const int N = 1e5 + 10;
int n;
int q[N];
void quick_sort(int q[], int l, int r) {
    if (l >= r) {                        //判边界,如果区间中只有一个数字,或没有数字,就直接返回
        return;
    }
    int x = q[(l + r) >> 1];             //分界点
    int i = l - 1, j = r + 1;
    while (i < j) {
        do i++; while (q[i] < x);
        do j--; while (q[j] > x);
        if (i < j) {
            swap(q[i], q[j]);
        }
    }
    quick_sort(q, l, j), quick_sort(q, j + 1, r);    //递归处理左右两段
}

int main() {
    cin >> n;
    for (int i = 0; i < n; i++) {
        cin >> q[i];
    }
    quick_sort(q, 0, n - 1);
    for (int i = 0; i < n; i++) {
        if (i > 0) {
            cout << " ";
        }
        cout << q[i];
    }
    cout << endl;
    return 0;
}
```

3.3 其他排序

排序的算法还有很多,如堆排序、归并排序和桶排序等。有兴趣的读者可以查找相关资料和文献进行了解和学习。

3.4 实例演示

3.4.1 出现次数超过一半的数

问题描述:

某校的惯例是在每学期的期末考试之后发放奖学金。发放的奖学金共有 5 种,获取的条件各自不同:

(1) 院士奖学金,每人 8000 元,期末平均成绩高于 80 分($>$80),并且在本学期内发表 1 篇或 1 篇以上论文的学生均可获得;

(2) 五四奖学金,每人 4000 元,期末平均成绩高于 85 分($>$85),并且班级评议成绩高于 80 分($>$80)的学生均可获得;

(3) 成绩优秀奖,每人 2000 元,期末平均成绩高于 90 分($>$90)的学生均可获得;

(4) 西部奖学金,每人 1000 元,期末平均成绩高于 85 分($>$85)的西部省份学生均可获得;

(5) 班级贡献奖,每人 850 元,班级评议成绩高于 80 分($>$80)的学生干部均可获得。

只要符合条件就可以得奖,每项奖学金的获奖人数没有限制,每名学生也可以同时获得多项奖学金。例如,姚林的期末平均成绩是 87 分,班级评议成绩 82 分,同时他还是一位学生干部,那么他可以同时获得五四奖学金和班级贡献奖,奖金总额是 4850 元。

现在给出若干学生的相关数据,请计算哪些同学获得的奖金总额最高(假设总有同学能满足获得奖学金的条件)。

输入格式:

在第一行输入一个整数 N($1 \leqslant N \leqslant 100$),表示学生总数。接下来的 N 行每行是一位学生的数据,从左向右依次是姓名、期末平均成绩、班级评议成绩、是否是学生干部、是否是西部省份学生,以及发表的论文数。姓名是由大小写英文字母组成的长度不超过 20 的字符串(不含空格);期末平均成绩和班级评议成绩都是 0~100 的整数(包括 0 和 100);是否是学生干部和是否是西部省份学生分别用一个字符表示,Y 表示是,N 表示不是;发表的论文数是 0 到 10 的整数(包括 0 和 10)。每两个相邻数据项之间用一个空格分隔。

输出格式:

输出包括三行,第一行是获得最多奖金的学生的姓名,第二行是这名学生获得的奖金总额。如果有两名或两名以上的学生获得的奖金最多,请输出他们中在输入文件中出现最早的学生的姓名。第三行是这 N 个学生获得的奖学金总额。

输入样例:

```
4
YaoLin 87 82 Y N 0
ChenRuiyi 88 78 N Y 1
LiXin 92 88 N N 0
ZhangQin 83 87 Y N 1
```

输出样例#1:

```
ChenRuiyi
9000
28700
```

参考程序:

```
#include<iostream>
#include<cstring>
using namespace std;
```

```
int main()
{
    int n;
    char cadre,west;
    int avr_grade,class_grade,paper;
    int prize=0,max=0,sum=0;
    string name,max_name=" ";
    int i;

    cin>>n;
    for(i=1;i<=n;i++)
    {
        cin>>name>>avr_grade>>class_grade>>cadre>>west>>paper;
                                                     //输入每个人的信息


        /*按要求进行奖学金汇总*/
        if( avr_grade>80 && paper>0)  prize+=8000;
        if( avr_grade>85 && class_grade>80)  prize+=4000;
        if( avr_grade>90 )  prize+=2000;
        if( avr_grade>85 && west=='Y')  prize+=1000;
        if( class_grade>80 && cadre=='Y')  prize+=850;

        sum+=prize;                                  //计算奖学金总额
        if( prize>max || (sum==0&&sum==max) )        //记录最大奖学金
        {
            max=prize;
            max_name=name;
        }
        prize=0;
    }

    /*数据输出*/
    cout<<max_name<<endl;
    cout<<max<<endl;
    cout<<sum<<endl;

    return 0;
}
```

3.4.2　奖学金发放

问题描述：

给出一个含有 $n(0<n\leqslant1000)$ 个整数的数组，请找出其中出现次数超过一半的数。数组中的数大于 -50 且小于 50。

输入：

第一行包含一个整数 n，表示数组大小；

第二行包含 n 个整数，分别是数组中的每个元素，相邻两个元素之间用单个空格隔开。

输出：

若存在这样的数,则输出这个数;否则输出 no。

输入样例:

```
3
1 2 2
```

输出样例:

```
2
```

参考程序:

```cpp
#include<iostream>
#include<cstdio>
#include<cstring>
using namespace std;
int main()
{
    int a[101]={0};
    int n,b;
    int i;
    bool flag=false;

    cin>>n;
    for(i=0;i<n;i++)
    {
        cin>>b;
        a[b+50]++;
    }
    for(i=0;i<100;i++)
    {
        if(a[i]>=n/2)
        {
            flag=true;
            cout<<i-50<<endl;
        }
    }
    if(flag==0)
        cout<<"no";
    cout<<endl;
    return 0;
}
```

3.4.3 魔法照片

问题描述:

一共有 $n(n \le 20000)$ 个人(以 $1 \sim n$ 编号)向佳佳要照片,而佳佳只能把照片给其中的 k 个人。佳佳按照自己与他们关系好坏的程度给每个人赋予了一个初始权值 $W[i]$。然后将初始权值从大到小进行排序,每人就有了一个序号 $D[i]$(取值同样是 $1 \sim n$)。按照这个序号对 10 取模的值将这些人分为 10 类。也就是说,定义每个人的类别序号 $C[i]$ 的值为 $(D[i-1]) \bmod 10 + 1$,显然类别序号的取值为 $1 \sim 10$。第 i 类的人将会额外得到 $E[i]$ 的权值。你需要做的就是求出加上额外权值以后,最终权值最大的 k 个人,并输出他们的编号。在排序中,如果两人的 $W[i]$ 相同,编号小的优先。

输入格式:

第一行输入用空格隔开的两个整数,分别是 n 和 k。

第二行给出 10 个正整数,分别是 $E[1]$ 到 $E[10]$。

第三行给出 n 个正整数,第 i 个数表示编号为 i 的人的权值 $W[i]$。

输出格式:

输出一行用空格隔开的 k 个整数,分别表示最终的 $W[i]$ 从高到低的人的编号。

输入样例:

```
10 10
1 2 3 4 5 6 7 8 9 10
2 4 6 8 10 12 14 16 18 20
```

输出样例#1:

```
10 9 8 7 6 5 4 3 2 1
```

思路:输入→排号→排序→权值处理→排序→输出。

参考程序:

```cpp
#include<iostream>
#include<algorithm>
using namespace std;
int extra[11],initial[20001],order[20001];
bool cmp(int a,int b)
{
    if(initial[a]==initial[b])   return a<b;          //从大到小排序
    else     return initial[a]>initial[b];            //序号小的优先
}
int main()
{
    int n,k;
    int i;
    cin>>n>>k;
    for(i=1;i<=10;i++)   cin>>extra[i];
    for(i=1;i<=n;i++)
    {
        cin>>initial[i];
        order[i]=i;
    }
    sort(order+1,order+n+1,cmp);                       //第一次排序
    for(i=1;i<=n;i++)                                  //分类处理
            initial[order[i]]+=extra[(i-1)%10+1];
    sort(order+1,order+n+1,cmp);                       //第二次排序
    for(i=1;i<=k;i++)
        cout<<order[i]<<" ";
    cout<<endl;
    return 0;
}
```

3.4.4 输出前 k 大的数

问题描述：

给定一个数组，统计前 k 大的数并且把这 k 个数从大到小输出。

输入：

第一行包含一个整数 n，表示数组的大小，$n < 100000$。

第二行包含 n 个整数，表示数组的元素，整数之间以一个空格分开。每个整数的绝对值不超过 100000000。

第三行包含一个整数 k，$k < n$。

输出：

从大到小输出前 k 大的数，每个数一行。

输入样例：

```
10
4 5 6 9 8 7 1 2 3 0
5
```

输出样例：

```
9
8
7
6
5
```

参考程序：

```cpp
#include<iostream>
#include<cstdio>
#include<cstdlib>
#include<cstring>
#include<algorithm>
#include<string>
#define INF 999999999
#define N 1000001
#define MOD 1000000007
using namespace std;

int a[N];

int cmp(const void * a,const void * b){
    return (* (int * )a) - (* (int * )b);
}

void Find(int st,int ed,int k){
    if(st-ed+1==k)
        return;

    int i=st,j=ed,key=a[st];
```

```
    while(i<j){
        while(i<j&&a[j]>=key)
            j--;
        a[i]=a[j];
        while(i<j&&a[i]<=key)
            i++;
        a[j]=a[i];
    }
    a[i]=key;
    if(ed-i+1==k)
        return;
    else if(ed-i+1>k)
        Find(i+1,ed,k);
    else
        Find(st,i-1,k-(ed-i+1));
}
int main(){
    int n,k;
    scanf("%d",&n);
    for(int i=0; i<n; i++)
        scanf("%d",&a[i]);
    scanf("%d",&k);

    Find(0,n-1,k);

    qsort(a+n-k,k,sizeof(a[0]),cmp);
    for(int i=n-1; i>=n-k; i--)
        printf("%d\n",a[i]);
    return 0;
}
```

3.4.5 不重复地输出数

问题描述:

输入 n 个数,从小到大将它们输出,重复的数只输出一次,保证不同的数不超过 500 个。

输入:

第一行是一个整数 n,$1 \leqslant n \leqslant 100000$。

之后 n 行,每行一个整数,整数大小在 int 范围内。

输出:

一行,从小到大不重复地输出这些数,相邻两个数之间用单个空格隔开。

输入样例:

```
5
2 4 4 5 1
```

输出样例:

```
1 2 4 5
```

参考程序:

```
#include<iostream>
#include<cstdio>
#include<cstdlib>
#include<cstring>
#include<cmath>
#include<algorithm>
#include<string>
#define INF 999999999
#define N 1000001
#define MOD 1000000007
#define E 1e-3
using namespace std;
int a[N];
int main()
{
    int n;
    cin>>n;
    for(int i=1;i<=n;i++)
        cin>>a[i];
    sort(a+1,a+1+n);
    cout<<a[1];
    for(int i=2;i<=n;i++)
        if(a[i]!=a[i-1])
            cout<<" "<<a[i];
    cout<<endl;
    return 0;
}
```

3.4.6 单词排序

问题描述:

输入一行单词序列,相邻单词之间由 1 个或多个空格间隔,请按照字典序输出这些单词,要求重复的单词只输出一次(区分大小写)。

输入:

一行单词序列,最少 1 个单词,最多 100 个单词,每个单词长度不超过 50,单词之间用至少 1 个空格间隔。数据不含除字母、空格外的其他字符。

输出:

按字典序输出这些单词,重复的单词只输出一次。

输入样例:

```
She wants to go to Peking University to study Chinese
```

输出样例:

```
Chinese
Peking
She
University
go
```

```
study
to
wants
```

参考程序：

```cpp
#include<iostream>
#include<cstdio>
#include<cstring>
#include<string>
#include<algorithm>
using namespace std;
int main()
{
    string a[100];
    int k=0;
    bool flag;
    int i;

    while(cin>>a[k])
    {
        flag=false;
        for(i=0;i<k;i++)
        {
            if(a[i].compare(a[k])==0)
            {
                flag=true;
                break;
            }
        }
        if(!flag)
            k++;
    }
    sort(a,a+k);
    for(i=0;i<k;i++)
        cout<<a[i]<<endl;
    return 0;
}
```

3.4.7 快速排序

问题描述：

利用快速排序算法将读入的 N 个数从小到大排序后输出。

快速排序是信息学竞赛的必备算法之一。对快速排序不是很了解的同学可以自行上网查询相关资料，掌握后独立完成。C++选手请不要试图使用 STL（标准模板库），虽然你可以使用 sort()函数一遍过，但是你并没有掌握快速排序算法的精髓。

输入格式：

输入的第 1 行为一个正整数 N，第 2 行包含 $N-1$ 个空格隔开的正整数 $a[i]$，为需要进行排序的数，保证 $a[i]$ 不超过 1000000000。

输出格式：

将给定的 N 个数从小到大输出，数之间用空格隔开，行末换行且无空格。

输入样例：

```
5
4 2 4 5 1
```

输出样例：

```
1 2 4 4 5
```

参考程序：

```cpp
#include<iostream>
using namespace std;
void quick_sort(int left,int right);
int a[100001];
int main()
{
    int n,i;
    cin>>n;
    for(i=0;i<n;i++) cin>>a[i];
    quick_sort(0,n);
    for(i=1;i<=n;i++)
        cout<<a[i]<<" ";
    cout<<endl;
    return 0;
}

void quick_sort(int left,int right)
{
    int i=left,j=right;
    int mid,temp;

    mid=a[(i+j)/2];

    while(i<j)
    {
        while(a[i]<mid)  i++;
        while(a[j]>mid)  j--;

        if(i<=j)
        {
            temp=a[i];a[i]=a[j];a[j]=temp;
            i++;j--;
        }
    }
    if(left<j)  quick_sort(left,j);
    if(right>i)  quick_sort(i,right);
}
```

3.4.8 第 k 个数

给定一个长度为 n 的整数数列,以及一个整数 k,请用快速选择算法求出数列从小到大排序后的第 k 个数。

输入格式:

第一行包含两个整数 n 和 k。

第二行包含 n 个整数(所有整数均在 $1 \sim 10^9$ 范围内),表示整数数列。

输出格式:

输出一个整数,表示数列的第 k 个数。

数据范围:

$1 \leqslant n \leqslant 100000$,

$1 \leqslant k \leqslant n$。

输入样例:

```
5 3
2 4 1 5 3
```

输出样例:

```
3
```

参考程序:

```
//第 k 个数
#include<bits/stdc++.h>
using namespace std;
int a[1000000];
int n,k;
int quicksort(int a[],int begin,int end,int k)
{
    if(begin>=end)
        return a[begin];
    int mid=a[(begin+end)/2];
    int i=begin-1,j=end+1;              //这里如果不是使用 do while 循环实现(因为 do
                                        //while 循环是运行后判断),用 while 时需要改
                                        //成 i=begin,j=end;
    while(i<j)
    {
        do{
            i++;
        }while(a[i]<mid);
        do{
            j--;
        }while(a[j]>mid);               //以上是快速排序,排序的过程是先右后左
        if(i<j)
        {
            swap(a[i],a[j]);            //swap 函数用于交换 a[i]与 a[j]的 value
        }
    }
```

```
        if(j-begin+1>=k) return quicksort(a,begin,j,k);
                            //如果第 k 个数在左边,就直接递归左边的数据,继续快速排序
        else return quicksort(a,j+1,end,k-(j-begin+1));
                            //如果第 k 个数在右边,就直接递归右边的数据,继续快速排序
}
int main()
{

    scanf("%d %d",&n,&k);
    for(int i=0;i<n;i++)
    {
        scanf("%d",a[i]);
    }
    printf("%d",quicksort(a,0,n-1,k));

}
```

第 **4** 章 查 找

4.1　查找的概念

查找是根据给定的某个值,在查找表中确定是否存在一个关键字等于给定值的数据元素。

对查找表的操作:

(1) 查询某个特定的数据元素是否在查找表中。

(2) 查询某个特定的数据元素的各种属性。

(3) 在查找表中插入一个数据元素。

(4) 在查找表中删除一个数据元素。

查找表的分类:

(1) 静态查找表,仅作查询和检索操作的查找表。

(2) 动态查找表,在查找过程中同时插入查找表中不存在的数据元素,或者从查找表中删除已存在的某个数据元素。

(3) 主关键字,可以识别唯一的一个记录的关键字。

(4) 次关键字,能识别若干记录的关键字。

4.2　顺序查找算法

4.2.1　顺序查找算法的概念

顺序查找算法是顺序表的查找方法。在顺序查找算法中,以顺序表或线性表表示静态查找表。

4.2.2　顺序查找算法的步骤

(1) 从表中最后一个记录开始。

(2) 对记录的关键字和给定值逐个进行比较。

(3) 若比较后两值相等,则查找成功。

(4) 若直到第 1 个记录比较都不等,则查找不成功。

4.2.3 顺序查找算法的实现

```
int Order_Search(int array[],int n,int key)
{
    int i;
    array[n] = key;                        //监视哨
    /* for 循环后面的分号必不可少 */
    for(i=0;key!=array[i];i++);
      return(i<n? i:-1);
}
```

设置"哨兵"的目的是省略对下标越界的检查,提高算法的执行速度。

优点:简单,适应面广。

缺点:平均查找长度较大,特别是当 n 很大时,查找效率很低。

4.3 折半查找算法

4.3.1 折半查找算法的基本思想

折半查找法也称为二分查找法,它充分利用了元素间的次序关系(要求数据集合有序),采用分治策略,可在最坏的情况下用 $O(\log n)$ 完成搜索任务。二分搜索法的应用极其广泛,而且它的思想易于理解。

基本思想:将 n 个元素分成个数大致相同的两半,取 $a[n/2]$ 与欲查找的 key 比较,若 key $= a[n/2]$,则找到 x,算法终止;若 key $< a[n/2]$,则在数组 a 的左半部分继续搜索 x(这里假设数组元素呈升序排列);若 key $> a[n/2]$,则在数组 a 的右半部分继续搜索 x。

4.3.2 折半查找算法的步骤

(1) 先确定待查记录所在的范围(前半部分或后半部分)。

(2) 逐步缩小一半范围,直到找(不)到该记录为止。

优点:比顺序查找效率高(特别是在静态查找表的长度很长时)。

缺点:折半查找只适用于有序表,并且以顺序存储结构存储。

4.3.3 折半查找算法的实现

```
int BinarySearch(int a[],int key,int n)
{
    int left=0;
    int right=n-1;
    while(left<=right){
        int middle=(left+right)/2;
```

```
        if (key==a[middle]) return middle;
        if (key>a[middle]) left=middle+1;
        else right=middle-1;
    }
    return -1;
}
```

4.4 实例演示

4.4.1 丢瓶盖

问题描述:

陶陶是一个贪玩的孩子,他在地上丢了 A 个瓶盖,为了简化问题,我们可以当作这 A 个瓶盖丢在一条直线上,现在他想从这些瓶盖里找出 B 个,求 B 个瓶盖中距离最近的 2 个瓶盖距离的最大值。

输入格式:

第一行,两个整数 A,B($B \leqslant A \leqslant 100000$)。

第二行,A 个整数,分别为这 A 个瓶盖的坐标。

输出格式:

仅一个整数,为所求答案。

输入样例:

```
5 3
1 2 3 4 5
```

输出样例:

```
2
```

参考程序:

```cpp
#include<iostream>
#include<algorithm>
using namespace std;
int n,m,a[100001];
bool judge(int x)                          //判断函数
{
    int i,j;
    int sum=0;

    for(i=1;i<=n;)
    {
        for(j=i;j<=n&&a[j+1]-a[i]<x;j++);  //每次找离第 i 个瓶盖距离超过 x 的第一
                                           //个瓶盖
        i=j+1;
        sum++;                             //记录当前距离可用数量
    }
    if(sum>=m)      //若当前可用的瓶盖多于 m 个,则调整下界,让距离变大;反之,让距离变小
```

```
        return true;
    else
        return false;
}
int main()
{
    int l,r,mid;
    int i;

    cin>>n>>m;
    for(i=1;i<=n;i++)
        cin>>a[i];

    sort(a+1,a+1+n);                    //按坐标从小到大排序

    l=0;r=a[n]-a[1]+1;                  //设置左、右值
    while(l<r)
    {
        mid=(l+r+1)/2;                  //取中值
        if(judge(mid))                  //判断当前值的调整方式
            l=mid;
        else
            r=mid-1;
    }

    cout<<l<<endl;
    return 0;
}
```

4.4.2 查找最接近的元素

问题描述：

在一个非降序列中查找与给定值最接近的元素。

输入：

第一行包含一个整数 n，为非降序列长度，$1 \leqslant n \leqslant 100000$。

第二行包含 n 个整数，为非降序列各元素。所有元素的大小均在 $0 \sim 1000000000$ 之间。

第三行包含一个整数 m，为要询问的给定值个数，$1 \leqslant m \leqslant 10000$。

接下来 m 行，每行一个整数，为要询问最接近元素的给定值。所有给定值的大小均在 $0 \sim 1000000000$ 之间。

输出：

m 行，每行一个整数，为最接近相应给定值的元素值，保持输入顺序。若有多个值满足条件，则输出最小的那个值。

输入样例：

```
3
2 5 8
2
```

```
10
5
```

输出样例：

```
8
5
```

参考程序：

```cpp
#include<iostream>
#include<cstdio>
#include<cstdlib>
#include<cstring>
#include<cmath>
#include<algorithm>
#include<string>
#define INF 999999999
#define N 1000001
#define MOD 1000000007
#define E 1e-5
using namespace std;
int a[N];
int main()
{
    int n,m;
    int x;
    int left,right,mid;
    cin>>n;
    for(int i=1;i<=n;i++)
        cin>>a[i];
    cin>>m;
    while(m--)
    {
        cin>>x;
        left=1;
        right=n;

        while(left<right-1)
        {
            mid=(left+right)/2;
            if(a[mid]>x)
                right=mid;
            else
                left=mid;
        }
        if(fabs(a[left]-x)<=fabs(a[right]-x))
            cout<<a[left]<<endl;
        else
            cout<<a[right]<<endl;
    }
    return 0;
}
```

4.4.3 油田合并

问题描述:

某石油公司发现了一个油田。该油田是由 $n*m$ 个单元组成的矩形油田,有些单元里有石油,有些则没有。单元油田可以通过上、下、左或右连通。在一个单元油田里架设一台采油机,它可以把和该单元油田相连的单元油田的石油采完。该公司想知道最少架设几台采油机才能把所有石油采完?

输入:

先输入两个正整数 $n,m(1 \leqslant n,m \leqslant 50)$。接着有 n 行,每行有 m 个字符。'@'表示该单元有石油,'*'则表示该单元没有石油。

输出:

对于每组测试,输出最少需要架设几台采油机。

输入样例:

```
2 2
@ *
* @
2 2
@@
@@
```

输出样例:

```
2
1
```

解题思路:

此题的程序用的是深度优先搜索,一开始先设一个变量 many,表示找到多少块油田,变量初始值为 0。接着从第一块土地开始搜索,当遇到没有标号的油田时,用深度优先搜索算法把与这块油田相连的其他油田全部标号,并且 many++,把整块土地全部扫描完毕后,最后输出 many 的值。这道题目用广度优先搜索算法也可以,看完深度优先搜索算法后,请思考一下用广度优先搜索算法怎么做。

参考程序:

```cpp
#include<iostream>
#include<cstring>
using namespace std;
const int N=55;
int n,m;
char maze[N][N];
int vist[N][N];
int dir[][2]={-1,0,0,1,1,0,0,-1};        //代表上、下、左、右 4 个方向
void dfs(int x,int y)
{
    vist[x][y]=1;
    for(int d=0;d<4;++d)
    {
        int nx=x+dir[d][0];
```

```
            int ny=y+dir[d][1];
            if(nx<=n&&maze[nx][ny]=='@'&&vist[nx][ny]==0)
            {
                dfs(nx,ny);
            }
        }
}
int main()
{
    while(cin>>n>>m)
    {
        int sum=0;
        memset(vist,0,sizeof(vist));
        for(int i=1;i<=n;++i)
        {
            for(int j=1;j<=m;++j)
            {
                cin>>maze[i][j];
            }
        }
        for(int i=1;i<=n;++i)
        {
            for(int j=1;j<=m;++j)
            {
                if(vist[i][j]==0&&maze[i][j]=='@')
                {
                    ++sum;
                    dfs(i,j);
                }
            }
        }
        cout<<sum<<endl;
    }
    return 0;
}
```

第5章

搜　　索

搜索算法是利用计算机的高性能有目的地穷举一个问题的部分或所有的可能情况,从而求出问题的解的一种方法。搜索过程实际上是根据初始条件和扩展规则构造一棵解答树,并寻找符合目标状态的结点的过程。

所有的搜索算法从其最终的算法实现上看,都可以划分成两部分——控制结构和产生系统,而所有算法的优化和改进主要都是通过修改其控制结构完成的。

5.1　基本搜索算法

5.1.1　递归与迭代

递归程序设计是编程语言设计中的一种重要的设计方法,它使许多问题简单化,易于求解。递归的特点:函数或过程直接或间接地调用它本身。通俗来说,递归算法的实质是把问题分解成规模缩小的同类问题的子问题,然后递归调用方法来表示问题的解。递归是一个树结构,字面上可以理解为重复"递推"和"回归"的过程,当"递推"到达底部时就会开始"回归",其过程相当于树的深度优先遍历。

递归的基本原理:

第一,每一级的函数调用都有自己的变量。

第二,每一次函数调用都会有一次返回。

第三,递归函数中,位于递归调用前的语句和各级被调用函数具有相同的执行顺序。

第四,递归函数中,位于递归调用后的语句的执行顺序和各个被调用函数的顺序相反。

第五,虽然每一级递归都有自己的变量,但是函数代码并不会得到复制。

递归的三大要素:

第一要素,明确这个函数想干什么。先不管函数里面的代码是什么,首先要明白这个函数的功能是什么,要完成什么事。

第二要素,寻找递归结束条件。我们需要找出当参数为什么时,递归结束,之后直接把结果返回。注意,这个时候必须能根据这个参数的值,直接知道函数的结果。

第三要素,找出函数的等价关系式。要不断缩小参数的范围,之后可以通过一些辅助的变量或者操作使原函数的结果不变。

例 5.1　递归求阶乘。

```
#include<stdio.h>
int fact(int);                            //声明阶乘 fact 函数
int main(){
  int x;
  scanf("%d",&x);
  x = fact(x);                            //调用 fact 函数返回 int 值
  printf("%d\n",x);
}
int fact(int n){                          //定义阶乘函数
  if(n==1) return 1;                       //若输入的参数是 1,则直接返回 1
  else return n * fact(n-1);               //递归算法
}
```

所谓迭代,就是在程序中用同一变量存放每次推算出的值,每次循环都执行同一语句,给同一变量赋新值,即用一个新值代替旧值。迭代是一个环结构,从初始状态开始,每次迭代都遍历这个环,并更新状态,多次迭代,直到到达结束状态。理论上递归和迭代的时间复杂度是一样的,但实际应用中(函数调用和函数调用堆栈的开销)递归比迭代的效率要低。

例 5.2　迭代求阶乘。

```
int factorial(int n) {
  if (n == 1) {
  return 1;
  } else {
  return n * factorial(n - 1);
  }
}
```

递归转迭代:

理论上递归和迭代可以相互转换,但实际从算法结构来说,递归声明的结构并不总能转换为迭代结构(原因有待研究)。迭代可以转换为递归,但递归不一定能转换为迭代。

将递归算法转换为非递归算法有两种方法:一种是直接求值(迭代),不需要回溯;另一种是不能直接求值,需要回溯。前者使用一些变量保存中间结果,称为直接转换法;后者使用栈保存中间结果,称为间接转换法。

1. 直接转换法

直接转换法通常用来消除尾递归(tail recursion)和单向递归,将递归结构用迭代结构替代。(单向递归 → 尾递归 → 迭代)

2. 间接转换法

递归实际上利用系统堆栈实现自身调用,我们通过使用栈保存中间结果模拟递归过程,将其转为非递归形式。

由于尾递归函数递归调用返回时正好是函数的结尾,因此递归调用时就不需要保留当前栈帧,可以直接将当前栈帧覆盖掉。

5.1.2 深度优先搜索与广度优先搜索

深度优先搜索与广度优先搜索的控制结构和产生系统很相似,唯一的区别在于对扩展结点的选取。由于其保留了所有的前驱结点,所以在产生后继结点时可以去掉一部分重复的结点,从而提高搜索效率。

这两种算法每次都扩展一个结点的所有子结点,而不同的是,深度优先搜索下一次扩展的是本次扩展出来的子结点中的一个,广度优先搜索扩展的则是本次扩展的结点的兄弟结点。在具体实现上,为了提高效率,所以采用了不同的数据结构。

1. 深度优先搜索

深度优先搜索属于图算法的一种,英文缩写为 DFS,即 Depth First Search。其过程简要来说是对每一个可能的分支路径深入到不能再深入为止,而且每个结点只能访问一次。

举例:小猫爬山。

翰翰和达达饲养了 N 只小猫,这天,小猫们要去爬山。经历千辛万苦,小猫们终于爬上了山顶,但是疲倦的它们再也不想徒步走下山了。

翰翰和达达只好花钱让它们坐索道下山。

索道上的缆车承受的最大质量为 W,而 N 只小猫的质量分别是 $C_1, C_2, \cdots, C_N$。

当然,每辆缆车上小猫的质量之和不能超过 W。

每租用一辆缆车,翰翰和达达就要付 1 元,所以他们想知道,最少需要付多少元才能把这 N 只小猫都运送下山?

输入格式:

第 1 行:包含两个用空格隔开的整数 N 和 W。

第 $2 \sim N+1$ 行:每行一个整数,其中第 $i+1$ 行的整数表示第 i 只小猫的质量 C_i。

输出格式:

输出一个整数,表示最少需要多少元,也就是最少需要多少辆缆车。

数据范围:

$1 \leqslant N \leqslant 18$,

$1 \leqslant C_i \leqslant W \leqslant 108$

输入样例:

```
5 1996
1
2
1994
12
29
```

输出样例:

```
2
```

参考程序:

```
#include <iostream>
#include <algorithm>
```

```
using namespace std;
const int N = 20;
int n, m;
int cat[N], sum[N];                              //cat 表示猫的质量,sum 表示当前车的质量
int ans = N;                                     //ans 表示最优解
void dfs(int u, int k)                           //u 表示为当前第几只猫,k 表示当前车的数量
{
    if(k >= ans) return;
    if(u == n)
    {
        ans = k;
        return;
    }
    for(int i = 0; i < k; i++)
        if(cat[u] + sum[i] <= m)
        {
            sum[i] += cat[u];
            dfs(u + 1, k);
            sum[i] -= cat[u];                    //恢复现场
        }
    sum[k] = cat[u];                             //新加一辆车
    dfs(u + 1, k + 1);
    sum[k] = 0;
}
int main()
{
    cin >> n >> m;
    for(int i = 0; i < n; i ++) cin >> cat[i];
    sort(cat, cat + n);                          //从小到大排序
    reverse(cat, cat + n);                       //翻转,从大到小排序
    dfs(0, 0);                                   //从第 0 只猫开始考虑,从第 0 辆车开始
    cout << ans << endl;
    return 0;
}
```

2. 广度优先搜索

广度优先搜索算法(又称宽度优先搜索算法)是最简便的图搜索算法之一,英文缩写为 BFS,即 Breadth First Search。其过程是在搜索过程中按层次进行搜索,本层的结点没有处理完毕前,不能对下一层结点进行处理,即深度越小的结点越先进行处理。

举例:矩阵距离。

给定一个 N 行 M 列的 01 矩阵 A,$A[i][j]$ 与 $A[k][l]$ 之间的曼哈顿距离定义为

$$dist(A[i][j], A[k][l]) = |i-k| + |j-l|;$$

输出一个 N 行 M 列的整数矩阵 B,其中:

$$B[i][j] = \min_{1 \leqslant x \leqslant N, 1 \leqslant y \leqslant M, A[x][y]=1} dist(A[i][j], A[x][y]);$$

输入格式:

第一行两个整数 N, M。

接下来为一个 N 行 M 列的 01 矩阵,数字之间没有空格。

输出格式：

一个 N 行 M 列的矩阵 B，相邻两个整数之间用一个空格隔开。

数据范围：

$1 \leqslant N, M \leqslant 1000$

输入样例：

```
3 4
0001
0011
0110
```

输出样例：

```
3 2 1 0
2 1 0 0
1 0 0 1
```

参考程序：

```cpp
#include <iostream>
#include <algorithm>
#include <queue>
#include <cstring>
using namespace std;
typedef pair<int, int>PII;
const int N = 1010;
int n, m;                                        //表示矩阵的长和宽
char g[N][N];                                    //存储矩阵
int d[N][N];                                     //存储每个点到最近 1 的距离
void bfs()
{
    memset(d, -1, sizeof d);                     //d 初始化为-1
    queue<PII> q;
    for(int i = 0; i < n; i ++)
        for(int j = 0; j < m; j++)
            if(g[i][j] == '1')
            {
                q.push({i, j});
                d[i][j] = 0;
            }
    //遍历 4 个方向
    int dx[4] = {-1, 0, 1, 0}, dy[4] = {0, 1, 0, -1};    //按上、右、下、左的顺时针方向
    while (q.size())
    {
        auto t = q.front();
        q.pop();

        int x = t.first, y = t.second;
        for(int i = 0; i < 4; i ++)
        {
            int a = x + dx[i], b = y + dy[i];
            if(a >= 0 && a < n && b >= 0 && b < m && d[a][b] == -1)
```

```
                {
                    d[a][b] = d[x][y] + 1;
                    q.push({a, b});
                }
            }
        }


    }

int main()
{
    scanf("%d%d", &n, &m);                          //读入长和宽
    for(int i = 0; i < n; i ++) scanf("%s", g[i]);  //读入矩阵

    bfs();

    for(int i = 0; i < n; i ++)
    {
        for(int j = 0; j < m; j++)
            printf("%d ", d[i][j]);
        puts("");
    }
    return 0;
}
```

5.1.3 回溯

　　回溯算法是一种系统地搜索问题解的方法。它的基本思想是:从一条路前走,能进则进,不能进则退回来,换一条路再试。回溯算法是一种通用的解题方法。

　　应用回溯算法的时候,首先要明确定义问题的解空间。解空间中至少应该包含问题的一个解。确定了解空间后,回溯算法从开始结点出发,以深度优先算法搜索整个解空间。

　　对于回溯算法,一般采用递归方式实现。

　　递归函数很容易写:

```
void DFS(int deep)                              //deep 表示当前递归的深度
{
    if 已经超过递归的深度
return ;
    for 遍历本结点的所有可扩展结点
    {
        DFS(deep + 1);
    }
}
```

　　当然,回溯算法还可以使用迭代等其他方式来描绘。

5.2 搜索算法的一些优化

5.2.1 剪枝函数

对于回溯算法,我们需要搜索整棵解空间树,剪枝就是通过某种判断,避免一些不必要的遍历过程,剪去解空间树中一些不必要的枝条,从而缩小整个搜索的规模。通常有两种策略来提高回溯算法的搜索效率:一是用约束函数在扩展结点处剪去不满足约束条件的子树;二是用限界函数剪去不能得到最优解的子树。

对于限界函数,一种比较容易的形式是添加一个全局变量记录当前的最优解,而到达结点的时候计算该结点的预期值并与当前的最优解比较。如果不好,则回溯。

5.2.2 双向广度搜索

所谓双向广度搜索,指的是搜索沿正向(从初始结点向目标结点方向搜索)和逆向(从目标结点向初始结点方向搜索)两个方向同时进行,当两个方向上的搜索生成同一子结点时完成搜索过程。

运用双向广度搜索理论上可以减少二分之一的搜索量,从而提高搜索效率。

双向广度搜索一般有两种方法:一种是两个方向交替扩展;另一种是选择结点个数比较少的方向先扩展。显然,第一种方法比第二种方法容易实现,但是由于第二种方法克服了双向搜索中结点生成速度不平衡的状态,因此效率将比第一种方法高。

5.3 实 例 演 示

5.3.1 宝石游戏

问题描述:

宝石游戏非常有趣,它在 13 * 6 的格子里进行。游戏给出红色、蓝色、黄色、橘黄色、绿色和紫色的宝石。当任何三个以上宝石具有相同颜色并且在一条直线(横竖斜)时,这些宝石可以消去游戏截图,如图 5-1 所示。

现在给定当前游戏状态和一组新的石头,请计算当所有石头落下时游戏的状态。

输入:

第一行 n 表示有 n 组测试数据。

下面每个测试数据包含一个 13 * 6 的字符表,其中 B 表示蓝色,R 表示红色,O 表示橘黄色,Y 表示黄色,G 表示绿色,P 表示紫色,W 表示此处没有宝石。

接下来三行,每行包含一个字符,表示新来的宝石。

最后一行的整数 $m(1 \leqslant m \leqslant 6)$,表示新来宝石的下落位置。

输出:

图 5-1 宝石游戏

每个测试样例,输出当所有宝石落下后游戏的状态。

输入样例:

```
1
WWWWWW
WWWWWW
WWWWWW
WWWWWW
WWWWWW
WWWWWW
WWWWWW
WWWWWW
WWWWWW
WWWWWW
BBWWWW
BBWWWW
OOWWWW
B
B
Y
3
```

输出样例

```
WWWWWW
WWWWWW
WWWWWW
WWWWWW
WWWWWW
WWWWWW
WWWWWW
WWWWWW
WWWWWW
WWWWWW
WWWWWW
WWWWWW
OOYWWW
```

解题思路:

看这个题目可以联想到俄罗斯方块,但是跟俄罗斯方块有些不一样,每个方块都有自己的颜色,需要同色,而且(水平、垂直或对角线方向)连着有三个或三个以上的方块,才能消去。现在的问题是给你一个状态,接下来再给你三个方块,问这三个方块掉下来后最终的状态。需要注意的是,某方块满足两个或两个以上方向均可消去的情况时要将在这些方向上满足条件的方块都消去,然后下落填补空缺。

可以把整个问题分解成几部分:第一部分是判断当前状态有哪些宝石是可以消去的,如果有这样的宝石,就将它们消去,并在消去的地方用 W 代替,如果没有,那就是游戏的最终状态,输出结果;第二部分是将所有可以下落的宝石下落到无法下落为止,得到一个状态。那么,这个问题就是不断地进行这两步操作,直到得到最终结果。所以,本题的关键是实现这两种操作的两个函数。

任意一块宝石都可以向 8 个方向(实际上只需要 4 个方向)进行扩展,判断是否存在可以消去的宝石。

常见错误:

在没有将当前可以消去的宝石完全消去前,就直接将宝石下落,这样将使得有些可以消去的宝石没有消去,而不可以消去的宝石消去,导致出错。

参考程序:

```cpp
//得到最开始的状态后,按题目指定的位置加入一些宝石
//寻找三个或三个以上相同的宝石,将这些相同的宝石删去后得到新状态
//更新后继续寻找,如此循环,直到没有三个或三个以上相等的宝石为止
#include<iostream>
#include<cstring>
#include<cstdlib>
#define H 13                              //容器的高度
#define W 6                               //容器的宽度
#define JH 3                              //新增宝石的高度
#define JW 1                              //新增宝石的宽度
using namespace std;
char table[H+2][W+2];                     //容器中宝石的状态
bool isW[H][W];                           //判断当前格是否为空
char newj[JH][JW];                        //新宝石的状态
bool flag;
const int step[4][2] = {{1,0},{0,1},{1,1},{-1,1}};    //定义 4 个方向的扩展
void downOp()                             //刷新一遍得到下一个状态(宝石下落后)
{
    int i,j,x;
    for(j=0;j<W;j++)
    {
        x=H-1;
        for(i=H-1;i>=0;i--)               //宝石下落,依次填满空的位置
        {
            if(isW[i][j])
                continue;
            table[x--][j]=table[i][j];
        }
        for(i=x;i>=0;i--)                 //最后为空的位置赋值为'W'
            table[i][j]='W';
    }
}
void search()                             //消去宝石
{
    flag = true;                          //默认本次操作没有消去宝石
    int i,j,k,t;
    for(i=0;i<H;i++)
        for(j=0;j<W;j++)
            isW[i][j]=false;

    for(i=0;i<H;i++)                      //开始判断有没有能消去的宝石,若有则消去
    {
```

```
            for(j=0;j<W;j++)
            {
                if(table[i][j]!='W')            //约束判断,若是 W,则无须操作
                {
                    for(k=0;k<4;k++)            //向 4 个方向扩展
                    {
                        if(i+2*step[k][0]>=0)
                        {                       //约束判断,将不符合条件、越界的宝石舍去
                            if(table[i+step[k][0]][j+step[k][1]] == table[i][j]
                            && table[i+2*step[k][0]][j+2*step[k][1]] == table[i]
[j])
                            {
                                t = 0;
                                while( i+t*step[k][0] >=0
                                && table[i+t*step[k][0]][j+t*step[k][1]] == table
[i][j])
                                {                       //找到该方向上的所有能消的宝石
                                    isW[i+t*step[k][0]][j+t*step[k][1]] = true;
                                    t++;
                                }
                                flag = false;
                            }
                        }
                    }
                }
            }
    if(!flag)                                   //若有消去的宝石,则刷新状态
        downOp();
}
int main()
{
    int i,j,T,l,h,t;
    cin>>T;
    while(T--)
    {
        for(i=0;i<H;i++)
        {
            cin>>table[i];
        }
        for(i=0;i<JH;i++)
        {
            cin>>newj[i];
        }
        cin>>l;
        l = l-1;
        for(l=H-1;i>=0;i--)
        {
            if(table[i][l]=='W')
            {
```

```
                h=i;
                break;
            }
        }
        for(i=h-JH+1;i<=h;i++)              //将新增的宝石放入容器
        {
            table[i][l] = newj[i-(h-JH+1)][0];
        }
        flag = false;
        while(1)                           //开始进入循环,判断是否存在能消去的宝石
        {
            search();
if(flag)break;
        }
        for(i=0;i<H;i++)
        {
            for(j=0;j<W;j++)
            {
                cout<<table[i][j];
            }
            cout<<endl;
        }
    }
    return 0;
}
```

对于这个题,如果扩大容器的容量,而每次能消去的宝石数量又非常少,那么遍历每个结点将要进行较多次的重复操作,一个点上的宝石可能几次操作都没有变化过,但是我们却每次都要再遍历一次。对于这种情况,如果每次可以从上一次状态中有变化的点开始扩展,那样很多没有变化的点就不需要再重复遍历了。

5.3.2 骑士移动

问题描述:

模仿"飞马棋",给定正方形棋盘边长 M 和一些骑士不能走的格子,以及骑士起始位置和终点位置,找出从起始位置到达终点位置最短的路径。如果无法到达,则输出 No solution,我们给每个格子编号,从 1 到 $M*M$。比如一个 $4*4$ 的棋盘,则棋盘格子号码如下。

```
1 2 3 4
5 6 7 8
9 10 11 12
13 14 15 16
```

输入:

输入包括多组数据,以整数 T 开始,表示共有几组。每组测试样例包括 3 部分。

第一部分仅有一个整数 M($M\leqslant100$,棋盘边长);

第二部分包含骑士初始位置(X_s,Y_s)和终点位置(X_e,Y_e)($1\leqslant X_s,Y_s,X_e,Y_e\leqslant M$);

第三部分由整数 N 开始,表示共有 N 个骑士不能到达的点,接下来的 $N*2$ 个数每两

个表示一个位置坐标。

输出：

每组测试样例，输出从起始位置到达终点位置最短的路径，输出的不是坐标，而是代表格子的数字，如果找到多组路径，则输出最小的数字序列，比如给出 4 * 4 的棋盘，起始点为 (3,2)，终点为 (2,3)，就可以找到两条最短路径 (10,11,7) 和 (10，6，7)，不用输出 (10，11，7)，只需输出 (10,6,7)。

输入样例：

```
2
4
3 4
3 2
4
4 4
2 1
4 1
3 3
4
1 1
4 4
3
3 3
3 4
4 3
```

输出样例：

```
12 3 10
No solution
```

解题思路：

这个题的意思是模仿象棋中的马（可以理解骑士为象棋中的马）走路，如果不知道象棋中马的走法，可以问问同学。不过，这个题是需要在方格里走，即马只能停留在格子中。题目给出一个 $M * M$ 的矩形，限制一些格子不能走（以坐标形式给出），然后告诉你马的起点和终点，让你从余下来的格子中找出一条起点到终点的最短路径。

这是一个典型的广度优先搜索题，按广度优先搜索的写法就可以找到需要的最优解的步数，同时在扩展每个结点的时候记录路径就可以得到获得最优解时的行进路线。

通过广度优先搜索可以直接得到最优解的步数，当然也可以将最优步数下的所有解都列出来，比较所有解后，再按题目要求输出，这样做虽然可以得到问题的答案，但是当问题规模扩大的时候，最优步数下的所有解的数量可能非常多，那么比较所有解的操作将变得非常频繁。因此，如果能找到一种方法使找到的第一组解就是我们想要的解，那么问题将变得简单很多。

在这个题里，扩展的顺序决定了先得到哪组解，只需要在每次扩展的时候先引入较小的坐标值，得到的第一组解就是所需的第一组解。

参考程序：

```cpp
#include <iostream>
using namespace std;
int visit[301][301];
int board[301][301];
int num[301][301];
int go[][2]={{-2,-1},{-2,1},{-1,-2},{-1,2},{1,-2},{1,2},{2,-1},{2,1}};
                                              // 定义 8 个方向
typedef struct MyQueue{
    int step;
    int x,y;
    int len;
    int path[1000];                           //用 path 记录路径
    MyQueue * next;
}Q;
Q * head, * tail, * p, * q, * temp;
int main()
{
    int i,j,step;
    int x,y,xnow,ynow;
    int T;
    int xs,ys,xe,ye;
    int flag;
    int path[1000];
    int m,n;
    cin >> T;
    while(T--)
    {
        //初始化基本信息
        cin >> n;
        memset(board, 0, sizeof(board));
        memset(visit, 0, sizeof(visit));
        for(i=1; i<=n; i++){
            for(j=1; j<=n; j++){
                num[i][j] = (i-1) * n+j;
            }
        }
        cin >> xs >> ys;
        cin >> xe >> ye;
        cin >> m;
        for(i=0; i<m; i++){
            cin >> x >> y;
            board[x][y] = 1;
        }

        head = new Q;
        tail = head;
        temp = new Q;
        temp->x=xs;
        temp->y=ys;
        temp->step=0;
```

```
                temp->path[0] = num[xs][ys];
                temp->next = NULL;
                tail->next = temp;
                tail = temp;
                visit[xs][ys] = 1;
                flag = 0;
                //开始广度优先搜索
                while(head->next != NULL)
                {
                    p = head->next;
                    x = p->x;
                    y = p->y;
                    step = p->step;
                    for(i=0; i<=step; i++)
                    {
                        path[i] = p->path[i];
                    }
                    head->next = p->next;
                    if(head->next == NULL)
                    {
                        tail = head;
                    }
                    delete p;
                    if(x==xe && y==ye)
                    {
                        cout << path[0];
                        for(i=1; i<=step; i++)
                        {
                            cout << ' ' << path[i];
                        }
                        cout << endl;
                        flag = 1;
                        while(head->next != NULL)
                        {
                            temp = head->next;
                            delete head;
                            head = temp;
                        }
                        break;
                    }
                    //向 8 个不同的方向扩展,同时注意扩展的顺序
                    for(int i=0;i<8;i++)
                    {
                        xnow = x+go[i][0];
                        ynow = y+go[i][1];
        if(xnow>=1 && xnow<=n && ynow>=1 && ynow<=n && visit[xnow][ynow]==0)
                        {
                            temp = new Q;
                            temp->x = xnow;
                            temp->y = ynow;
```

```
                    temp->step = step+1;
                    temp->next = NULL;
                    for(j=0; j<=step; j++)
                    {
                        temp->path[j] = path[j];
                    }
                    temp->path[step+1] = num[xnow][ynow];
                    tail->next = temp;
                    tail = temp;
                    visit[xnow][ynow]=1;
                }
            }
        }
        if(flag == 0){
            cout << "No solution" << endl;
        }
        delcte head;
    }
    return 0;
}
```

5.3.3　Tetravex 游戏

问题描述：

Tetravex 是一个可以同时运行在 Windows 和 Linux 操作系统上有趣的游戏，如图 5-2 所示。

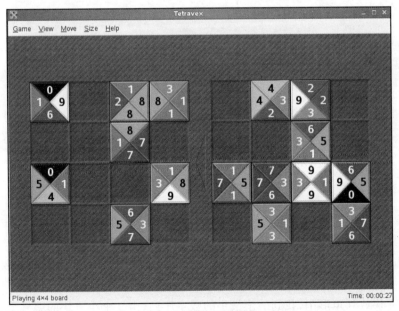

图 5-2　Tetravex 游戏

Tetravex 是一个简单的拼图，其中每块的摆放方式要使同样的号码相互接触。

玩家拼图大小为 3 * 3，共有 9 个正方形拼图块，每块拼图的 4 边上写有数字，游戏的目的是最快地摆放拼图块到适当位置。两块拼图只有当边上数字相同时,才能彼此相邻。

拼图块只能从左到右"拖曳",不可以旋转。

输入:

首先 t 表示共有 t 组测试数据($t \leqslant 20$)。

每组测试数据包括 3 行数据,每行有 4 * 3 个数,描述了 3 块拼图块。每 4 个数分别代表拼图块上面、下面、左面、右面边上的数字。所有数字在 1～9 之间,不包括 1 和 9。在输入中会出现多余空格。

输出:

输出答案,每组占一行。如果一个拼图有多个答案,就输出字典序最小的一组。

开始状态的 9 块拼图块编号如下。

```
1 2 3
4 5 6
7 8 9
```

最终的答案应按照 a1-a2-a3-a4-a5-a6-a7-a8-a9 顺序给出,其中 a1～a9 为拼图的位置,如下:

```
a1 a2 a3
a4 a5 a6
a7 a8 a9
```

输入样例:

```
1
8 1 9 2 3 4 3 9 7 3 9 5
4 7 9 5 1 2 8 4 7 9 9 9
9 8 5 8 8 8 5 3 2 8 3 5
```

输出样例:

```
2-6-1-4-7-5-3-8-9
```

输入样例:

```
1
8 1 9 2 3 4 3 9 7 3 9 5
4 7 9 5 1 2 8 4 7 9 9 9
9 8 5 8 8 8 5 3 2 8 3 5
```

输出样例:

```
2-6-1-4-7-5-3-8-9
```

解题思路:

这个题的意思是给你一个 3 * 3 的正方形(包含 9 个方块),然后给 9 个带数方块,每个方块的四边各有一个数字(1～9),这 9 个带数的方块按照题目意思编号为 1～9。最后要求你把这 9 个方块放到矩形中,找到一个最小的数字序列(由 9 个小方块的编号组成的一个数字序列)使得这些小方块满足:每个小方块上的数字与相邻小方块相接的边上的数字相等。

第一种:由于题目规模较小,因此可以先将 9 个方块按字典序进行全排列,然后再按顺序判断每种排列的方案是否可行,那么找到的第一组解就是题目所需要的字典序最小的解。

第二种：进行深度优先搜索，根据目前状态寻找下一块，每次新加入的块都能和现在已有的块匹配，按 a1～a9 的顺序不断引入新块，直到找到解为止。这个想法和第一种基本相似，第一种是先引进块再判断是否匹配，而这种是只有判断了匹配，才能引入。

常见错误：

枚举、搜索的方式不恰当，即穷举解状态的方式不恰当，导致虽然能找到解，但并不是所需要的字典序最小的解。

参考程序：

```
#include<algorithm>
#include<cstdio>
int const N=3,M=4;
int const UPPER=0,LOWER=1,LEFT=2,RIGHT=3;
int tiles[N*N+1][M];
void readin()
{
    int i,j;
    for(i=1;i<=N*N;i++)
        for(j=0;j<M;j++)
            scanf("%d",&tiles[i][j]);
}
bool check(int * seq)
{
    int i,j;
    //从高到低
    for(i=1;i<=N*(N-1);i++)
        if(tiles[seq[i]][LOWER]!=tiles[seq[i+N]][UPPER])
            return false;
    //从左到右
    for(i=1;i<N;i++)
        for(j=i;j<N*N;j+=N)
            if(tiles[seq[j]][RIGHT]!=tiles[seq[j+1]][LEFT])
                return false;
    return true;
}
void solve()
{
    using namespace std;
    int seq[N*N+1]={0,1,2,3,4,5,6,7,8,9};
    int k;
    do
    {
        if(check(seq))
            break;
    }while(next_permutation(seq+1,seq+N*N+1));
    printf("%d",seq[1]);
    for(k=2;k<=N*N;k++)
        printf("-%d",seq[k]);
    printf("\n");
}
```

```
int main()
{
    int tc;
    scanf("%d",&tc);
    while(tc--)
    {
        readin();
        solve();
    }
    return 0;
}
```

优化：

当题中数据量扩大后，无论是进行全排列或是进行深度优先搜索，处理的数据量都将非常惊人，因此我们可以先找每个块与其相关的右边的块和下边的块，比如对于右侧是 1 的块 1 来说，它的右边相关联的块就是所有左侧为 1 的块；同样，我们可以得到任意两个块 a,b，既符合与块 a 下边相关联，又符合与块 b 右边相关联的所有块，比如 a 的下侧为 1,b 的右侧为 2,那么所有上侧为 1,左侧为 2 的块都是既与块 a 下边相关联，又与块 b 右边相关联的块。这样，在深度优先搜索的时候可以减少比较的次数，使约束函数更精确，从而减少搜索的量。

5.3.4　集合分解

问题描述：

给你一个数字集合，问能否将集合中的数分成 6 个集合，使所有集合中数的和相等。比如{1，1，1，1，1，1}可以满足上面的要求，但是{1，2，3，4，5，6}不能。

输入：

输入有多组测试数据，以整数 T 开始，表示有 T 组测试数据。每个 case 以 N 开头($N \leqslant 30$)，表示集合中数的个数，接下来有 N 个整数。

输出：

如果满足条件，则输出"yes"，否则输出"no"。

输入样例：

```
2
20 1 2 3 4 5 5 4 3 2 1 1 2 3 4 5 5 4 3 2 1
20 1 1 1 1 1 1 1 1 1 1 1 1 1 1 1 1 1 1 1 1
```

输出样例：

```
yes
no
```

输入样例：

```
2
20 1 2 3 4 5 5 4 3 2 1 1 2 3 4 5 5 4 3 2 1
20 1 1 1 1 1 1 1 1 1 1 1 1 1 1 1 1 1 1 1 1
```

输出样例：

```
yes
no
```

解题思路：

对于题目来说，记所给的所有元素的和为 ALL，若想将这些元素平均分成 6 份，则必然存在 ALL%6==0，并且所有元素中最大的元素小于或等于 ALL/6。对所有的元素进行递归，为每个元素设定一个全局变量，表示该元素有没有被使用过，使用 $f(num,sum)$（num 表示当前已经构造的集合数，sum 表示当前正在构造的集合目前的和）对剩下的元素进行搜索，判断剩下的元素是否能构成剩下的 6-num 个集合，同时其中一个集合目前的和为 sum，如果目前的 sum 值恰好等于平均值 ALL/6，就可以进行下一层搜索 $f(num+1,0)$；如果 sum 值大于平均值 ALL/6，就表示该种方法无法完成搜索，回到上一层状态；如果目前 sum 值还小于平均值 ALL/6，就枚举剩下的没用过的元素，进行下一层搜索 $f(num,sum+now)$，其中 now 表示当前枚举的元素的值。

参考程序：

```cpp
#include <iostream>
#include <cstdlib>
using namespace std;
int set[50];                    //记录元素的值
int used[50];                   //记录元素被使用的情况
int n;
int quarter;                    //平均值
int flag;                       //记录是否已经找到解
void Track(int,int,int);
int cmp(const void * a,const void * b)
{
    return * (int * )a- * (int * )b;
}
void find(int x)
{
    if(x>6)                     //已经找到目标
    {
        flag=1;
        return;
    }
    int i;
    for(i=1;i<=n;i++)           //找到第一个未使用过的元素作为下一个集合的第一个元素
    {
        if(used[i]==0)break;
    }
    used[i]=1;
    Track(x,i,set[i]);
    used[i]=0;                  //对于找不到的情况,按原路返回
}
void Track(int num,int k,int sum)
{
    if(flag==1)return;
    if(sum==quarter)            //若当前集合的和与平均值相等,则开始构建下一个集合
```

```
{
    find(num+1);
    return;
}
//每次只需为当前集合引进上次引进元素之后的元素，强剪枝，可以省去很多重复判断
for(int i=k+1;i<=n;i++)
{
    if(used[i]==0 && sum+set[i]<=quarter)
    {
        used[i]=1;
        Track(num,i,sum+set[i]);
        used[i]=0;
    }
}
}
int main(){
    int T,i;
    cin>>T;
    while(T--)
    {
        cin>>n;
        quarter=0;
        flag=0;
        memset(used,0,sizeof(used));
        for(i=1;i<=n;i++)
        {
            cin>>set[i];
            quarter+=set[i];
        }
        if(quarter%6!=0)      //若不能平均分成 6 份，则直接得到结果
        {
            cout<<"no"<<endl;
            continue;
        }
        quarter/=6;
        qsort(set+1,n,sizeof(set[0]),cmp);
        if(set[n] > quarter) //若最大份大于平均数，则可以判断一定不能平均分成6份
        {
            cout << "no" <<endl;
            continue;
        }
        find(1);
        if(flag==1)cout<<"yes"<<endl;
        else cout<<"no"<<endl;
    }
    return 0;
}
```

扩展：

关于这个题目，可以把分解的份数改变成任意多份，或者是一个未知的量，让我们求一个份数的最大值，这就成了一个搜索的经典问题——木棍问题（请参考相关资料）。

第6章

字符串匹配

字符串匹配算法在实际工程中经常遇到,是各大公司笔试、面试的常考题目。此算法通常输入为原字符串(string)和子串(pattern),要求返回子串在原字符串中首次出现的位置。比如原字符串为"ABCDEFG",子串为"DEF",则算法返回 3。常见的算法包括 BF(Brute Force,暴力检索)、RK(Robin-Karp,哈希检索)、KMP(教科书上最常见的算法)、BM(Boyer Moore)、Sunday 等,下面详细介绍。

6.1 BF 算 法

BF 算法是最好想到的算法,也最易实现,在情况简单的情况下可以直接使用,如图 6-1 所示。

首先将原字符串和子串左端对齐,逐一比较;如果第一个字符不能匹配,则子串向后移动一位继续比较;如果第一个字符匹配,则继续比较后续字符,直至全部匹配。BF 算法的时间复杂度为 $O(MN)$,如图 6-1 所示。

图 6-1 BF 算法

6.2 RK 算 法

RK 算法是对 BF 算法的一个改进:在 BF 算法中,每个字符都需要进行比较,并且当我们发现首字符匹配时,仍然需要比较剩余的所有字符。而在 RK 算法中,只进行一次比较,判定两者是否相等,如图 6-2 所示。

RK 算法也可以进行多模式匹配,在论文查重等实际应用

图 6-2 RK 算法

中一般都使用此算法。

首先计算子串的 Hash 值,之后分别取原字符串中子串长度的字符串计算 Hash 值,比较两者是否相等:如果 Hash 值不同,则两者必定不匹配;如果 Hash 相同,由于哈希冲突存在,因此也需要按照 BF 算法再次判定。

按照此例子,首先计算子串"DEF"的 Hash 值为 H_D,之后从原字符串中依次取长度为 3 的字符串"ABC""BCD""CDE""DEF"计算 Hash 值,分别为 H_A、H_B、H_C、H_D,当 H_D 相等时,仍然要比较一次子串"DEF"和原字符串"DEF"是否一致。RK 算法的时间复杂度为 $O(MN)$(实际应用中往往较快,期望时间为 $O(M+N)$)。

6.3　KMP 算 法

KMP 算法是字符串匹配最经典的算法之一,各大教科书上的看家绝学,曾被投票选为当今世界最伟大的十大算法之一,但是晦涩难懂,并且十分难实现。希望下面的讲解便于你理解这个算法。

KMP 算法在开始的时候,也是将原字符串和子串左端对齐,逐一比较,但是当出现不匹配的字符时,KMP 算法不是向 BF 算法那样向后移动一位,而是按照事先计算好的"部分匹配表"中记载的位数移动,这样便节省了大量时间,如图 6-3 所示。

首先,原字符串和子串左端对齐,比较第一个字符,发现不相等,子串向后移动,直到子串的第一个字符能和原字符串匹配,如图 6-4 所示。

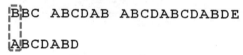

图 6-3　KMP 算法(1)

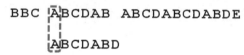

图 6-4　KMP 算法(2)

当 A 匹配上之后,接着匹配后续的字符,直至原字符串和子串出现不相等的字符为止,如图 6-5 所示。

此时如果按照 BF 算法计算,是将子串整体向后移动一位接着从头比较;按照 KMP 算法的思想,既然已经比较过了"ABCDAB",就要利用这个信息;所以,针对子串计算出了"部分匹配值"(具体如何计算后面会说,这里先介绍整个流程),如图 6-6 所示。

图 6-5　KMP 算法(3)

图 6-6　KMP 算法(4)

刚才已经匹配的位数为 6,最后一个匹配的字符为"B",查表得知"B"对应的部分匹配值为 2,那么移动的位数按照如下公式计算:

$$移动位数=已匹配的位数-最后一个匹配字符的部分匹配值$$

那么 $6-2=4$,子串向后移动 4 位,如图 6-7 所示。

因为空格和"C"不匹配,已匹配位数为 2,"B"对应部分匹配值为 0,所以子串向后移动 $2-0=2$ 位,如图 6-8 所示。

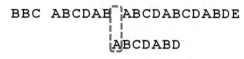

BBC ABCDAB ABCDABCDABDE　　　　BBC ABCDAB ABCDABCDABDE

　　　ABCDABD　　　　　　　　　　　　　ABCDABD

图 6-7　KMP 算法(5)　　　　　　　　　图 6-8　KMP 算法(6)

因为空格和"A"不匹配,已匹配位数为 0,所以子串向后移动一位,如图 6-9 所示。

逐个比较,直到发现"C"与"D"不匹配,已匹配位数为 6,"B"对应部分匹配值为 2,因为 6-2=4,所以子串向后移动 4 位,如图 6-10 所示。

BBC ABCDAB ABCDABCDABDE　　　　BBC ABCDAB ABCDABCDABDE

　　　　ABCDABD　　　　　　　　　　　　　　ABCDABD

图 6-9　KMP 算法(7)　　　　　　　　图 6-10　KMP 算法(8)

逐个比较,直到全部匹配,返回结果。

下面说明一下"部分匹配表"如何计算。"部分匹配值"是指字符串前缀和后缀共有元素的长度。前缀是指除最后一个字符外,一个字符串全部头部的组合;后缀是指除第一个字符外,一个字符串全部尾部的组合。以"ABCDABD"为例:

① "AB"的前缀为[A],后缀为[B],共有元素的长度为 0;

② "ABC"的前缀为[A, AB],后缀为[BC, C],共有元素的长度为 0;

③ "ABCD"的前缀为[A, AB, ABC],后缀为[BCD, CD, D],共有元素的长度为 0;

④ "ABCDA"的前缀为[A, AB, ABC, ABCD],后缀为[BCDA, CDA, DA, A],共有元素为"A",长度为 1;

⑤ "ABCDAB"的前缀为[A, AB, ABC, ABCD, ABCDA],后缀为[BCDAB, CDAB, DAB, AB, B],共有元素为"AB",长度为 2;

⑥ "ABCDABD"的前缀为[A, AB, ABC, ABCD, ABCDA, ABCDAB],后缀为[BCDABD, CDABD, DABD, ABD, BD, D],共有元素的长度为 0。

在计算"部分匹配表"时,一般使用 DP(动态规划)算法计算(表示为 next 数组):

```
int * next = new int[needle.length()];
    next[0] = 0;
    int k = 0;
    for (int i = 1; i < needle.length(); i++)
    {
      while (k > 0 && needle[i] != needle[k])
      {
        k = next[k - 1];
      }
      if (needle[i] == needle[k])
      {
        k++;
      }
      next[i] = k;
    }
int * next = new int[needle.length()];
```

```
next[0] = 0;
int k = 0;
for (int i = 1; i < needle.length(); i++)
{
  while (k > 0 && needle[i] != needle[k])
  {
    k = next[k - 1];
  }
  if (needle[i] == needle[k])
  {
    k++;
  }
  next[i] = k;
}
```

时间复杂度：$O(N)$。

6.4　BM 算 法

过去，我们一直认为 KMP 算法是最好的字符串匹配算法，直到后来遇到 BM 算法。BM 算法的执行效率要比 KMP 算法快 3～5 倍，并且十分容易理解。各种记事本的"查找"功能（Ctrl＋F）一般都采用此算法。

网络上所有讲述这个算法的帖子都是以传统的"好字符规则"和"坏字符规则"讲述的，但是个人感觉其实这样不容易理解，我们总结了另外一套简单的算法规则：以这个算法的发明人 Moore 教授的例子讲解，如图 6-11 所示。

HERE IS A SIMPLE EXAMPLE

EXAMPLE

图 6-11　BM 算法（1）

首先，原字符串和子串左端对齐，但是从尾部开始比较，就是首先比较"S"和"E"，这是一个十分巧妙的做法，如果字符串不匹配，只需要这一次比较就可以确定。

在 BM 算法中，每次发现当前字符不匹配的时候，就需要寻找子串中是否有这个字符；比如，当前"S"和"E"不匹配，那我们需要寻找一下子串中是否存在"S"。发现子串中不存在"S"，那我们将子串整体向后移动到原字符串中"S"的下一个位置，如图 6-12 所示（但是，如果子串中存在原字符串当前字符怎么办，后面详细介绍）。

HERE IS A SIMPLE EXAMPLE

EXAMPLE

图 6-12　BM 算法（2）

接着从尾部开始比较，发现"P"和"E"不匹配，那我们查找一下子串中是否存在"P"，发现存在，那就把子串移动到两个"P"对齐的位置，如图 6-13 所示。

依然从尾部开始比较，"E"匹配，"L"匹配，"P"匹配，"M"匹配，"I"和"A"不匹配！接着

HERE IS A SIMPLE EXAMPLE
         EXAMPLE

图 6-13   BM 算法（3）

寻找子串当前是否出现了原字符串中的字符,我们发现子串中第一个"E"和原字符串中的字符可以对应,那直接将子串移动到两个"E"对应的位置,如图 6-14 所示。

HERE IS A SIMPLE EXAMPLE
            EXAMPLE

图 6-14   BM 算法（4）

接着从尾部比较,发现"P"和"E"不匹配,那么检查一下子串中是否出现了"P",发现存在,那么移动子串到两个"P"对应,如图 6-15 所示。

HERE IS A SIMPLE EXAMPLE
               EXAMPLE

图 6-15   BM 算法（5）

从尾部开始,逐个匹配,发现全部能匹配上,匹配成功。

BM 算法的时间复杂度:最差情况 $O(MN)$,最好情况 $O(N)$。

6.5 Sunday 算 法

后来,我们又发现一种比 BM 算法还快,而且更容易理解的算法,就是 Sunday 算法,如图 6-16 所示。

首先原字符串和子串左端对齐,发现"T"与"E"不匹配之后,检测原字符串中下一个字符(在这个例子中是"IS"后面的那个空格)是否在子串中出现,如果出现,就移动子串将两者对齐;如果没有出现,则直接将子串移动到下一个位置。这里,由于空格没有在子串中出现,因此移动子串到空格的下一个位置"A",如图 6-17 所示。

THIS IS A SIMPLE EXAMPLE   THIS IS A SIMPLE EXAMPLE
EXAMPLE   EXAMPLE

图 6-16   Sunday 算法（1）   图 6-17   Sunday 算法（2）

发现"A"与"E"不匹配,但是原字符串中下一个字符"E"在子串中出现了,第一个字符和最后一个字符都有出现,那么首先移动子串靠后的字符与原字符串对齐,如图 6-18 所示。

发现空格和"E"不匹配,原字符串中下一个字符"空格"也没有在子串中出现,所以直接移动子串到空格的下一个字符"E",如图 6-19 所示。

THIS IS A SIMPLE EXAMPLE   THIS IS A SIMPLE EXAMPLE
         EXAMPLE   EXAMPLE

图 6-18   Sunday 算法（3）   图 6-19   Sunday 算法（4）

这样从头开始逐个匹配,匹配成功。

Sunday 算法的时间复杂度:最差情况 $O(MN)$,最好情况 $O(N)$。

参考程序:

```cpp
#include<iostream>
#include<cstdio>
#include<algorithm>
using namespace std;
char a[10005],b[10005];          //long a>long b
int c[30];                       //表示 b 串中存在的字母;若不存在,则为 1;若存在,
                                 //则为最靠后的此字符距离尾部加一(要跳的地方)
int la,lb;                       //字符串 a,b 的长度
int head;                        //当前搜索到的头字符
int main()
{
    scanf("%s",a);
    scanf("%s",b);               //read in
    la=strlen(a);
    lb=strlen(b);
    for(int i=0;i<=lb-1;i++)
        c[b[i]-'a'+1]=lb-i;      //初始化 c 数组
    for(int i=0;head<=la-1;)      //i 表示当前匹配长度,head 指针跳到 a 尾时结束
    {
        if(a[head+i]==b[i])
        {
            i++;                 //若匹配,则更新 i 值
            if(i==lb)            //若匹配到的长度等于 b 串长度,则成功
            {
                printf("Yes");return 0;
            }
        }
        else
        {
            if(c[a[head+lb]-'a'+1]!=0) head=head+c[a[head+lb]-'a'+1];
                                 //判断是否出现
            else head=head+lb+2; //若未出现,则跳到下一个长度
            i=0;                 //匹配值更新为 0
        }
    }
    printf("No");
    return 0;
}
```

6.6　实 例 演 示

6.6.1　最低三元字符串

问题描述:

给定一个三元字符串(该字符串仅由字符'0'、'1'和'2'组成)。

可以交换任意两个相邻(连续)字符'0'和'1'(即将"01"替换为"10",反之亦然)或任何两个相邻(连续)字符"1"及"2"(即将"12"替换为"21",反之亦然)。例如,对于字符串"010210",可以执行以下步骤。

"010210"→→"100210";

"010210"→→"001210";

"010210"→→"010120";

"010210"→→"010201"。

例如,对于字符串"010210",可以执行以下操作:注意不能将"02"转换为"20",反之亦然。除上面描述的以外,不能使用给定字符串执行其他任何操作。

你的任务是通过使用这些交换任意次数(可能为零)获得可能的最小值(字典上的)字符串。

如果存在位置 i $(1 \leqslant i \leqslant |a|$,其中$|s|$是字符串"$ss$"的长度),则字符串"$aa$"在字典上小于字符串"$bb$"(如果字符串"$aa$"和"$bb$"有相同的长度),使得对于每一个 $j < i$,都有 $aj = bj$,$ai < bi$。

输入:

输入的第一行包含仅由'0'、'1'和'2'组成的字符串"s",其长度为 $1 \sim 10^5$(含10^5)。

输出:

打印一个字符串——通过使用上面描述的交换可以获得的最小字符串(字典上的)次数(可能为零)。

输入样例:

```
100210
```

输出样例:

```
001120
```

输入样例:

```
11222121
```

输出样例:

```
11112222
```

输入样例:

```
20
```

输出样例:

```
20
```

题意:给出一串只有 0、1、2 的数串,其中,0 与 1 可互相交换,1 与 2 可互相交换,求交换后最小的值。

思路:无论 1 在哪,总能被换到 2 的前面,但 0 无法换到 2 的前面,因此先统计第一个 2 前面 0 的个数,输出;然后再统计整个数串中 1 的个数,输出;最后再将第一个 2 后面的所有数字去掉 1 后输出。

参考程序:

```cpp
#include<iostream>
#include<cstdio>
#include<cstring>
#include<cmath>
#include<algorithm>
#include<string>
#include<cstdlib>
#include<queue>
#include<set>
#include<map>
#include<stack>
#include<ctime>
#include<vector>
#define INF 0x3f3f3f3f
#define PI acos(-1.0)
#define N 1001
#define MOD 10007
#define E 1e-6
#define LL long long
using namespace std;
int main()
{
    string str;
    cin>>str;
    LL len=str.length();
    LL num_1=0;
    bool flag=true;
    for(LL i=0;i<len;i++)
    {
        if(str[i]=='1')
            num_1++;
        if(str[i]=='1'||str[i]=='2')
            flag=false;
    }
    LL pos;
    LL num_0=0;
    for(LL i=0;i<len;i++)
    {
        if(str[i]=='0')
            num_0++;
        if(str[i]=='2')
        {
            pos=i;
            break;
        }
    }
    if(flag)
    {
```

```
        cout<<str<<endl;
        return 0;
    }
    while(num_0--)
        cout<<'0';
    while(num_1--)
        cout<<'1';
    for(LL i=pos;i<len;i++)
    {
        if(str[i]=='1')
            continue;
        else
            cout<<str[i];
    }
    cout<<endl;
    return 0;
}
```

6.6.2 从左侧删除

问题描述：

给定两个字符串 s 和 t。在一次移动中，可以选择两个字符串中的任何一个并删除第一个（即最左边的）字符。移动一次后，字符串的长度减少 1。如果字符串为空，就不能选择它。

例如：

通过对字符串"where"进行移动，结果是字符串"here"。

通过对字符串"a"应用一个移动，结果是一个空字符串""。

你需要用最少的步数使两个给定的字符串相等。很有可能，最后两个字符串都等于空字符串，因此两个字符串都相等。在这种情况下，答案显然是两个字符串初始长度的和。

编写一个程序，找出使两个给定字符串 s 和 t 相等的最少移动次数。

输入描述：

输入的第一行包含 s，第二行包含 t。两个字符串都是小写的拉丁字母。

输出描述：

输出所需的最少移动次数。

输入样例：

```
    test
west
```

输出样例：

```
2
```

输入样例：

```
    codeforces
yes
```

输出样例：

9

输入样例：

```
    test
yes
```

输出样例：

7

输入样例：

```
    b
ab
```

输出样例：

1

题意：给出两个字符串 1 和 2，每次只能删除串 1 前面的一个字母或者删除串 2 前面的一个字母，求删除多少个字母后两个字符串相同。

思路：由于要求两个字符串相同，从后向前找相同的字母即可，一旦遇到不同的，就停止，最后输出两字符串的长度减去两倍的相同字母个数即可。

参考程序：

```cpp
#include<iostream>
#include<cstdio>
#include<cstring>
#include<cmath>
#include<algorithm>
#include<string>
#include<cstdlib>
#include<queue>
#include<set>
#include<map>
#include<stack>
#include<vector>
#define INF 0x3f3f3f3f
#define PI acos(-1.0)
#define N 10001
#define MOD 123
#define E 1e-6
using namespace std;
int main()
{
    string str1,str2;
    cin>>str1>>str2;

        int cnt=0;
        int len1=str1.length();              //字符串长度
        int len2=str2.length();              //字符串长度
        for(int i=len1-1,j=len2-1;i>=0&&j>=0;i--,j--)
                                //从右向左,统计相同的个数,直至不同
```

```
        {
            if(str1[i]==str2[j])
                cnt++;
            else
                break;
        }
        cout<<len1+len2-2 * cnt<<endl;        //串1的长度+串2的长度-2×相同字母
                                              //的个数

    return 0;
}
```

6.6.3 字母删除

问题描述：

给你一个由 n 个小写拉丁字母组成的字符串 s。Polycarp 想从字符串 s 中删除 k 个字符（$k \leqslant n$）。Polycarp 使用以下算法 k 次：

若至少有一个字母"a"，则删除最左边的字母并停止算法，否则转到下一项；

若至少有一个字母"b"，则删除最左边的字母并停止算法，否则转到下一项；

……

删除字母"z"最左边的字母并停止算法。

该算法从字符串中删除单个字母。Polycarp 精确地执行这个算法 k 次，从而删除 k 个字符。

请帮助 Polycarp 找到结果字符串。

输入描述：

输入的第一行包含两个整数 n 和 k——该字符串的长度和数量。

第二行包含由 n 个小写拉丁字母组成的字符串 s。

输出描述：

在 Polycarp 使用上述算法 k 次删除 k 个字母后，打印从 s 中获得的字符串。

如果结果字符串为空，则不打印任何内容。允许不打印任何内容或打印空行（换行）。

输入样例：

```
15 3
cccaabababaccbc
```

输出样例：

```
cccbbabaccbc
```

输入样例：

```
15 9
cccaabababaccbc
```

输出样例：

```
cccccc
```

题意：给出一个长度为 n 的字符串，删除 k 个字符，先删 a，删完 a 后再删 b，以此类推，最后输出删除完毕的字符串。

思路：创建一个结构体，其含有一标志，如果删除即进行标记，最后依据标记输出字符串即可。

参考程序：

```cpp
#include<iostream>
#include<cstdio>
#include<cstring>
#include<cmath>
#include<algorithm>
#include<string>
#include<cstdlib>
#include<queue>
#include<set>
#include<map>
#include<stack>
#include<ctime>
#include<vector>
#define INF 0x3f3f3f3f
#define PI acos(-1.0)
#define N 1000005
#define MOD 123
#define E 1e-6
using namespace std;
struct Node{
    char ch;
    int vis;
}str[N];
int main()
{
    int n,k;
    cin>>n>>k;

    for(int i=1;i<=n;i++)
        cin>>str[i].ch;

    for(int i=0;i<26;i++)                        //从 a 开始删
    {
        for(int j=1;j<=n;j++)
        {
            if(k==0)
                break;
            if(str[j].ch=='a'+i)
            {
                str[j].vis=1;                    //每删一个进行标记
                k--;
            }
        }
    }
    for(int i=1;i<=n;i++)
```

```
        if(!str[i].vis)                          //如果没有被删除
                cout<<str[i].ch;
    cout<<endl;
    return 0;
}
```

6.6.4 潜伏者

问题描述：

R 国和 S 国正陷入战火之中,双方都互派潜伏者(间谍),潜入对方内部,伺机行动。历尽艰险后,潜伏于 S 国的 R 国间谍小 C 终于摸清了 S 国军用密码的编码规则：

(1) S 国军方内部欲发送的原信息经过加密后在网络上发送,原信息的内容与加密后所得的内容均由大写字母'A'～'Z'构成(无空格等其他字符)。

(2) S 国对每个字母规定了对应的"密字"。加密的过程就是将原信息中的所有字母替换为其对应的"密字"。

(3) 每个字母只对应一个唯一的"密字",不同的字母对应不同的"密字"。"密字"可以和原字母相同。

例如,若规定'A'的密字为'A','B'的密字为'C'(其他字母及密字略),则原信息"ABA"被加密为"ACA"。

现在,小 C 通过内线掌握了 S 国网络上发送的一条加密信息及其对应的原信息。小 C希望能通过这条信息破译 S 国的军用密码。小 C 的破译过程是这样的：扫描原信息,对于原信息中的字母 X(代表任一大写字母),找到其在加密信息中的对应大写字母 Y,并认为在密码里 Y 是 X 的密字。如此进行下去,直到停止于如下的某个状态：

(1) 所有信息扫描完毕,'A'～'Z'所有 26 个字母在原信息中均出现过并获得了相应的"密字"。

(2) 所有信息扫描完毕,但发现存在某个(或某些)字母在原信息中没有出现。

(3) 扫描中发现掌握的信息里有明显的自相矛盾或错误(违反 S 国密码的编码规则)。例如,某条信息"XYZ"被翻译为"ABA"就违反了"不同字母对应不同密字"的规则。

在小 C 忙得头昏脑涨之际,R 国司令部又发来电报,要求他翻译另外一条从 S 国刚刚截取到的加密信息。现在请你帮助小 C：通过内线掌握的信息尝试破译密码,然后利用破译的密码翻译电报中的加密信息。

输入格式：

共 3 行,每行为一个长度在 1～100 的字符串。

第 1 行为小 C 掌握的一条加密信息。

第 2 行为第 1 行的加密信息所对应的原信息。

第 3 行为 R 国司令部要求小 C 翻译的加密信息。

输入数据保证所有字符串仅由大写字母'A'～'Z'构成,且第 1 行长度与第 2 行长度相等。

输出格式：

共 1 行。

若破译密码停止时出现(2)和(3)两种情况,则输出 Failed(首字母大写,其他小写),否则输出利用密码翻译电报中加密信息后得到的原信息。

输入样例#1:

```
    AA
AB
EOWIE
```

输出样例:

```
Failed
```

输入样例:

```
    QWERTYUIOPLKJHGFDSAZXCVBN
ABCDEFGHIJKLMNOPQRSTUVWXY
DSLIEWO
```

输出样例:

```
Failed
```

输入样例:

```
    MSRTZCJKPFLQYVAWBINXUEDGHOOILSMIJFRCOPPQCEUNYDUMPP
YIZSDWAHLNOVFUCERKJXQMGTBPPKOIYKANZWPLLVWMQJFGQYLL
FLSO
```

输出样例:

```
NOIP
```

输入输出样例 1 说明:

原信息中的字母'A'和'B'对应相同的密字,输出 Failed。

输入输出样例 2 说明:

字母'Z'在原信息中没有出现,输出 Failed。

思路:

(1) A～Z 必须都存在,否则输出 Failed。

(2) 密文中的每个字母不能给多个字母使用,否则输出 Failed。

参考程序:

```cpp
#include<iostream>
#include<cstring>
using namespace std;
char map[26];
int main()
{
    string secret,original,translation;
    int len1,len3;
    int i,j;
    cin>>secret>>original>>translation;    //输入密文、原文,要翻译的文字
    len1=secret.length();                   //计算密文长度
    len3=translation.length();              //计算要翻译的文字长度
    if(len1<26)      //若密文长度小于 26 个字母的长度,则不合要求,输出 Failed,终止程序
```

```
{
    cout<<"Failed"<<endl;
    return 0;
}
for(i=0;i<len1;i++)
{
    for(j=0;j<i;j++)
    {
        if(original[i]==original[j]&&secret[i]!=secret[j])
        //若原文中有相同字母,但密文中对应字母不相同,则不合要求,输出Failed,终止
        //程序
        {
            cout<<"Failed"<<endl;
            return 0;
        }
    }
    map[secret[i]-'A']=original[i];          //存储密文对应的原文
}

for(i=0;i<len3;i++)                          //输出翻译后的文字
    cout<<map[translation[i]-'A'];
cout<<endl;
return 0;
}
```

6.6.5 处女座与复读机

问题描述:

一天,处女座在牛客算法群里发了一句"我好强啊",引起无数复读,可是处女座发现复读之后变成了"处女座好强啊"。处女座经过调查发现群里的复读机都是失真的复读机,会固定地产生两个错误。一个错误可以是下面形式之一:

(1) 将任意一个小写字母替换成另外一个小写字母;

(2) 在任意位置添加一个小写字母;

(3) 删除任意一个字母。

处女座又在群里发了一句话,他收到一个回应,他想知道这是不是一个复读机。

输入描述:

两行

第一行是处女座说的话 s。

第二行是收到的回应 t。

s 和 t 只由小写字母构成且长度小于 100。

输出描述:

若这是一个复读机,则输出 YES,否则输出 NO。

示例 1:

输入样例:

```
abc
abcde
```

输出样例：

```
YES
说明
abc->abcd->abcde
```

示例 2：

输入样例：

```
abcde
abcde
```

输出样例：

```
YES
```

说明：

```
abcde->abcdd->abcde
```

参考程序：

```cpp
#include<iostream>
#include<cstdio>
#include<cstdlib>
#include<string>
#include<cstring>
#include<cmath>
#include<ctime>
#include<algorithm>
#include<utility>
#include<stack>
#include<queue>
#include<vector>
#include<set>
#include<map>
#define PI acos(-1.0)
#define E 1e-6
#define MOD 1000000007
#define INF 0x3f3f3f3f
#define N 1001
#define LL long long
using namespace std;
int main(){
    string s,t;
    cin>>s>>t;
    int lenS=s.size();
    int lenT=t.size();
    if(abs(lenS-lenT)>2){                    //两字符串长度的差值大于 2
        printf("NO\n");
    }
```

```
        else if(abs(lenS-lenT)==2){          //若两字符串长度的差值等于2,则一定是
                                              //两次添加或两次删除
            if(lenS>lenT){                    //交换两字符串保证 s 是长度短的,就不用分
                                              //情况讨论是进行两次添加还是进行两次删除
                swap(s,t);
                swap(lenS,lenT);
            }
            int num=0;                        //不同的字母个数
            for(int i=0,j=0;i<lenS;i++,j++){
                if(s[i]!=t[j]){//若 s 的第 i 个字母与 t 的第 j 个字母不同,则说明进行了修改
                    num++;
                    i--;
                }
                if(num>2||j>=lenT){           //不同字母的个数不能大于 2
                    printf("NO\n");
                    return 0;
                }
            }
            printf("YES\n");
        }
        else if(abs(lenS-lenT)==1){  //若两字符串长度的差值等于1,则一定是替换+删除、替
                                     //换+增加、删除+替换、删除+增加中的一种
            if(lenS>lenT){//交换两字符串保证 s 是长度短的,就不用分情况讨论是替换+删除、
//替换+增加、删除+替换、删除+增加中的哪一种,而是只讨论是替换+删除/增加或删除/增加+替换
                swap(s,t);
                swap(lenS,lenT);
            }
            int num=0;                        //不同字母的个数
            bool pos=true;                    //第一个不同的字母
            bool flag=true;
            for(int i=0,j=0;i<lenS;i++,j++){
                if(s[i]!=t[j]){ //若 s 的第 i 个字母与 t 的第 j 个字母不同,则说明进行了修改
                    if(pos){                  //第一个不同的字母表示进行后移
                        i--;
                        pos=false;
                    }
                    num++;
                }
                if(num>2||j>=lenT){           //不同的字母个数不能大于 2
                    flag=false;
                    break;
                }
            }
            if(flag&&num<=2)
                printf("YES\n");
            else{
                num=0;
                for(int i=0,j=0;i<lenS;i++,j++){
                    if(s[i]!=t[j]){           //若 s 的第 i 个字母与 t 的第 j 个字母不同,
                                              //则说明进行了修改
```

```
                    num++;
                    if(num==2)                    //第二个不同的字母表示进行后移
                        i--;
                }
                if(num>2){
                    printf("NO\n");
                    return 0;
                }
            }
            printf("YES\n");
        }
    }
    else if(abs(lenS-lenT)==0){//若两字符串长度的差值等于0,则一定是替换+替换、删
                               //除+增加、增加+删除中的一种
        int num=0;                            //不同字母的个数

        //替换+替换
        for(int i=0;i<lenS;i++)                    //记录两字符串中字母不相等的个数
            if(s[i]==t[i])
                num++;
        //删除+增加、增加+删除
        if(lenS-num<=2)                  //若改变的元素小于或等于2个,则说明进行了两次替换
            printf("YES\n");
        else{
            //删除+增加
            num=0;                //不同字母的个数
            bool flag=true;
            for(int i=0,j=0;i<lenS;i++,j++){
                if(s[i]!=t[j]){
                    num++;
                    if(num==1)
                        i--;
                    if(num==2)
                        j--;
                }
                if(num>2||j>=lenT){
                    flag=false;
                    break;
                }
            }
            //增加+删除
            if(flag)
                printf("YES\n");
            else{
                num=0;                //不同字母的个数
                for(int i=0,j=0;i<lenS;i++,j++){
                    if(s[i]!=t[j]){
                        num++;
                        if(num==1)
                            j--;
```

```
            if(num==2)
                i--;
        }
        if(num>2||j>=lenT){
            printf("NO\n");
            return 0;
        }
    }
    printf("YES\n");
}
    }
}
    return 0;
}
```

6.6.6　缩写

问题描述：

在托福考试中，听力部分非常重要，但对于大多数学生来说，听力部分也是非常难的，因为他们通常很难记住整篇文章。为了便于自己记忆内容，学生可以写下一些必要的细节。但是，由于单词有时很长，要写出完整的单词并不容易，这就是为什么我们决定用缩写表达整个单词。

缩写也是很容易得到的，我们所要做的就是保留辅音字母和擦掉元音字母。在英语字母表中，a、e、i、y、o、u 为元音（y 也定义成元音字母），其他字母为辅音。例如，subconscious 将被表达为 sbcnscs。

但是，有一个例外：如果元音作为第一个字母出现，它们应该被保留而不是扔掉。例如，oipotato 应该表示为 optt。

下面给大家呈现一个单词的缩略形式。

输入描述：

有多个测试用例。输入的第一行包含一个整数 T（大约 100），指示测试用例的数量。对于每个测试用例：唯一的一行包含一个字符串 s（$1<=|s|<=100$），由英文小写字母组成，表示需要缩写的单词。

输出描述：

对于每个测试用例，输出一行包含一个字符串，这是给定单词的正确缩写。

输入样例：

```
    5
subconscious
oipotato
word
symbol
apple
```

输出样例：

```
    sbcnscs
```

```
optt
wrd
smbl
appl
```

题意：t 组数据，每组给出一个字符串，要求删除字符串中的 a、e、i、o、u、y 并输出，若这些字母在字首，则不必删除。

思路：首字母不必考虑直接输出，对剩下的字符暴力枚举即可。

参考程序：

```cpp
#include<iostream>
#include<cstdio>
#include<cstdlib>
#include<string>
#include<cstring>
#include<cmath>
#include<ctime>
#include<algorithm>
#include<utility>
#include<stack>
#include<queue>
#include<vector>
#include<set>
#include<map>
#define EPS 1e-9
#define PI acos(-1.0)
#define INF 0x3f3f3f3f
#define LL long long
const int MOD = 1E9+7;
const int N = 1000+5;
const int dx[] = {0,0,-1,1,-1,-1,1,1};
const int dy[] = {-1,1,0,0,-1,1,-1,1};
using namespace std;
int main() {
    int t;
    scanf("%d",&t);
    while(t--){
        memset(str,'\0',sizeof(str));
        scanf("%s",str);
        printf("%c",str[0]);
        for(int i=1;i<strlen(str);i++){
            if(str[i]=='a'||str[i]=='e'||str[i]=='i'||str[i]=='o'||str[i]=='u'||str[i]=='y')
                continue;
            printf("%c",str[i]);
        }
        printf("\n");
    }
    return 0;
}
```

第 **7** 章

图 论

图论(graph theory)是数学的一个分支,以图为研究对象。图论中的图是由若干给定的点及连接两点的线所构成的图形,这种图形通常用来描述某些事物之间的某种特定关系,用点代表事物,用连接两点的线表示相应两个事物间具有这种关系。

图论起源于一个非常经典的问题——柯尼斯堡(Königsberg)问题。1738 年,瑞典数学家欧拉(Leonhard Euler)解决了柯尼斯堡问题,由此图论诞生,欧拉也成为图论的创始人。

1859 年,英国数学家汉密尔顿发明了一种游戏:用一个规则的实心十二面体的 20 个顶点标出世界著名的 20 个城市,要求游戏者找一条沿着各边通过每个顶点刚好一次的闭回路,即"绕行世界"。用图论的语言来说,游戏的目的是在十二面体的图中找出一个生成圈。这个生成圈后来被称作汉密尔顿回路。这个问题后来就叫作汉密尔顿问题。运筹学、计算机科学和编码理论中的很多问题都可以化为汉密尔顿问题,从而引起人们广泛的注意和研究。

7.1 最短路径介绍

有向图一般有邻接矩阵和邻接表两种存储方式。对于无向图,可以把无向边看作两条方向相反的有向边,从而采用与有向图一样的存储方式。因此,在讨论最短路径问题时,都以有向图为例。设有向图 $G=(V,E)$,V 是点集,E 是边集,(x,y) 表示一条从 x 到 y 的有向边,其边权(或称长度)为(x,y)。设 $n=|V|$,$m=|E|$,邻接矩阵 A 是一个 $n*n$ 的矩阵。$A[i,j]=0(i==j)$,$A[i,j]=w(i,j)$,(i,j)属于 E,$A[i,j]=+$无穷,(i,j)不属于 E。

邻接矩阵的空间复杂度为 $O(n*n)$。

单元最短路径(Single Source Shortest Path,SSSP)问题是说,给定一张有向图 $G=(V,E)$,V 是点集,E 是边集,$|V|=n$,$|E|=m$,结点以$[1,n]$之间的连续整数编号,(x,y,z)描述一条从 x 出发,到达 y,长度为 z 的有向边。设 1 号点为起点,求长度为 n 的数组 dist,其中 dist$[i]$表示从起点 1 到结点 i 的最短路径长度。

Dijkstra 算法:

(1) 初始化 dist$[1]=0$,其余结点的 dist 值为正无穷大。

（2）找出一个未被标记的、dist[x]最小的结点 x，然后标记结点 x。

（3）扫描结点 x 的所有出边 (x,y,z)，若 dist[y]＞dist[x]＋z，则使用 dist[x]＋z 更新 dist[y]。

（4）重复上述两个步骤，直到所有结点都被标记。Dijkstra 算法基于贪心思想，只适用于所有边的长度都是非负数的图。当边长 z 都是非负数时，全局最小值不可能再被其他结点更新，故在步骤（1）中选出的结点必然满足：dist[x]已经是起点到 x 的最短路径。不断选择全局最小值进行标记和扩展，最终可以得到起点 1 和每个结点的最短路径长度。

```cpp
int a[3010][3010],d[3010],n,m;
bool v[3010];
void dijkstra(){
    memset(d,0x3f,sizeof(d));              //dist 数组
    memset(v,0,sizeof(v));                 //结点标记
    d[1]=0;
    for(int i=1;i<n;i++){                   //重复进行 n-1 次
        int x=0;
        //找到未标记结点中 dist[x]最小的结点
        for(int j=1;j<=n;j++)
            if(!v[j]&&(x==0||d[i]<d[j])) x=j;
        v[x]=1;
        //用全局最小值点 x 更新其他结点
        for(int y=1;y<=n;y++)
            d[y]=min(d[y],d[y]+a[x][y]);
    }
}
int main()
{
    cin>>n>>m;
    memset(a,0x3f,sizeof(a));
    for(int i=1;i<=n;i++) a[i][i]=0;
    for(int i=1;i<=m;i++) {
        int x,y,z;
        scanf("%d%d%d",&x,&y,&z);
        a[x][y]=min(a[x][y],z);
    }
    //求单元最短路径
    dijkstra();
    for(int i=1;i<=n;i++)
    printf("%d\n",d[i]);
}
```

上面程序的时间复杂度为 $O(n*n)$，主要瓶颈在于寻找全局最小值的过程。可用二叉堆（C++ STL priority_queue）对 dist 数组进行维护，用 $O(\log n)$ 的时间获取最小值并从堆中删除，用 $O(\log n)$ 的时间执行一条边的拓展和更新，最终可在 $O(n\log n)$ 的时间内实现 Dijkstra 算法。

7.2　最小生成树

一个有 n 个结点的连通图的生成树是原图的极小连通子图,且包含原图中的所有 n 个结点,并且有保持图连通的最少的边。最小生成树可以用 Kruskal(克鲁斯卡尔)算法或 Prim(普里姆)算法求出。

在一给定的无向图 $G=(V,E)$ 中,(u,v) 代表连接顶点 u 与顶点 v 的边,而 $w(u,v)$ 代表此边的权重,若存在 t 为 E 的子集且为无循环图,使得 $w(t)$ 最小,则此 t 为 G 的最小生成树。

$$\omega(t) = \sum_{(u,v) \in t} \omega(u,v)$$

最小生成树其实是最小权重生成树的简称。

7.2.1　Kruskal 算法

Kruskal 算法是一种用来寻找最小生成树的算法,由 Joseph Kruskal 在 1956 年发表,用来解决同样问题的还有 Prim 算法和 Boruvka 算法等。这 3 种算法都是贪婪算法的应用。和 Boruvka 算法不同的是,Kruskal 算法在图中存在相同权值的边时也有效。Kruskal 算法总能维护无向图的最小生成森林。最初可认为生成森林由 0 条边构成,每个结点各自构成一棵仅包含一个点的树。

在任意时刻,Kruskal 算法从剩余的边中选出一条权值最小的,并且这条边的两个端点属于生成森林中两棵不同的树,把该边加入生成森林。图中结点的连通情况可以用并查集维护。

Kruskal 算法流程:

(1) 建立并查集,每个点各自构成一个集合。

(2) 把所有边按照权值从小到大排序,依次扫描每条边 (x,y,z)。

(3) 若 x,y 属于同一集合,则忽略这条边,继续扫描下一条边。

(4) 否则,合并 x,y 所在的集合,并把 z 累加到答案中。

(5) 所有边扫描完成后,步骤(4)中处理过的边就构成最小生成树。

Kruskal 算法的时间复杂度为 $O(m \log m)$。

```cpp
struct rec {int x, y, z;} edge[500010];
int fa[100000], n , m ,ans;
bool operator < (rec a, rec b) {
return a.z < b.z;
}
int get(int x) {
    if (x == fa[x]) return x;
    return fa[x] = get(fa[x]);
}
int main() {
    cin >> n >> m;
    for (int i = 1; i <= m; i++)
        scanf("%d%d%d", &edge[i].x, &edge[i].y, &edge[i].z);
```

```
        sort(edge + 1, edge + m + 1);
        for (int i = 1, i <= n; i++)
            fa[i] = i;
        for (int i = 1; i <= m; i++) {
            int x = get(edge[i].x);
            int y = get(edge[i].y);
            if (x == y) continue;
            fa[x] = y;
            ans += edge[i].z;
        }
        cout << ans << endl;
}
```

7.2.2　Prim 算法

Prim 算法总是维护最小生成树的一部分。最初，Prim 算法仅确定 1 号结点属于最小生成树。在任意时刻，设已经确定属于最小生成树的结点集合 T，剩余结点集合为 S。Prim 算法每次找到两个端点分别属于集合 S、T 的权值最小的边 (x,y,z)，然后把点 x 从集合 S 中删除，加入集合 T，并把 z 累加到答案中。类比 Dijkstra 算法，我们可以用一个标记数组标记结点是否属于 T。每次从未标记的结点中选出 d 值最小的结点，对它进行标记（加入 T），同时扫描其所有出边，更新另一个端点的 d 值。

优化：按照上述描述，Prim 算法的时间复杂度为 $O(N^2)$，但其中"找最小 d 值的结点"可以适用二叉堆优化，这样时间复杂度就是 $O(m*\log n)$。但这样牺牲了便捷性，所以 Prim 主要用于稠密图，尤其是完全图的最小生成树的求解。

```
#include<cstdio>
#include<cstring>
const int N = 3010;
int a[N][N],d[N],n,m,ans;
bool v[N];                              //标记结点 x 是否在最小生成树中
int min(int a,int b){return a<b? a:b;}
void prim(){
    memset(d, 0x3f, sizeof d);
    memset(v, false, sizeof v);
    d[1] = 0;
    for(int i = 1;i < n;i++){
        int x = 0;
        //找到 S 集合中所有点到 T 集合连线中最短的结点
        for(int j = 1;j <= n;j++)
            if(!v[j] && (x == 0 || d[j] < d[x])) x = j;
            v[x] = 1;                   //加入 T 集合
            //利用新入 T 集合的结点 x 更新 S 集合所有结点的 d 值
            for(int y = 1;y <= n;y++)
                if(!v[y]) d[y] = min(d[y],a[x][y]);
    }
}
int main(){
    scanf("%d",&n);
```

```
for(int i = 1;i <= n;i++)
    for(int j = 1;j <= n;j++) scanf("%d",&a[i][j]);
    prim();
    for(int i = 2;i <= n;i++) ans += d[i];
    printf("%d\n",ans);
    return 0;
}
```

7.3 树的直径与最近公共祖先

7.3.1 树的直径

给定一棵树,树中的每条边都有一个权值,树中两点之间的距离定义为连续两点的路径的边权之和。树中最远两个结点之间的距离被称为树的直径,连接这两个点的路径被称为树的最长链。后者通常也可称为直径,即直径既是一个数值的概念,也可指代一条路径。树的直径一般有两种求法,这两种算法的时间复杂度都是 $O(n)$。假设树以 N 个点 $N-1$ 条边的无向图的形式给出,并存储在邻接表中。

1. 树形 DP 求树的直径

设 $d[x]$ 为从结点 x 出发以 x 为根的子树,能够达到最远结点的距离。设 x 的子结点为 $y_1,y_2,y_3,\cdots,y_t$,$edge(x,y_i)$ 表示边的权重,那么就有

$d[x]=\max\{d[y_i]+edge(x,y_i)\}(1\leq i\leq t)$。

接下来设经过 x 的最长链的长度为 $F[x]$,那么整棵树的直径就是 $\max\{F[x]\}$($1\leq x\leq n$)。$F[x]$ 可由 4 部分构成:x 走 y_i 子树的最远距离;y 走 y_j 子树的最远距离;x 到 y_i 的距离;x 到 y_j 的距离。也就是 $F[x]=\max n\{d[y_i]+d[y_j]+edge(x,y_i)+edge(x,y_j)\}$。

由于我们已经用 $d[x]$ 保存从结点 x 出发走向"以 y_j 为根的子树($j<i$)"能够达到的最远距离,这个距离就是 $\max\{d[y_j]+edge(x,y_j)\}$。所以,只要先用 $d[x]+d[y_i]+edge(x,y_i)$ 更新 $F[x]$,再用 $d[y_i]+edge(x,y_i)$ 更新 $d[x]$ 即可。

2. 两次 BFS 求树的直径

通过两次 BFS 求出树的直径,更容易计算出直径上的具体结点,具体包括以下两步。

(1) 从任意一个结点出发,通过 BFS 或 DFS 对树进行一次遍历,求出与出发点距离最远的结点,并记为 p。

(2) 从结点 p 出发,通过 BFS 或 DFS 再进行一次遍历,求出与 p 距离最远的结点,并记为 q。

那么,p 到 q 的路径就是树的一条直径。p 一定是直径的一端,同理,q 也是树的另一端,故算法成立。

7.3.2 最近公共祖先

给定一棵有根树,若结点 z 既是结点 x 的祖先,也是结点 y 的祖先,则称 z 是 x,y 的公共祖先。在 x,y 所有的公共祖先中,深度最大的一个称为 x,y 的最近公共祖先(LCA),记

为 LCA(x,y)。

求最近公共祖先的方法有以下 3 种。

1. 向上标记法

（1）从 x 向上走到根结点，并标记经过的所有结点。

（2）从 y 向上走到根结点，当第一次遇到已标记的结点时，就找到了 LCA(x,y)。

向上标记法的最坏时间复杂度为 $O(n)$。

2. 树上倍增法

树上倍增法是一个很重要的算法，除了求 LCA 外，它在很多问题中都有应用。设 $F[x,k]$ 表示 x 的 $2k$ 倍祖先，即从 x 向根结点走 $2k$ 步到达的结点。特别地，若该结点不存在，则令 $F[x,k]=0$。$F[x,0]$ 就是 x 的父结点，除此之外，对于任意的 $1 \leqslant k \leqslant \log n$，$F[x,k]=F[F[x,k-1],k-1]$。

这就类似于一个动态规划的过程，"阶段"就是结点的深度。因此，我们可以对树进行广度优先遍历，按照层次顺序，在结点入队之前计算它在 F 数组中相应的位置。

以上部分是预处理，时间复杂度为 $O(N\log N)$，之后可以多次对不同的 x、y 计算 LCA，每次询问的时间复杂度为 $O(\log N)$。

算法步骤：

（1）设 $d[x]$ 表示 x 的深度，并设 $d[x] \geqslant d[y]$（否则可以交换 x 和 y）。

（2）用二进制拆分思想，把 x 向上调整到与 y 同一深度。

（3）若此时 $x=y$，则说明已经找到了 LCA，LCA 就等于 y。

（4）用二进制拆分思想，把 x、y 同时向上调整，并保持深度一致且二者不相会。

此时 x、y 必定只差一步就相会，它们的父结点 $F[x,0]$ 就是 LCA。

3. LCA 的 Tarjan 算法

LCA(Least Common Ancestors)的意思是最近公共祖先，即在一棵树中找出两结点最近的公共祖先。

这里使用 Tarjan 离线算法解决这个问题。

离线算法，是指首先读入所有的询问（求一次 LCA 叫作一次询问），然后重新组织查询处理顺序，以便得到更高效的处理方法。Tarjan 算法是一个常见的用于解决 LCA 问题的离线算法，它结合了深度优先遍历和并查集，时间复杂度为线性处理时间的算法。

总体思路是：每进入一个结点 u 的深度优先搜索，就把整棵树的一部分看作以结点 u 为根结点的小树，再搜索其他结点。每搜索完一个结点后，如果该结点和另一个已搜索完的结点为需要查询 LCA 的结点，则这两个结点的 LCA 为另一个结点现在的祖先。

（1）先建立两个链表，一个为树的各条边，另一个是需要查询最近公共祖先的两个结点。

（2）建好链表后，从根结点开始进行一遍深度优先搜索。

（3）先把该结点 u 的 father 设为它自己（也就是只看大树的一部分，把那一部分看作是一棵树），搜索与此结点相连的所有结点 v，如果结点 v 没被搜索过，则进入结点 v 的深度优先搜索，深度优先搜索完后把结点 v 的 father 设为结点 u。

（4）深度优先搜索完结点 u 后，开始判断结点 u 与另一结点 v 是否满足求 LCA 的条件，若满足，则将结果存入数组中。

（5）搜索完所有结点，自动退出初始的第一个深度优先搜索，输出结果。

离线算法，需要把 m 次询问一次性读入，统一输出，其时间复杂度为 $O(n+m)$。

7.4 基 环 树

7.4.1 定义

基环树是一种特殊的图，我们知道树是由 N 个点，$N-1$ 条边组成的，那么在树上任意两结点之间加上一条边都会产生一个环，我们把这种由 N 个结点、N 条边组成的联通无向图称为基环树。如果不保证联通，也可能是基环树森林。注意，基环树森林中的每个结点都必须有一条边连接起来。如果存在独立的结点，那么很可能其中的一个联通子图中存在两个环，而基环树要求有且只有一个环。

7.4.2 一般的题型

一般的题型包括：求基环树的直径（树上两结点之间距离的最大值）、求基环树上的动态规划、求基环树两结点之间的距离。

7.4.3 一般解题思路

基环树的最大特征就是有且只有一个环，所以解题（接下来以求基环树的直径为例）时一般从环入手，先找到环。其中找环过程可以用 BFS 的拓扑排序或 DFS 遍历。然后考虑从环上每个结点出发，在不经过环上其他点的情况下求出这棵子树的最长链，以及叶子结点到根结点的最长距离。然后我们知道基环树的直径只可能有以下两种情况：

（1）树上的最长链出现在子树中。

（2）环上两棵子树中的叶子结点到另一棵子树的叶子结点经过环。

所以，只在环上再进行一遍 dp（动态规划）把环上的边考虑进来就可以了。

7.5 Tarjan 算法与无向图和有向图连通性

7.5.1 Tarjan 算法与无向图连通性

给定无向连通图 $G=(V,E)$（不一定连通）。

割点：若对于 $x\in V$，从图中删去结点 x 以及所有与 x 关联的边后，G 分裂成两个或两个以上不相连的子图，则称 x 为 G 的割点。

桥（割边）：若对于 $e\in E$，从图中删去边 e 之后，G 分裂成两个不相连的子图，则称 e 为 G 的桥或割边。（如果图不连通，"割点"和"桥"就是它的各个连通块的"割点"和"桥"）。

时间戳：在图的深度优先遍历过程中，按照每个结点第一次被访问的时间顺序，以此给予 N 个结点 1～N 的整数标记，该标记就被称为"时间戳"，记为 dfn$[x]$。

搜索树：在无向联通图中任选一个结点出发进行深度优先遍历，每个结点只被访问一次。所有发生递归的边(x,y)构成一棵树，我们把它称为"无向联通图的搜索树"。

（严谨地，从 x 到 y 是对 y 的第一次访问）。

搜索森林：无向图的各个连通块的搜索树构成无向图的"搜索森林"。

追溯值：设 subtree(x) 表示搜索树中以 x 为根的子树，"追溯值"low[x] 定义为以下结点的时间戳的最小值：

（1）subtree(x) 中的结点。

（2）通过一条不在搜索树上的边，能够到达 subtree(x) 的结点。

割边判定法则：无向边 (x,y) 是桥，当且仅当搜索树上存在 x 的一个子结点 y，满足 dfn[x] < low[y]；

割点判定法则：若 x 不是搜索树的根结点（深度优先遍历的起点），则 x 是割点当且仅当搜索树上存在 x 的一个子结点 y，满足 dfn[x] ≤ low[y]；

为了计算 low[x]，应该先令 low[x] = dfn[x]，然后考虑从 x 出发的每条边 (x,y)：

（1）若在搜索树上 x 是 y 的父结点，则令 low[x] = min(low[x], low[y])；

（2）若无向边 (x,y) 不是搜索树上的边，则令 low[x] = min(low[x], dfn[y])。

割边判定法则：

根据定义，dfn[x] < low[y] 说明从 subtree(y) 出发，在不经过 (x,y) 的前提下，不管走哪条边，都无法到达 x 或比 x 更早访问的结点。若把 (x,y) 删除，则 subtree(y) 就好像形成了一个封闭的环境，与结点 x 没有边相连，图断成两部分，因此 (x,y) 是割边。反之，若不存在这样的子结点 y，使得 dfn[x] < low[y]，则说明每个 subtree(y) 都能绕行其他边到达 x 或比 x 更早访问的结点，(x,y) 自然就不是割边。

割点判定法则与之类似。

7.5.2 Tarjan 算法与有向图连通性

1. 搜索树

给定有向图 $G = (V, E)$，若存在 $r \in V_r \in V$，满足从 r 出发能够到达 V 中所有的点，则称 G 是一个"流图"，记为 (G, r)，其中 r 称为流图的源点。在一个流图 (G, r) 上从 r 出发进行深度优先遍历，每个点只访问一次。所有发生递归的边 (x, y)（即从 x 到 y 是对 y 的第一次访问）构成一棵以 r 为根的树，我们把它称为流图 (G, r) 的搜索树。

2. 时间戳

时间戳指 dfs 中每个结点第一次被访问的时间顺序，也就是 dfs 序。

3. 流图的有向边

每条有向边 (x, y) 必然是以下四种之一。

（1）树枝边，指搜索树中的边，即 x 是 y 的父结点。

（2）前向边，指搜索树中 x 是 y 的祖先结点。

（3）后向边，指搜索树中 y 是 x 的祖先结点。

（4）横叉边，指除以上 3 种情况之外的边，它一定满足

$$dfn[y] < dfn[x]。$$

4. 有向图的强连通分量

给定一张有向图。若对于图中任意两个结点 x, y 既存在从 x 到 y 的路径，也存在从 y 到 x 的路径，则称该有向图是"强连通图"。

有向图的极大连通子图被称为"强连通分量",简记为 SCC。

一个环一定是强连通图,因此 Tarjan 算法的基本思路就是对于每一个点,尽量找到与它一起能构成环的所有结点。

5. 追溯值

后向边 (x,y) 非常有用,因为它可以和搜索树上从 y 到 x 的路径一起构成环。横叉边 (x,y) 视情况而定,如果从 y 出发能找到一条路径回到 x 的祖先结点,那么 (x,y) 就是有用的。为了找到环,引入了追溯值的概念。

设 subtree(x) 表示流图的搜索树中以 x 为根的子树。x 的追溯值 low$[x]$ 定义为满足以下条件的结点的最小时间戳:

(1) 该点在栈中。

(2) 存在一条从 subtree(x) 出发的有向边,以该点为终点。

Tarjan 算法按照以下步骤计算追溯值。

(1) 当结点 x 第一次被访问时,把 x 入栈,初始化 low$[x]$ = dfn$[x]$。

(2) 扫描从 x 出发的每条边 (x,y)。

a. 若 y 没被访问过,说明 (x,y) 是树枝边,递归访问 y,从 y 回溯之后,令 low$[y]$ = min(low$[x]$, low$[y]$)。

b. 若 y 被访问过并且 y 在栈中,则令 low$[x]$ = min(low$[x]$, dfn$[y]$)。

(3) 从 x 回溯之前,判断是否有 low$[x]$ = dfn$[x]$。若成立,则不断从栈中弹出结点,直至 x 出栈。

6. 强连通分量的判定法则

从 x 回溯之前,若有 low$[x]$ = dfn$[x]$ 成立,则栈中从 x 到栈顶的所有结点构成一个强连通分量。因为 low$[x]$ = dfn$[x]$ 说明 subtree(x) 中的结点不能与栈中的其他结点一起构成环。另外,因为横叉边的终点时间戳必然小于起点时间戳,所以 subtree(x) 中的结点也不可能直接到达尚未访问的结点。因此,栈中从 x 到栈顶的所有结点不可能与其他结点一起构成环。

7.6 二 分 图

二分图又称为二部图,是图论中的一种特殊模型。设 $G = (V, E)$ 是一个无向图,如果顶点 V 可分割为两个互不相交的子集 (A, B),并且图中的每条边 (i, j) 所关联的两个顶点 i 和 j 分别属于这两个不同的顶点集(i in A, j in B),则称图 G 为一个二分图。

7.6.1 定义

简言之,就是顶点集 V 可分割为两个互不相交的子集,并且图中每条边依附的两个顶点都分属于这两个互不相交的子集,两个子集内的顶点不相邻。

7.6.2 辨别二分图

一张无向图是二分图,当且仅当图中不存在长度为奇数的环。

区别二分图,关键是看点集是否能分成两个独立的点集。

图 7-1 中，U 和 V 构造的点集所形成的循环圈不为奇数，所以是二分图。

图 7-2 中，U、V 和 W 构造的点集所形成的循环圈为奇数，所以不是二分图。

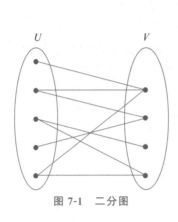

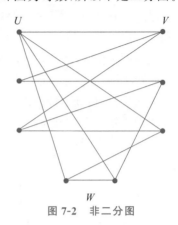

图 7-1　二分图　　　　　　　　　　图 7-2　非二分图

7.6.3　充要条件

无向图 G 为二分图的充分必要条件是，G 至少有两个顶点，且其所有回路的长度均为偶数。

先证必要性。

设 G 为二分图 $<X,E,Y>$。由于 X、Y 非空，故 G 至少有两个顶点。若 C 为 G 中任一回路，令

$$C=(v_0,v_1,v_2,\cdots,v_{l-1},v_l=v_0)$$

其中 $v_i(i=0,1,\cdots,l)$ 必定相间出现于 X 及 Y 中，不妨设

$\{v_0,v_2,v_4,\cdots,v_l=v_0\}$ 属于 X

$\{v_1,v_3,v_5,\cdots,v_{l-1}\}$ 属于 Y

因此 l 必为偶数，从而 C 中有偶数条边。

再证充分性。

设 G 的所有回路具有偶数长度，并设 G 为连通图（不失一般性，若 G 不连通，则可对 G 的各连通分支作下述讨论）。

令 G 的顶点集为 V，边集为 E，现构作 X、Y，使 $<X,E,Y>=G$。取 v_0 属于 V，置

$$X=\{v|v=v_0 \text{ 或 } v \text{ 到 } v_0 \text{ 有偶数长度的通路}\}$$
$$Y=V-X$$

X 显然非空。现需证 Y 非空，且没有任何边的两个端点都在 X 中或都在 Y 中。

由于 $|V|\geqslant2$ 并且 G 为一连通图，因此 v_0 必定有相邻顶点，设为 v_1，那么 v_1 属于 Y；故 Y 不空。

设有边 (u,v)，使 u 属于 X，v 属于 X。那么，v_0 到 u 有偶数长度的通路，或 $u=v_0$；v_0 到 v 有偶数长度的通路，或 $v=v_0$。无论何种情况，均有一条从 v_0 到 v_0 的奇数长度的闭路径，因而有从 v_0 到 v_0 的奇数长度的回路（因从闭路径上可能删去的回路长度总为偶数），与题设矛盾，故不可能有边 (u,v) 使 u、v 均在 X 中。

7.6.4 二分图最大匹配

给定一个二分图 G，在 G 的一个子图 M 中，M 的边集中的任意两条边都不依附于同一个顶点，则称 M 是一个匹配。

选择这样的边数最大的子集称为图的最大匹配问题(maximal matching problem)。

如果一个匹配中，图中的每个顶点都和图中某条边相关联，则称此匹配为完全匹配，也称作完备匹配。

求最大匹配的一种显而易见的算法是：先找出全部匹配，然后保留匹配数最多的。但是这个算法的复杂度为边数的指数级函数。因此，需要寻求一种更加高效的算法。

增广路(也称增广轨或交错轨)的定义：

若 P 是图 G 中一条连通两个未匹配顶点的路径，并且属 M 的边和不属 M 的边(即已匹配和待匹配的边)在 P 上交替出现，则称 P 为相对于 M 的一条增广路。

由增广路的定义可以推出下述三个结论。

(1) P 的路径长度必定为奇数，第一条边和最后一条边都不属于 M。

(2) P 经过取反操作可以得到一个更大的匹配 M'。

(3) M 为 G 的最大匹配当且仅当不存在相对于 M 的增广路。

用增广路求最大匹配算法(称作匈牙利算法，由匈牙利数学家 Edmonds 于 1965 年提出)轮廓：

(1) 置 M 为空；

(2) 找出一条增广路 P，通过取反操作获得更大的匹配 M' 以代替 M；

(3) 重复操作(2)，直到找不出增广路径为止。

算法的思路是：不停地找增广路，并增加匹配的个数。增广路，顾名思义，是指一条可以使匹配数变多的路径。在匹配问题中，增广路的表现形式是一条"交错轨"，也就是说，这条由图的边组成的路径，它的第一条边还没有参与匹配，第二条边参与了匹配，第三条边没有……最后一条边没有参与匹配，并且起始点和终点还没有被选择过。这样交错进行，显然它有奇数条边。那么，对于这样一条路径，我们可以将第一条边改为已匹配，将第二条边改为未匹配……以此类推，也就是将所有边进行"反色"。容易发现，这样修改以后，匹配仍然是合法的，但是匹配数增加了一对。另外，单独的一条连接两个未匹配点的边显然也是交错轨。可以证明，当不能再找到增广路时，就得到了一个最大匹配。

7.6.5 判别

二分图是这样一个图：有两顶点集且图中每条边的两个顶点分别位于两个顶点集中，每个顶点集中没有边直接相连接。

无向图 G 为二分图的充分必要条件是：G 至少有两个顶点，且其所有回路的长度均为偶数。

判断二分图的常见方法是染色法：首先对任意一未染色的顶点染色，之后判断其相邻顶点是否染色，若未染色，则将其染上和相邻顶点不同的颜色；若已经染色且颜色和相邻顶点的颜色相同，则说明不是二分图，若颜色不同，则继续判断，bfs 和 dfs 可以解决。

7.7 实 例 演 示

7.7.1 黑与白

问题描述：

有一间长方形的房子，地上铺了白色、黑色两种颜色的正方形瓷砖。你站在其中一块黑色的瓷砖上，只能向相邻的黑色瓷砖移动。请写一个程序，计算你总共能够到达多少块黑色的瓷砖。

输入：

包括多个数据集合。每个数据集合的第一行是两个整数 W 和 H，分别表示 x 方向和 y 方向瓷砖的数量。W 和 H 都不超过 20。在接下来的 H 行中，每行包括 W 个字符。每个字符表示一块瓷砖的颜色，规则如下。

1．'.'：黑色的瓷砖；

2．'#'：白色的瓷砖；

3．'@'：黑色的瓷砖，并且你站在这块瓷砖上。该字符在每个数据集合中唯一出现一次。

当在一行中读入的是两个零时，表示输入结束。

输出：

对每个数据集合，分别输出一行，显示你从初始位置出发能到达的瓷砖数（记数时包括初始位置的瓷砖）。

输入样例：

```
6 9
....#.
.....#
......
......
......
......
......
#@...#
.#..#.
0 0
```

输出样例：

```
45
```

参考程序：

```cpp
#include<iostream>
#include<cstdio>
#include<cstdlib>
#include<cstring>
#define N 1001
```

```cpp
using namespace std;
int m,n;
char ch;
int maps[N][N];
int vis[N][N];
int dir[4][2]={{0,1},{0,-1},{1,0},{-1,0}};
int cnt;
void dfs(int x,int y)
{
    for(int i=0;i<4;i++)
    {
        int nx=x+dir[i][0];
        int ny=y+dir[i][1];
        if(nx>=1&&ny>=1&&nx<=n&&ny<=m&&vis[nx][ny]==0&&maps[nx][ny]==1)
        {
            vis[nx][ny]=1;
            cnt++;
            dfs(nx,ny);
        }
    }
}
int main()
{
    while(scanf("%d%d",&m,&n)!=EOF&&m&&n)
    {
        int x,y;
        cnt=1;
        memset(vis,0,sizeof(vis));
        memset(maps,0,sizeof(maps));

        for(int i=1;i<=n;i++)
            for(int j=1;j<=m;j++)
            {
                cin>>ch;
                if(ch=='@')
                {
                    x=i;
                    y=j;
                    maps[i][j]=1;
                }
                if(ch=='.')
                    maps[i][j]=1;
                if(ch=='#')
                    maps[i][j]=0;
            }
        vis[x][y]=1;
        dfs(x,y);
        cout<<cnt<<endl;
    }
    return 0;
}
```

7.7.2 迷宫

问题描述：

给定一个 $N*M(1\leqslant N,M\leqslant5)$ 方格的迷宫，迷宫里有 T 处障碍，障碍处不可通过。给定起点坐标和终点坐标，问：每个方格最多经过 1 次，有多少种从起点坐标到终点坐标的方案。在迷宫中移动有上、下、左、右 4 种方式，每次只能移动 1 个方格。数据保证起点上没有障碍。

输入格式：

第一行 N、M 和 T，N 为行，M 为列，T 为障碍总数。第二行为起点坐标 S_X，S_Y，终点坐标 F_X，F_Y。接下来 T 行，每行为障碍点的坐标。

输出格式：

给定起点坐标和终点坐标，问每个方格最多经过 1 次，从起点坐标到终点坐标的方案总数。

输入样例：

```
2 2 1
1 1 2 2
1 2
```

输出样例：

```
1
```

参考程序：

```cpp
#include<iostream>
using namespace std;
int start_x,start_y,end_x,end_y;
int map[101][101]={0};
int sum=0;
void dfs(int a,int b);
int main()
{
    int n,m,t;
    int i,j;
    int x,y;
    cin>>n>>m>>t;                          //输入行、列、障碍数
    cin>>start_x>>start_y>>end_x>>end_y;   //输入起点坐标、终点坐标

    for(i=1;i<=n;i++)                      //地图初始化，为 1 时表示可以通过
        for(j=1;j<=m;j++)
            map[i][j]=1;
    for(i=1;i<=t;i++)
    {
        cin>>x>>y;                         //输入障碍物坐标
        map[x][y]=0;                       //将障碍物坐标记录在地图上
    }
    dfs(start_x,start_y);                  //从起点处开始搜索
```

```
        cout<<sum<<endl;                          //输出方案数
        return 0;
}
void dfs(int x,int y)
{
        if(x==end_x&&y==end_y)                    //搜索终止条件
        {
             sum++;
             return;
        }
        else                                      //进行回溯
        {
             map[x][y]=0;                          //保存当前坐标

             if(map[x][y-1]!=0)                    //下方
             {
                  dfs(x,y-1);                       //下方搜索
                  map[x][y-1]=1;                    //还原坐标
             }
             if(map[x][y+1]!=0)                    //上方
             {
                  dfs(x,y+1);                       //上方搜索
                  map[x][y+1]=1;                    //还原坐标
             }
             if(map[x-1][y]!=0)                    //左方
             {
                  dfs(x-1,y);                       //左方搜索
                  map[x-1][y]=1;                    //还原坐标
             }
             if(map[x+1][y]!=0)                    //右方
             {
                  dfs(x+1,y);                       //右方搜索
                  map[x+1][y]=1;                    //还原坐标
             }
        }
}
```

7.7.3　最短网络

问题描述：

农民鲍力被选为他们镇的镇长，他的竞选承诺其中一个就是在镇上建立互联网，并连接到所有的农场。鲍力已经给他的农场安排了一条高速的网络线路，他想把这条线路共享给其他农场。为了支出最少，他想铺设最短的光纤连接所有的农场。你将得到一份各农场之间连接费用的列表，请找出能连接所有农场并所用光纤最短的方案。注意，每两个农场间的距离不会超过 100000 米。

输入：

第一行，农场的个数 N（$3 \leqslant N \leqslant 100$）。

第二行至结尾，后来的行包含了一个 $N * N$ 的矩阵，表示每个农场之间的距离。理论

上,它们是 N 行,每行由 N 个用空格分隔的数组成,实际上,它们限制在 80 个字符,因此,某些行会紧接着另一些行。当然,对角线将会是 0,因为不会有线路从第 i 个农场到它本身。

输出:

只有一个输出,其中包含连接到每个农场的光纤的最小长度。

输入样例:

```
4
0  4  9  21
4  0  8  17
9  8  0  16
21 17 16  0
```

输出样例:

```
28
```

参考程序:

```cpp
#include<iostream>
#include<cstdio>
#include<cstring>
#include<cmath>
#include<algorithm>
#include<string>
#include<cstdlib>
#include<queue>
#include<set>
#include<map>
#include<stack>
#include<vector>
#define INF 0x3f3f3f3f
#define PI acos(-1.0)
#define N 1001
#define MOD 123
#define E 1e-6
using namespace std;
int g[N][N];
int dis[N],vis[N];
int main()
{
    int n;
    cin>>n;
    for(int i=1;i<=n;i++)
        for(int j=1;j<=n;j++)
            cin>>g[i][j];

    memset(vis,0,sizeof(vis));
    for(int i=1;i<=n;i++)
        dis[i]=g[1][i];
    for(int i=1;i<=n;i++)
```

```
{
    int k;
    int minn=INF;
    for(int j=1;j<=n;j++)
        if(!vis[j]&&dis[j]<minn)
        {
            minn=dis[j];
            k=j;
        }

    vis[k]=1;
    for(int j=1;j<=n;j++)
        if(!vis[j]&&dis[j]>g[k][j])
            dis[j]=g[k][j];
}

int sum=0;
for(int i=1;i<=n;i++)
    sum+=dis[i];

cout<<sum<<endl;
return 0;
}
```

7.7.4 畅通工程

问题描述:

某省调查乡村交通状况,得到的统计表中列出了任意两村庄间的距离。省政府"畅通工程"的目标是使全省任何两个村庄间都可以实现公路交通(但不一定有直接的公路相连,只要能间接通过公路可达即可),并要求铺设的公路总长度最短。请计算最短的公路总长度。

输入:

测试输入包含若干测试用例。每个测试用例的第 1 行给出村庄数目 $N(N<100)$;随后的 $N(N-1)/2$ 行对应村庄间的距离,每行给出一对正整数,分别是两个村庄的编号,以及此两村庄间的距离。为简单起见,村庄从 1 到 N 编号。

当 N 为 0 时,输入结束,该用例不被处理。

输出:

对每个测试用例,在 1 行里输出最短的公路总长度。

输入样例:

```
3
1 2 1
1 3 2
2 3 4
4
1 2 1
1 3 4
1 4 1
```

```
2 3 3
2 4 2
3 4 5
0
```

输出样例：

```
3
5
```

思路：最小生成树 Prim 算法经典例题，套用模板即可。

参考程序：

```cpp
#include<iostream>
#include<cstdio>
#include<cstdlib>
#include<cstring>
#include<cmath>
#include<algorithm>
#include<string>
#define INF 999999999
#define N 101
#define MOD 1000000007
#define E 1e-12
using namespace std;
int g[N][N];
bool vis[N];
int minn[N];
int main()
{
    int n;
    while(scanf("%d",&n)!=EOF&&n)
    {
        int edge=n*(n-1)/2;
        for(int i=1;i<=edge;i++)
        {
            int x,y,dis;
            scanf("%d%d%d",&x,&y,&dis);
            g[x][y]=dis;
            g[y][x]=dis;
        }
        memset(minn,0x7f,sizeof(minn));
        memset(vis,0,sizeof(vis));
        minn[1]=0;

        for(int i=1;i<=n;i++)
        {
            int k-0;
            for(int j=1;j<=n;j++)              //寻找与白点相连的权值最小的蓝点 k
                if(vis[j]==0&&minn[j]<minn[k])
                    k=j;
            vis[k]=1;                          //蓝点 k 加入生成树，标记为白点
```

```
        for(int j=1;j<=n;j++)                    //修改所有与 k 相连的蓝点
            if(vis[j]==0&&g[k][j]<minn[j])
                minn[j]=g[k][j];
    }

    int MST=0;
    for(int i=1;i<=n;i++)                        //计算权值和
        MST+=minn[i];
    cout<<MST<<endl;
    }
    return 0;
}
```

7.7.5　城市公交

问题描述：

有一张城市地图，图中的顶点为城市，无向边代表两个城市间的连通关系，边上的权为在这两个城市之间修建高速公路的造价，研究后发现，这个地图有一个特点，即任一对城市都是连通的。现在的问题是，要修建若干高速公路，把所有城市联系起来，问如何设计可使得工程的总造价最少？

输入：

n（城市数，$1<\leqslant n\leqslant100$）

e（边数）

以下 e 行，每行 3 个数 i,j,w_{ij}，其中 w_{ij} 表示在城市 i,j 之间修建高速公路的造价。

输出：

$n-1$ 行，每行为两个城市的序号，表明在这两个城市间建一条高速公路。

输入样例：

```
5 8
1 2 2
2 5 9
5 4 7
4 1 10
1 3 12
4 3 6
5 3 3
2 3 8
```

输出样例：

```
1  2
2  3
3  4
3  5
```

参考程序：

```
#include<iostream>
#include<cstdio>
```

```
#include<cstring>
#include<cmath>
#include<algorithm>
#include<string>
#include<cstdlib>
#include<queue>
#include<set>
#include<map>
#include<stack>
#include<vector>
#define INF 0x3f3f3f3f
#define PI acos(-1.0)
#define N 1001
#define MOD 123
#define E 1e-6
using namespace std;
int father[N];
struct Node{
    int u;
    int v;
    int w;
}g[N*N],dis[N];
void quick_sort(int left,int right)
{
    int i=left,j=right;
    int mid=g[(left+right)/2].w;
    while(i<=j)
    {
        while(g[i].w<mid)
            i++;
        while(g[j].w>mid)
            j--;
        if(i<=j)
        {
            swap(g[i],g[j]);
            i++;
            j--;
        }
    }
    if(i<right)
        quick_sort(i,right);
    if(left<j)
        quick_sort(left,j);
}
int Find(int x)
{
    if(father[x]==x)
        return x;
    return father[x]=Find(father[x]);
}
```

```
int Union(int x,int y)
{
    x=Find(x);
    y=Find(y);
    if(x!=y)
    {
        father[y]=x;
        return 1;
    }
    return 0;
}
int main()
{
    int n,m;
    cin>>n>>m;
    for(int i=1;i<=n;i++)
        father[i]=i;
    for(int i=1;i<=m;i++)
    {
        int u,v,w;
        cin>>u>>v>>w;
        if(u>v)                             //小点在前
            swap(u,v);
        g[i].u=u;
        g[i].v=v;
        g[i].w=w;
    }

    int sum=0;
    quick_sort(1,m);
    for(int i=1;i<=m;i++)
        sum+=g[i].w;

    int cnt=0;
    for(int i=1;i<=m;i++)
        if(Union(g[i].u,g[i].v))
        {
            cnt++;
            dis[cnt].u=g[i].u;
            dis[cnt].v=g[i].v;
            dis[cnt].w=g[i].w;
            if(cnt==n-1)
                break;
        }
    for(int i=1;i<=cnt;i++)
        for(int j=i+1;j<=cnt;j++)
        {
            if(dis[i].u>dis[j].u)
                swap(dis[i],dis[j]);
            else if(dis[i].u==dis[j].u&&dis[i].v>dis[j].v)
```

```
              swap(dis[i],dis[j]);
          }

      for(int i=1;i<=cnt;i++)
          cout<<dis[i].u<<" "<<dis[i].v<<endl;
      return 0;
  }
```

7.7.6　趣味象棋

问题描述：

比利和马克在玩一个游戏：对一个 $N * M$ 的棋盘,在格子里放尽量多的一些国际象棋里面的"车",并且使得它们不能互相攻击,这当然很简单,但是马克限制了只有某些格子才可以放,比利还是很轻松地解决了这个问题,如图 7-3 所示。注意,不能放车的地方不影响车的互相攻击。

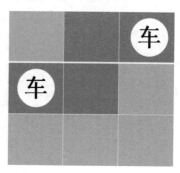

所以,现在马克想让比利解决一个更难的问题,在保证尽量多的"车"的前提下,棋盘里有些格子是可以避开的,也就是说,不在这些格子上放车,也可以保证尽量多的"车"被放下。但是,某些格子若不允许放,就无法保证放尽量多的"车",这样的格子被称作重要点。马克想让比利算出有多少个这样的重要点,你能解决这个问题吗?

图 7-3　趣味象棋

输入：

输入包含多组数据。

第一行有三个数 N、M、$K(1<N,M\leqslant10001<K\leqslant N * M)$,表示棋盘的高、宽,以及可以放"车"的格子数目。

接下来的 K 行描述了所有格子的信息：每行两个数 X 和 Y,表示这个格子在棋盘中的位置。

输出：

对输入的每组数据,按照如下格式输出：

Board T have C important blanks for L chessmen.

输入样例：

```
3 3 4
1 2
1 3
2 1
2 2
3 3 4
1 2
1 3
2 1
3 2
```

输出样例：

```
Board 1 have 0 important blanks for 2 chessmen.
Board 2 have 3 important blanks for 3 chessmen.
```

思路：先考虑在棋盘上尽可能地放棋子，使得任意棋子不在同一行同一列，将棋盘的行看作左边的点集，将棋盘的列看作右边的点集，若某个格子(i,j)可行，就从左i连到右j，这个二分图的最大匹配即这个棋盘能放的最多棋子数。

现要找出二分图中有多少条关键边，很明显，关键边要在算出来的匹配中找，因此只需将棋盘点对应的边删除再求一次最大匹配，看匹配数是否减小，若减小了，则说明这个边即棋盘的点是关键的，输出即可。

参考程序：

```cpp
#include<iostream>
#include<cstdio>
#include<cstdlib>
#include<string>
#include<cstring>
#include<cmath>
#include<ctime>
#include<algorithm>
#include<stack>
#include<queue>
#include<vector>
#include<set>
#include<map>
#define PI acos(-1.0)
#define E 1e-6
#define MOD 16007
#define INF 0x3f3f3f3f
#define N 10001
#define LL long long
using namespace std;
int n,m,k;
bool vis[N];
int link[N];
bool G[N][N];
bool dfs(int x){
    for(int y=1;y<=m;y++){
        if(G[x][y]&&!vis[y]){
            vis[y]=true;
            if(link[y]==-1 || dfs(link[y])){
                link[y]=x;
                return true;
            }
        }
    }
    return false;
}
int hungarian()
```

```
{
    int ans=0;
    for(int i=1;i<=n;i++){
        memset(vis,false,sizeof(vis));
        if(dfs(i))
            ans++;
    }
    return ans;
}
int main(){
    int Case=1;
    while(scanf("%d%d%d",&n,&m,&k)!=EOF&&(n+m+k)){
        memset(G,false,sizeof(G));
        memset(link,-1,sizeof(link));

        while(k--){
            int x,y;
            scanf("%d%d",&x,&y);
            G[x][y]=true;
        }
        int tot=hungarian();
        int key=0;
        for(int i=1;i<=n;i++){
            for(int j=1;j<=m;j++){
                if(G[i][j]){
                    G[i][j]=false;
                    memset(link,-1,sizeof(link));
                    int ans=hungarian();
                    if(ans<tot)
                        key++;
                    G[i][j]=true;
                }
            }
        }
        printf("Board %d have %d important blanks for %d chessmen.\n",Case++,
key,tot);
    }
    return 0;
}
```

在介绍动态规划之前，先看两个简单的例子。

例 8.1 给定一个交通网络图，各结点代表城市，两结点间连线代表道路，线上数字表示城市间的距离。如图 8-1 所示，试找出从结点 S 到结点 E 的最短路径。

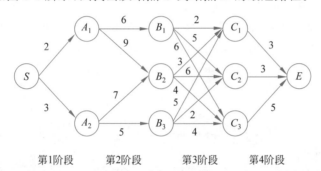

图 8-1 交通网络图

本问题的解决可采用一般的穷举法，即把从结点 S 至结点 E 的所有道路列举出来，计算其长度，再进行比较，找出最小的一条。虽然问题能解决，但采用这种方法，当结点数增加，其运算量将呈指数级增长，故效率是很低的。

分析图 8-1 可知，各结点的排列特征如下。

（1）可将各结点分为 4 个阶段；

（2）每个阶段上的结点只跟相邻阶段的结点相连，不会出现跨阶段或同阶段结点相连的情况，如不会出现结点 S 与结点 B 相连的情况。

（3）除结点 S 和结点 E 外，其他各阶段的结点既是上一阶段的终点，又是下一阶段的起点。

由此，我们把整个计算过程分成 4 个阶段，从第 4 阶段开始，往前依次求出结点 E 到 C、B、A、S 各结点的最短距离，最终得出答案。在计算过程中，到某阶段上一结点的决策，只依赖于前一阶段的计算结果，与其他无关。

第 4 阶段（C-E）：C 有三条路线到终点 E，有 $f_4(C_1)=3$，$f_4(C_2)=3$，$f_4(C_3)=5$。

第 3 阶段（B-C）：B 到 C 有 9 条路线，首先考虑经过 B_1 的 3 条路径，有

$$f_3(B_1)=\min(d(B_1,C_1)+f_4(C_1),d(B_1,C_2)+f_4(C_2),d(B_1,C_3)+f_4(C_3))$$

$$=\min(2+3,5+3,6+5)$$
$$=\min(5,8,11)=5$$

可得经过 B_1 结点的最短路径为 B_1-C_1-E，$f_3(B_1)=5$。

同理可得，经过 B_2 结点的最短路径为 B_2-C_1-E，$f_3(B_2)=6$，经过 B_3 结点的最短路径为 B_3-C_2-E，$f_3(B_3)=5$。

第 2 阶段 $(A-B)$：A 到 B 有 4 条线路，首先考虑经过 A_1 的 2 条线路：

$$f_2(A_1)=\min(d(A_1,B_1)+f_3(B_1),d(A_1,B_2)+f_3(B_2))$$
$$=\min(6+5,9+6)=11$$

可得经过 A_1 结点的最短路径为 $A_1-B_1-C_1-E$，$f_3(B_1)=11$。

同理可得，经过 A_2 结点的最短路径为 $A_2-B_3-C_2-E$，$f_3(B_2)=10$。

第 1 阶段 $(S-A)$：$S-A$ 有 2 条线路，考虑经过 S 的 2 条线路：

$$f_1(S)=\min(d(S,A_1)+f_2(A_1),d(S,A_2)+f_2(A_2))$$
$$=\min(2+11,3+10)=13$$

可得经过 S 结点的最短路径为：$S-A_2-B_3-C_2-E$，$f_1(S)=13$
$$A_1-B_1-C_1-E,f_1(S)=13$$

最终最短路径为 $S-A_2-B_3-C_2-E$ 或 $S-A_1-B_1-C_1-E$，最短距离为 13。

例 8.2　斐波那契数列。

斐波那契数列是用递归思想解决的经典问题，但是用递归思想解决问题效率会比较低。斐波那契数列的表示如下：

$$F_0=0$$
$$F_1=1$$
$$F_n=F_{n-1}+F_{n-2}$$

如果需要求 F_6，利用递归的思想，先求出 F_5 和 F_4。同样，求 F_5，先求出 F_4 和 F_3。依次类推，递归代码如下。

```
int f(int n)
{
    if (n == 0) return 0;
    else if (n == 1)   return 1;
    else return f(n-1) + f(n-2);
}
```

递归的效率如何呢？我们可以画出它的递归树，如图 8-2 所示。

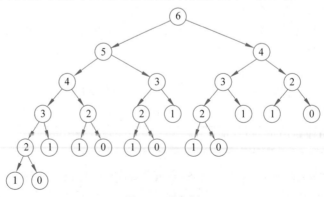

图 8-2　递归树

我们发现 F_6 递归了 1 次，F_5 递归了 1 次，F_4 递归了 2 次，F_3 递归了 3 次，F_2 递归了 5 次。很多工作重复做了多次。我们可以在第一次做某个任务的时候，把结果记录起来，以后做重复任务时直接把答案拿出来。

```
int fi[N] = {-1};                        //数组初始化为-1
int f(int n)
{
    if (fi[n] != -1) return fi[n];
    if (n == 0) return 0;
    else if (n == 1)  return 1;
    else
    {
        f[n] = f(n-1) + f(n-2);
        return f[n];
    }
}
```

通过上面两个例子可以看出，在解决问题时，将一个问题分解为子问题递归求解，并且将中间结果保存以避免重复计算，提高算法的效率。

8.1 基本思想

动态规划过程是：每次决策依赖于当前状态，又随即引起状态的转移。一个决策序列就是在变化的状态中产生出来的，所以，这种多阶段最优化决策解决问题的过程称为动态规划。动态规划将复杂的多阶段决策问题分解为一系列简单的、离散的单阶段决策问题，采用顺序求解方法，通过解一系列小问题达到求解整个问题的目的。

动态规划算法与分治法类似，其基本思想也是将待求解问题分解成若干问题，先求解子问题，然后从这些子问题的解得到原问题的解。与分治法不同的是，适合于用动态规划求解的问题，经分解得到子问题往往不是互相独立的。若用分治法解这类问题，则分解得到的子问题数目太多，有些子问题被重复计算很多次。如果能够保存已解决的子问题的答案，而在需要时再找出已求得的答案，这样就可以避免大量的重复计算，节省时间。我们可以用一个表记录所有已解的子问题的答案。不管该子问题以后是否被用到，只要它被计算过，就将其结果填入表中，这就是动态规划法的基本思路。具体的动态规划算法多种多样，但它们具有相同的填表格式。

8.2 基本概念

阶段：把问题分成几个相互联系的有顺序的几个环节，这些环节即称为阶段。

状态：某一阶段的出发位置称为状态。通常一个阶段包含若干状态。

决策：从某阶段的一个状态演变到下一阶段某状态的选择。

策略：从开始到终点的全过程中，由每段决策组成的决策序列称为全过程策略，简称策略。

状态转移方程：前一阶段的终点就是后一阶段的起点，前一阶段的决策选择导出了后一阶段的状态，这种关系描述了由 k 阶段到 $k+1$ 阶段状态的演变规律，称为状态转移方程。

8.3　基 本 原 理

任何思想方法都有一定的局限性，一旦超出特定条件，它就失去了作用。同理，动态规划也并不是万能的。那么，使用动态规划必须符合什么条件呢？必须满足最优化原理和无后效性。

8.3.1　最优化原理

最优化原理可这样阐述：一个最优化策略具有这样的性质，不论过去状态和决策如何，对前面的决策所形成的状态而言，余下的诸决策必须构成最优策略。简言之，一个最优化策略的子策略总是最优的。

最优化原理是动态规划的基础，任何问题，如果失去最优化原理的支持，就不可能用动态规划方法计算。

8.3.2　无后效性

"过去的步骤只能通过当前状态影响未来的发展，当前的状态是历史的总结"。这条特征说明动态规划只适用于解决当前决策与过去状态无关的问题。状态，出现在策略的任何一个位置，它的地位相同，都可实施同样策略，这就是无后效性的内涵。

由上可知，最优化原理、无后效性，是动态规划必须符合的两个条件。

8.4　一 般 步 骤

设计一个标准的动态规划算法，通常可按以下几个步骤进行。

（1）划分阶段：按照问题的时间或空间特征，把问题分为若干阶段。在划分阶段，注意划分后的阶段一定要是有序的或者是可排序的，否则问题就无法求解。

（2）选择状态：将问题发展到各个阶段时所处于的各种客观情况用不同的状态表示出来。当然，状态的选择要满足无后效性。

（3）确定决策并写出状态转移方程：因为决策和状态转移有天然的联系，状态转移就是根据上一阶段的状态和决策导出本阶段的状态。所以，如果确定了决策，状态转移方程就可写出。但事实上常常是反过来做，根据相邻两个阶段的状态之间的关系确定决策方法和状态转移方程。

（4）写出规划方程（包括边界条件）：动态规划的基本方程是规划方程的通用形式化表达式。一般来说，只要阶段、状态、决策和状态转移确定了，这一步还是比较简单的。

动态规划的主要难点在于理论上的设计，一旦设计完成，实现部分就会非常简单。根据动态规划的基本方程可以直接递归计算最优值，但是一般将其改为递推计算，实现的大体上的框架如下。

标准动态规划的基本框架：

```
对 fn+1(xn+1)初始化;              {边界条件}
for k:=n downto 1 do
```

```
    for 每一个 xk∈Xk do
      for 每一个 uk∈Uk(xk) do
          begin
          fk(xk):=一个极值;                    {∞或-∞}
          xk+1:=Tk(xk,uk);                    {状态转移方程}
          t:=φ(fk+1(xk+1),vk(xk,uk));
          if  t 比 fk(xk)更优 then fk(xk):=t;  {计算 fk(xk)的最优值}
          end;
  t:=一个极值;                              {∞或-∞}
  for 每一个 x1∈X1 do
    if f1(x1)比 t 更优 then t:=f1(x1);
  输出 t;
```

但是,实际应用中经常不是显式地按照上面步骤设计动态规划,而是按以下几个步骤进行。

(1) 分析最优解的性质,并刻画其结构特征。

(2) 递归地定义最优值。

(3) 以自底向上的方式或自顶向下的记忆化方法(备忘录法)计算出最优值。

(4) 根据计算最优值时得到的信息构造一个最优解。

步骤(1)～(3)是动态规划算法的基本步骤。在只需要求出最优值的情形下,步骤(4)可以省略。若需要求出问题的一个最优解,则必须执行步骤(4)。此时,在步骤(3)中计算最优值时,通常需记录更多的信息,以便在步骤(4)中根据所记录的信息快速构造出一个最优解。

8.5 实 例 演 示

8.5.1 数字三角形

问题描述:

给定一个具有 N 层的数字三角形,从顶至底有多条路径,每一步可沿左斜线向下或沿右斜线向下,路径所经过的数字之和为路径得分,请求出最小路径得分。

```
2
6 2
1 8 4
1 5 6 8
```

输入格式:

第一行代表输入行数,从第二行开始,代表每行的数据。

```
4
2
6 2
1 8 4
1 5 6 8
```

输出格式:

```
10
```

解题思路：

这道题可以用动态规划成功地解决，但是，若对问题的最优结构刻画得不恰当（即状态表示不合适），则无法使用动态规划。

状态表示法一：

用一元组 $D(X)$ 描述问题，$D(X)$ 表示从顶层到达第 X 层的最小路径得分。因此，此问题就是求出 $D(N)$（若需要，还应求出最优路径）。这是一种很自然的想法和表示方法。遗憾的是，这种描述方式并不能满足最优子结构性质。因为 $D(X)$ 的最优解（即最优路径）可能不包含子问题，例如 $D(X-1)$ 的最优解。

显然，$D(4)=2+6+1+1=10$，其最优解（路径）为 2-6-1-1。而 $D(3)=2+2+4=8$，最优解（路径）为 2-2-4，故 $D(4)$ 的最优解不包含子问题 $D(3)$ 的最优解。由于不满足最优子结构性质，因而无法建立子问题最优值之间的递归关系，即无法使用动态规划。

状态表示法二：

用二元组 $D(X,y)$ 描述问题，$D(X,y)$ 表示从顶层到达第 X 层第 y 个位置的最小路径得分。

最优子结构性质：容易看出，$D(X,y)$ 的最优路径 $\text{Path}(X,y)$ 一定包含子问题 $D(X-1,y)$ 或 $D(X-1,y-1)$ 的最优路径。

否则，取 $D(X-1,y)$ 和 $D(X-l,y-1)$ 的最优路径中得分小的那条路径加上第 X 层第 y 个位置构成的路径得分必然小于 $\text{Path}(X,y)$ 的得分，这与 $\text{Path}(X,y)$ 的最优性是矛盾的。

如图 8-3 所示，$D(4,2)$ 的最优路径为 2-6-1-5，它包含 $D(3,1)$ 的最优路径 2-6-1。因此，用二元组 $D(X,y)$ 描述的计算 $D(X,y)$ 的问题具有最优子结构性质。

递归关系：

$$D(X,y)=\min\{D(X-1,y),D(X-1,y-1)\}+a(X,y)$$
$$D(1,1)=a(1,1)$$

其中，$a(X,y)$ 为第 X 层第 y 个位置的数值。

原问题的最小路径得分可以通过比较 $D(N,i)$ 获得，其中 $i=1,2,\cdots,N$。

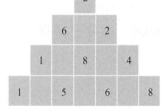

图 8-3   数字三角形

在上述递归关系中，求 $D(X,y)$ 的时候，先计算 $D(X-1,y)$ 和 $D(X-1,y-1)$，下一步求 $D(X,y+1)$ 时需要 $D(X-1,y+1)$ 和 $D(X-1,y)$，但其中 $D(X-1,y)$ 在前面已经计算过了。于是，子问题重叠性质成立。

因此，采用状态表示法二描述的问题具备了用动态规划求解的基本要素，可以用动态规划进行求解。

状态表示法三：

采用状态表示法二的方法是从顶层开始，逐步向下至底层求出原问题的解。事实上，还可以从相反的方向考虑。仍用二元组 $D(X,y)$ 描述问题，$D(X,y)$ 表示从第 X 层第 y 个位置到达底层的最小路径得分。原问题的最小路径得分即 $D(1,1)$。

最优子结构性质：显然，$D(X,y)$ 的最优路径 $\text{Path}(X,y)$ 一定包含子问题 $D(X+1,y)$ 或 $D(X+1,y+1)$ 的最优路径，否则，取 $D(X+1,y)$ 和 $D(X+1,y+1)$ 的最优路径中得分

小的那条路径加上第 X 层第 y 个位置构成的路径得分必然小于 $\mathrm{Path}(X,y)$ 的得分,这与 $\mathrm{Path}(X,y)$ 的最优性矛盾。

$D(1,1)$ 的最优路径为 2-6-1-1,它包含 $D(2,1)$ 的最优路径 6-1-1。因此,这种状态表示描述的计算 $D(X,y)$ 的问题同样具有最优子结构性质。

递归关系:

$$D(X,y)=\min\{D(X+1,y),D(X+1,y+1)\}+a(X,y)$$
$$D(N,k)=a(N,k),k=1,2,\cdots,N$$

其中,$a(X,y)$ 为第 X 层第 y 个位置的数值。

$D(X,y)$ 表示从第 X 层第 y 个位置到达底层的最小路径得分。原问题的最小路径得分即 $D(1,1)$。

参考程序:

```cpp
#include<iostream>
#include<algorithm>
using namespace std;
#define N 100
int D[N][N];
int n;
int minSum[N][N];
int MinSum(int i,int j)
{
    if(minSum[i][j] != -1)   //minSum[i][j]已经计算出来了,无须再计算,直接返回结果
        return minSum[i][j];
    if(i == n)   //如果 i==n,就说明它已经是最后一行的那个数字了,那最小和就是该数本身
        minSum[i][j] = D[i][j];
    else                      //否则,计算该数正下方的那个数字走到底边得到的最小和
    {
        int x = MinSum(i + 1, j);
        int y = MinSum(i + 1, j + 1);
        minSum[i][j] = min(x,y) + D[i][j];
    }
    return minSum[i][j];
}
int main()
{
    int i,j,sum;
    cin >> n;
for(i = 1 ; i <= n ; i++)      //初始化
    for(j = 1 ; j <= i; j++)
        MinSum[i][j] = -1;
for(i = 1 ; i <= n ; i++)      //输入三角形数字
    for(j = 1 ; j <= i; j++)
            cin >> D[i][j];
    sum=MinSum(1,1);
    cout <<sum << endl;
}
```

8.5.2　括号匹配

问题描述：

定义一个由圆括号和方括号组成的串的合法性。

（1）一个空串是合法的串。

（2）如果 s 是一个合法的串，那么[s]和(s)也是合法的。

（3）如果 a 和 b 是合法的串，那么 ab 也是合法的。

除此之外，其他的都不是合法的。

现在给出一个由圆括号和方括号组成的串，如果它不是一个合法的串，那么可以去掉其中的一些括号，使其成为一个合法的串，求得到的合法串的最长长度，输入以 end 结尾。

输入样例：

```
((()))
()()()
([]])
)[)(
([][][)
end
```

输出样例：

```
6
6
4
0
6
```

解题思路：

（1）这个题目也是一个比较经典的 dp，只要按照题目所给的 4 个条件去找就可以了。

（2）第一种情况答案显然是 0。

（3）第二种情况答案是 s 串的答案加 2。

（4）第三种情况答案自然是 a 串和 b 串的答案之和。

参考程序：

数组 $a[i][j]$ 记录串 s 中第 i 个字符到第 j 个字符这一段的解。先解决小的问题，解决问题时可以用小问题的解得出更大的问题。若三种情况都符合，则状态方程就为 $dp[i][j]=\max(dp[i][k]+dp[k][j], dp[i-1][j-1]+2)$；若三种情况都不符合，则可以忽略。

```
#include<stdio.h>
#include<string.h>
#include<stdlib.h>
#include<math.h>
int main()
{
char str[150];
while(scanf("%s",&str)!=EOF)
{
```

```
        if(str[0]=='e')break;
    int a[150][150],i,j,k;
    int len=strlen(str);
     for(k=0;k<len;k++)
       {
        for(i=0;i<len-k;i++)                    //第一种情况(空串)
          {
            int max=0;
            if(i==i+k)
             {
               a[i][i+k]=0;
               continue;
             }

        if(str[i]=='('&&str[i+k]==')')          //第二种情况
            {
if(i+1>i+k-1&&max<2)
                max=2;
              if(i+1<=i+k-1)
{                if(max<a[i+1][i+k-1]+2)
                 max=a[i+1][i+k-1]+2;
}
            }
            if(str[i]=='['&&str[i+k]==']')
             {
if(i+1>i+k-1&&max<2)
                max=2;
              if(i+1<=i+k-1)
                {
                  if(max<a[i+1][i+k-1]+2)
                   max=a[i+1][i+k-1]+2;
                }
             }
          for(j=1;j<=k;j++)                     //第三种情况
            {
              if(a[i][i+j-1]+a[i+j][i+k]>max)
                 max=a[i][i+j-1]+a[i+j][i+k];
            }
          a[i][i+k]=max;
       }

    }
      printf("%d\n",a[0][len-1]);
    }
    return 0;
}
```

8.5.3 背包问题

问题描述:

有一个容量为 m 的背包和 n 种物品,每种物品的体积为 v,价值为 p,每种物品只有一件。要求用这个背包装下价值尽可能多的物品,求能放背包的物品的最大价值总和,背包可以不装满。

0-1 背包问题:在最优解中,每个物品只可能有两种情况,即在背包中或者不在背包中(背包中的该物品数为 0 或 1),因此称为 0-1 背包问题。

输入样例:

```
输入背包的容量和物品的种类:
6 4
输入物品的体积和价值
1 4
2 6
3 12
2 7
```

输出样例:

```
物品的选取状态是
1 0 1 1
最大物品价值为
23
```

参考程序 1:

```c
#include<stdio.h>
int P[10][100];              //前 i 个物品装入容量为 j 的背包中获得的最大价值
int v [10];                  //物品的体积
int p [10];                  //物品的价值
int x [10];                  //物品的选取状态
int max(int a, int b)
{
    if (a >= b)
        return a;
    else return b;
}

void KnapSack(int n,int m)
{
    int i, j;
    printf("输入物品的体积和价值:\n");
    for(i=0;i<n;i++)
        scanf("%d%d",&v [i],&p [i]); //v 为物品体积,p 为物品价值

    for (i=0; i<=n;i++)
        P[i][0] = 0;
    for (j=0;j<=m;j++)
        P[0][j] = 0;
    for (i=0; i<n;i++){
        for (j=0;j<m +1;j++){
            if(j<v [i])
                P[i][j] = P[i - 1][j];
```

```
            else
                P[i][j] = max(P[i - 1][j], P[i - 1][j - v [i]] + p [i]);
        }
    }
    j=m;
    for (i=n-1;i>=0;i--)
    {
        if (P[i][j]>P[i-1][j])
        {
            x[i] = 1;
            j=j-v[i];
        }
        else
            x[i] = 0;
    }
    printf("物品的选取状态是:\n");
    for(i=0; i<n; i++)
        printf("%d ",x[i]);
    printf("\n");
    printf("最大物品价值为:\n");
    printf("%d\n", P[n - 1][m ]);
}

int main()
{
    int n;                              //物品的种类
    int m;                              //背包的最大容量
    printf("输入背包的容量和物品的种类:\n");
    scanf("%d %d",&m,&n);
    KnapSack(n,m);
    return 0;
}
```

参考程序 2：

```
#include<stdio.h>
int c[10][100];                         //对应每种情况的最大价值
int v[10],p[10];                        //v 为物品体积,p 为物品价值
void knapsack(int m,int n)              //m 代表背包的容量,n 代表物品的种类
{
int i,j,x[10];                          //物品的选取状态,1 代表选取,0 代表未选取
printf("输入物品的体积和价值:\n");
for(i=1;i<n+1;i++)
    scanf("%d%d",&v[i],&p[i]);          //v 为物品体积,p 为物品价值
for(i=0;i<10;i++)
    for(j=0;j<100;j++)
      c[i][j]=0;
for(i=1;i<n+1;i++)
    for(j=1;j<m+1;j++)
      {
        if(v[i]<=j)
```

```
        {
        if(p[i]+c[i-1][j-v[i]]>c[i-1][j])
            c[i][j]=p[i]+c[i-1][j-v[i]];
        else
            c[i][j]=c[i-1][j];
        }
        else c[i][j]=c[i-1][j];
        }
    printf("\n");
    int contain = m;
    for(i=n;i>0;--i)
    {
        if(c[i][contain] == c[i-1][contain])
            x[i-1] = 0;
        else
        {
         x[i-1] = 1;
         contain -= v[i];
        }
    }
    printf("物品的选取状态是:\n");
    for(i=0;i<n;i++)
    {
        printf("%d  ",x[i]);                //1表示放入,0表示未放入
    }
    printf("\n");
    printf("最大物品价值为:\n%d\n",c[n][m]);
}
int main()
{
    int m,n,i,j;
    printf("输入背包的容量和物品的种类:\n");
    scanf("%d %d",&m,&n);
    knapsack(m,n);
    return 0;
}
```

8.5.4 骨灰级玩家考证篇

问题描述:

骨灰级玩家称号是每一个高手玩家梦寐以求的称号。在这里你可以通过挑战终极boss获得。由于boss能力如此之强,你的闪避项链将失去作用,它每一次对你的攻击都是实实在在的攻击。只要你稍不留神,就会被它打死。为了让你能较多地使用魔法攻击,在挑战时我们会免费赠送一个恢复光环(每秒能够恢复 t ($1 \leqslant t \leqslant 5$)点的魔法值,当然你的魔法值不可能超过100)。恢复光坏的增加魔法都在你攻击之后。生或死仅一念之间,请谨慎考虑!

输入:

首先给出整数 n、t 和 q ($0 < n \leqslant 100$),占一行。n 表示你拥有多少技能,t 表示你每秒能

恢复多少魔法值,q 表示终极 boss 每次攻击对你造成的伤害(它也是每秒攻击一次,我们认为一秒内的你和 boss 的攻击是你攻击在前)。接下来有 n 行,每行有两个正整数 a_i, b_i($0<a_i, b_i \leqslant 100$),表示使用第 i 个技能消耗多少魔法值,和对野怪的伤害。当 $n=t=q=0$ 时输入结束。

输出:

对于每组测试数据,首先输出一个正整数 min(表示你使用最少的时间杀死野怪),占一行。若你阵亡,则输出 My god。

输入样例:

```
4 2 25
10 5
20 10
30 28
76 70
4 2 25
10 5
20 10
30 28
77 70
0 0 0
```

输出样例:

```
4
My god
```

解题思路:

(1) 这个题目我们很容易想到是用 DP(动态规划)解决,记录每一回合之后的状态。

(2) 这个题目多了一个每秒能恢复的魔法。

(3) 恢复的魔法可以在每回合之后补上。

参考程序:

用一个数组 $dp[i][j]$ 表示在第 i 秒伤害为 j 时剩的最大魔法,第 i 秒的状态可由上一层的状态而得,状态方程为 $dp[i][j+skill[k][1]] = w-skill[k][0]$(具体变量见代码),最后判断返回值即可。

```
#include<stdio.h>
#include<string.h>
#include<stdlib.h>
int n,t,q;
int skill[1010][2];        //记录技能,skill[i][0]表示魔法消耗,skill[i][1]表示伤害
int dp[110][110];          //记录状态
int DP()
{
    int m;
    memset(dp,-1,sizeof(dp));
    int i,j;
    if(q==0)m=9999999;    //对 m 初始化,m 表示时间的上限,也就是说,如果怪物在第 m 秒能
                          //把你打死
```

```
        else if(100%q==0)m=100/q;
        else m=100/q+1;
        for(i=0;i<=n;i++)
        if(skill[i][0]<=100&&dp[1][skill[i][1]]<100-skill[i][0])        //初始化
         {
           if(skill[i][1]>=100)return 1;
              dp[1][skill[i][1]]=100-skill[i][0];


         }
        for(i=2;i<=m;i++)              //从第二回合的DP过程,dp[i][j]表示在第i秒伤害为j
        {
          for(j=0;j<=100;j++)                              //恢复魔法值
          {
            if(dp[i-1][j]!=-1)
            {
            dp[i-1][j]+=t;
            if(dp[i-1][j]>100)dp[i-1][j]=100;
            }
          }
          for(j=0;j<=100;j++)
           {
            if(dp[i-1][j]!=-1)
            {
               int w=dp[i-1][j];
               for(int k=0;k<=n;k++)
                {
                    if(w>=skill[k][0])                    //判断魔法是否足够
                    {
                      if(j+skill[k][1]>=100)return i;
                               //如果伤害大于100,怪物就会被打死,返回时间
                      int tt=w-skill[k][0];
                      if(dp[i][j+skill[k][1]]<tt)
                         dp[i][j+skill[k][1]]=tt;


                    }
                }
            }
           }
        }
        return -1;                                      //被怪物打死
}
int main()
{
   int i,j;
   while(scanf("%d %d %d",&n,&t,&q)!=EOF)
   {
    if(n==0&&t==0&&q==0)break;
    skill[0][0]=0;
    skill[0][1]=1;
      for(i=1;i<=n;i++)
```

```
        scanf("%d %d",&skill[i][0],&skill[i][1]);
        int flag=DP();
        if(flag!=-1)
          printf("%d\n",flag);
          else
          printf("My god\n");
    }
    return 0;
}
```

8.5.5　猴子游戏

问题描述：

Lily 还没有计算机的时候,手机是她唯一的娱乐工具,她最喜欢玩的游戏就是猴子,猴子的行动范围为 $n(n \leqslant 100)$ 根水平排列的柱子的底端,并且猴子以捉虫子为乐趣。每捉到一个虫子,它就快乐一点。可是它的快乐是有极限的,因为它只能水平地在相邻的柱子间移动,并且移动一次的时间是 1s,如果在时间 $t(0 \leqslant t \leqslant 10000)$ 猴子刚好在柱子 $m(1 \leqslant m \leqslant n)$ 上并且此时柱子 m 上恰好出现一只虫子,那么猴子就可以捉到虫子了。猴子最初(0s)在 1 号柱子上,在 t 时间,m 柱子上是否能有虫子以一个矩阵给出。猴子想最快乐,你是否能够帮助它?

输入：

多组测试数据,每组测试数据首先给出整数 n、t（$0 < n \leqslant 100, 0 \leqslant t \leqslant 10000$）,占一行。$n$ 表示总共有 n 根柱子,t 表示游戏结束的时间,t 时间猴子就不可以再捉虫子了。接下来有 n 行,每行有 t 个整数(0 或 1) $T_0, T_2, \cdots, T_{t-1}$。第 i 行第 j 个数字表示第 i 个柱子在 j 时间是否有虫子出现。

输出：

对于每组测试数据,输出一个整数,表示猴子得到的最大快乐值。

输入样例：

```
3 4
0 1 0 1
1 0 0 1
1 1 1 1
3 4
1 0 1 0
1 1 1 0
1 1 1 1
1 5
1 0 1 0 1
```

输出样例：

```
2
3
3
```

解题思路：

首先，一定和所在柱子有关系，和时间也有关系。

显然，在条件确定的情况下是满足最优子结构的，即可以用 DP 解决。

参考程序：

用 $mx[i][j]$ 表示第 i 时间在第 j 个柱子上能得到的最大快乐值，$grid[j][i]$ 表示第 i 时间第 j 个柱子上是否有虫子。那么，$mx[i][j] = Max(mx[i-1][j-1], mx[i-1][j], mx[i-1][j+1]) + grid[j][i]$；注意边界情况。

```c
#include <stdio.h>
#define MAX (1<<29)
#define N 110
#define T 10100
#define Max(a,b,c)  (((a)>(b)?(a):(b))>(c)?((a)>(b)?(a):(b)):(c))
int mx[T][N],grid[N][T];
int n,limt;

int main()
{
    while(scanf("%d %d",&n,&limt)!=EOF)
    {
        for(int i=1;i<=n;i++)
        {
            for(int j=0;j<limt;j++)
            {
                scanf("%d",&grid[i][j]);
            }
        }
        for(int i=1;i<=n;i++)
            for(int j=0;j<limt;j++)
                mx[j][i] = -MAX;
        mx[0][1] = grid[1][0];
        for(int i=1;i<limt;i++)
        {
            for(int j=1;j<=n&&j<=i+1;j++)
            {
                int a = -MAX,b = -MAX,c = -MAX;
                if(j>1)
                    a = mx[i-1][j-1];
                b = mx[i-1][j];
                if(j<n)
                    c = mx[i-1][j+1];
                mx[i][j] = Max(a,b,c)+grid[j][i];
            }
        }
        int mxmx = 0;
        for(int i=1;i<=n;i++)
            if(mx[limt-1][i]>mxmx)
                mxmx = mx[limt-1][i];
                printf("%d\n",mxmx);
    }
    return 0;
}
```

第 **9** 章

高级数据结构

9.1 三种常用高级数据结构

9.1.1 线段树

线段树(segment tree)是一种基于分治思想的二叉树结构,用于在区间上进行信息统计。它建立在线段的基础上,每个结点都代表了一条线段 $[a,b]$。长度为 1 的线段称为元线段。非元线段都有两个子结点,左结点代表的线段为 $[a,(a+b)/2]$,右结点代表的线段为 $[(a+b)/2,b]$。与按照二进制位(2 的次幂)进行区间划分的树状数组相比,线段树是一种更通用的结构。

线段树的特点如下。

(1) 线段树的每个结点都代表一个区间,如图 9-1 所示。

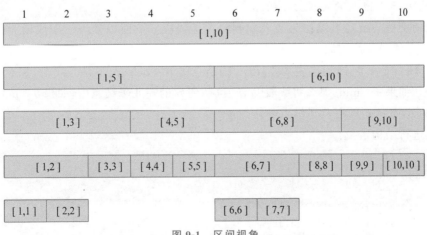

图 9-1　区间视角

(2) 线段树具有唯一的根结点,代表的区间是整个统计范围,如 $[1,N]$。

(3) 线段树的每个叶子结点都代表一个长度为 1 的元区间 $[x,x]$。

对于每个内部结点$[l,r]$,它的左子结点是$[l,\mathrm{mid}]$,右子结点是$[\mathrm{mid}+l,r]$,其中 $\mathrm{mid}=(l+r)/2$(向下取整)。

图 9-2 展示了一棵线段树,可以看到,除树的最后一层,整棵线段树一定是一棵完全二叉树,树的深度为 $O(\log N)$。所以,可以采用如下的"父子 2 倍"结点编号方法编号。

(1) 根结点编号为 1;

(2) 编号为 x 的结点的左子结点编号为 $2*x$,右子结点编号为 $2*x+1$。

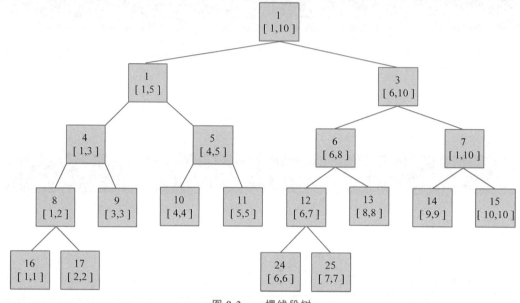

图 9-2　一棵线段树

根据这种方式编号后,就可以简单地用一个结构体数组保存线段树了。当然,最后一层结点在数组中的位置是不连续的,我们在数组中直接空出多余的位置即可。另外,对于 N 个叶子结点的线段树而言,保存线段的结构体数组长度不小于 $4N$ 才能保证不会越界。

注意:叶子结点指的是度为 0 的结点。

线段树支持的最基本操作为插入和删除一条线段。下面以插入一条线段为例详细叙述,删除一条线段与此类似。

将一条线段$[a,b]$插到代表线段$[l,r]$的结点 p 中,如果 p 不是元线段,那么令 $\mathrm{mid}=(l+r)/2$。如果 $a<\mathrm{mid}$,那么将线段$[a,b]$也插到 p 的左儿子结点中,如果 $b>\mathrm{mid}$,那么将线段$[a,b]$也插到 p 的右儿子结点中。

首先进行结构定义:

```
typedef struct IntervalTree {
    int right;
    int left;
    IntervalTree* right_child;
    IntervalTree* left_child;
    //通常为了解题,需要记录其他信息
}IntervalTree;                        //定义一个线段树结构体类型
```

线段树的建立:

```
IntervalTree * buildTree(int a, int b) {
    IntervalTree * tree = new IntervalTree;
    tree->right = b;
    tree->left = a;
    tree->right_child = NULL;
    tree->left_child = NULL;
    if(b > a) {
        int mid = (a + b)/2;
        tree->right_child = buildTree(mid+1,b);
        tree->left_child = buildTree(a,mid);
    }
    return tree;
}
```

通常,线段上会记录其他信息,需要在建树时同时记录到树的每个结点。

上面都是一些基本的线段树结构,但只有这些并不能做什么,就好比一个程序有输入没输出,根本没有任何用处。

最简单的应用就是记录线段是否被覆盖,并随时查询当前被覆盖线段的总长度。那么,此时可以在结点结构中加入一个变量 int count;表示当前结点代表的子树中被覆盖的线段长度和。这样就要在插入(删除)中维护这个 count 值,于是当前的覆盖总值就是根结点的 count 值了。

另外,也可以将 count 换成 bool count;支持查找一个结点或线段是否被覆盖。代码如下所示。

```
//建树:
typedef struct IntervalTree{
    int right;
    int left;
    int count;                              //保存被覆盖的次数
    IntervalTree * right_child;
    IntervalTree * left_child;
}IntervalTree;
//建树:
IntervalTree * buildTree(int a, int b){
    IntervalTree * tree = new IntervalTree;
    tree->right = b;
    tree->left = a;
    tree->count = 0;                        //初始时 count 为 0
    tree->right_child = NULL;
    tree->left_child = NULL;
    if(b > a){
        int mid = (a + b)/2;
        tree->right_child = buildTree(mid+1,b);
        tree->left_child = buildTree(a,mid);
    }
    return tree;
}
//插入操作:
void insert(int a, int b, IntervalTree * tree) {
```

```
        if(tree->right == b && tree->left == a) {
            tree->count++;
            return;
        }
        int mid = (tree->left + tree->right)/2;
        if(a > mid) {
            insert(a,b,tree->right_child);
        } else if(b <= mid) {
            insert(a,b,tree->left_child);
        } else {
            insert(a,mid,tree->left_child);
            insert(mid+1,b,tree->right_child);
        }
    }
//删除线段:
void delete_interval(int a,int b,IntervalTree * tree){
        if(tree->right == b && tree->left == a) {
            tree->count--;
            return;
        }
        int mid = (tree->left + tree->right)/2;
        if(a > mid){
            delete_interval(a,b,tree->right_child);
        }else if(b <= mid){
            delete_interval(a,b,tree->left_child);
        }else{
            delete_interval(a,mid,tree->left_child);
            delete_interval(mid+1,b,tree->right_child);
        }
}
//查询线段覆盖次数:
IntervalTree * buildTree(int a,int b){
    IntervalTree * tree = new IntervalTree;
    tree->right = b;
    tree->left = a;
    tree->count = 0;                          //初始时 count 为 0
    tree->right_child = NULL;
    tree->left_child = NULL;
    if(b > a){
        int mid = (a + b)/2;
        tree->right_child = buildTree(mid+1,b);
        tree->left_child = buildTree(a,mid);
    }
    return tree;
}
```

9.1.2　并查集

1. 并查集的概念

并查集是一种树形数据结构,不是二叉树,是一种用来管理元素分组情况的数据结构,用于处理一些不相交集合(Disjoint Sets)的合并及查询问题,它无法进行分割操作,常常在使用中以森林表示。

并查集的主要操作如下。

(1) 初始化:建立一个只包含元素 x 的集合。

(2) 查找:查找元素 x 所在的集合。

(3) 合并:将包含 x 和 y 的集合合并为一个新的集合。

通常我们用有根树表示集合,树中的每个结点对应集合中的一个成员,每棵树表示一个集合。每个成员都有一条指向父结点的边,整个有根树通过这些指向父结点的边来维护。每棵树的根就是这个集合的代表,并且这个代表的父结点是它自己。

通过这样的表示方法,我们将不相交的集合转换为一个森林,也叫不相交森林。接下来介绍如何通过不相交森林实现并查集的初始化、合并和查询操作。

通常,并查集初始化操作是对每个元素都建立一个只包含该元素的集合,这意味着每个成员都是自身所在集合的代表,所以我们只将所有成员的父结点设为它自己就好。

在不相交森林中,并查集的查询操作指的是查找出指定元素所在有根树的根结点是谁。可以通过每个指向父结点的边回溯到结点所在有根树的根,也就是对应集合的代表元素。

并查集的合并操作需要用到查询操作的结果。合并两个元素所在的集合,首先需要求出两个元素所在集合的代表元素,也就是结点所在有根树的根结点。接下来将其中一个根结点的父亲设置为另一个根结点,这样就把两棵有根树合并成一棵了。

并查集的合并操作非常关键,下面举一个例子说明合并操作对应的不相交森林的状态变化。

如图 9-3 所示,图 9-3(a)为两个合并前的集合对应的不相交森林,两个集合对应的有根树的根分别是 c 和 f。将两个集合进行合并,就会得到图 9-3(b)所示的新集合,集合对应的有根树的根为 f。

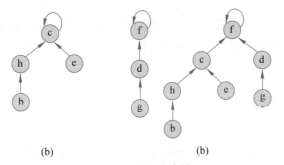

图 9-3　不相交森林

2. 并查集的应用

并查集可用于解决连通性问题。

连通性问题如数学中的问题 a=b,b=c,c=d;那么 a 和 d 相等吗? 不难发现 a=d,我们认为等于号是可逆可赋的关系,当写出 a=b 时候,我们不仅知道 a=b,而且还知道 b=a 也成立。我们认为这种关系是具有连通属性的,这就是所谓的连通性问题。

图 9-4 有 10 个变量,每个变量用一个点代替,分别从 0~9 开始编号。4=3 表示第四个变量等于第三个变量,所以说它们具有连通性。第三个变量等于第八个变量,说明 4,3,8 是

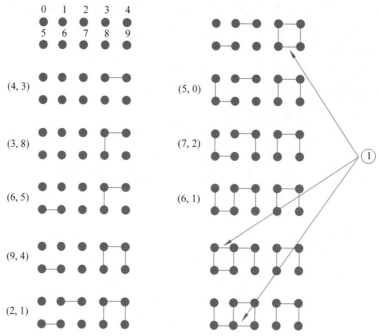

图 9-4　连通性

具有连通性的。依次类推,给定若干组关系以后,最终这 10 个点可以分成两个集合。其中一个集合包含 4 个点,另一个集合包含 6 个点,最终证明有 4 个值互相相等,有 6 个值互相相等。

要解决连通性问题,需要解决两个操作:第一,如何连接两个具有等价关系的变量;第二,如何判断两个变量是否连通?归纳起来就是合并操作和连通判断,这就是连通性问题需要解决的子问题。

并查集,就是并集操作和差集操作。并集就是合并两个集合,如图 9-4 中的(6,1),它合并的是两个集合。差集操作就是所谓的连通性判断,如果两个变量在一个集合,我们就认为它们是连通的。

从现实生活中可以看到,在足球场分辨甲队和乙队,最直接的方法是看他们所穿的队服颜色。队服颜色相同的我们认为属于一个集合,这就是基于染色的思想。

1) Quick-Find 算法

基于染色的思想,如何解决并和查?首先,当合并两个点时,也就是当给出两个点的连通关系时,这两个点得在不同的集合中,这次操作才是有效的连通操作。如何判断它俩在不同的集合中?用颜色判断,若两个点的颜色相同,则证明它们连通,否则不连通。如果两个点的颜色不同,就把两个集合进行合并。合并操作实际上是将一棵树作为另一棵树的子树,需要扫描所有点,所以合并操作的时间复杂度为 $O(n)$,查找操作的时间复杂度为 $O(1)$。这个操作就是并查集的第一个算法,叫 Quick-Find 算法,它的查找速度特别快。

2) Quick-Union 算法

基于 Quick-Find 算法,我们想判断两个点是否在一个集合,用 N 个元素的数组存储每个点的代表元素,每个点有且只有一个代表元素。当为单一结点时,它的代表元素是它自己,那么 N 个点中的每个点存储一个代表元素,如果这是一种指向关系,那么我们可以将数组看成一个森林。因为这个数组包含若干个根结点,只要代表元素是它自己,它就是根结点,而其他结点会指向另一个结点,将另外一个结点当作自己的代表元素,所以可以将数组看成森林。对于 Quick-Union 算法,连接两个集合时,相当于合并两棵子树,合并时我们不能动叶子结点,只能合并根结点,将其中一个根结点指向另外一个根结点。在树形结构表示下,如何判断两个结点连通,看两个结点所在的子树是否一样,顺着结点一直找到根结点,对比两个结点的根结点编号,如果这两个编号相等,说明这两个元素在同一棵子树中,说明它们在同一个集合中。

练习题:

有 10 个点的图,按照如下顺序进行连接,请分别写出:

(1) Quick-Find 算法最终数组的结果;

(2) Quick-Union 算法最终数组的结果。

1:[0,1]、2:[1,2]、3:[3,4]、4:[2,3]、5:[8,9]、6:[9,7]、7:[7,6]、8:[1, 5]

答案:Quick-Find(见表 9-1)。

表 9-1　Quick-Find 算法结果

0	1	2	3	4
5	5	5	5	5
5	6	7	8	9
5	6	6	6	6

Quick-Union(见表 9-2)。

表 9-2　Quick-Union 算法结果

0	1	2	3	4
1	2	4	4	5
5	6	7	8	9
5	6	6	9	7

解答:在 Quick-Find 算法中,是将前面的点染成后面的颜色,也就是用后面点的颜色覆盖前面点的颜色,比如[0,1]就是用 1 的颜色覆盖 0 的颜色;在 Quick-Union 中,前面点所在的集合指向后面点所在的集合。在 Quick-Find 中,最后存储的值只有两种值,在 Quick-Union 中存储的值有很多种。Quick-Find 算法需要每次扫描数组中的所有元素,如对元素中的所有值进行判断,并修改相关值。而 Quick-Union 算法每次只改一个值,改的值就是所连接的两个元素中的其中一个根结点的值。

例题:所谓一个朋友圈了,不一定其中的人都互相直接认识。

例如:小张的朋友是小李,小李的朋友是小王,那么他们三个人属于一个朋友圈。

现在给出一些人的朋友关系,这些人按照从 1 到 n 编号,在这中间会询问某两个人是否属于一个朋友圈,请编写程序,实现这个过程。

输入：

第一行输入两个整数 $n,m(1\leqslant n\leqslant10000,3\leqslant m\leqslant100000)n$，分别代表人数和操作数。

接下来 m 行，每行三个整数 $a,b,c(a\in[1,2],1\leqslant b,c\leqslant n)$。

当 $a=1$ 时，代表新增一条已知信息，b 和 c 是朋友。

当 $a=2$ 时，代表根据以上信息，询问 b 和 c 是否为朋友。

输出：

对于每个 $a=2$ 的操作，输出『Yes』或『No』，代表询问的两个人是否为朋友关系。

输入样例：

```
6 5
1 1 2
2 1 3
1 2 4
1 4 3
2 1 3
```

输出样例：

```
No
Yes
```

参考答案：

```c
#include <stdio.h>
#include <stdlib.h>
typedef struct UnionSet {
    int * father;
    int n;
} UnionSet;

UnionSet * init(int n) {
    UnionSet * u = (UnionSet *)malloc(sizeof(UnionSet));
    u->father = (int *)malloc(sizeof(int) * (n + 1));
    u->n = n;
    for (int i = 1; i <= n; i++) {
        u->father[i] = i;
    }
    return u;
}
int find(UnionSet * u, int x) {
    if (u->father[x] == x) return x;
    return find(u, u->father[x]);
}
int merge(UnionSet * u, int a, int b) {
    int fa = find(u, a), fb = find(u, b);
    if (fa == fb) return 0;
    u->father[fa] = fb;
    return 1;
}
```

```
void clear(UnionSet * u) {
    if (u == NULL) return ;
    free(u->father);
    free(u);
    return ;
}
int main() {
    int n, m;
    scanf("%d%d", &n, &m);
    UnionSet * u = init(n);
    for (int i = 0; i < m; i++) {
        int a, b, c;
        scanf("%d%d%d", &a, &b, &c);
        switch(a) {
            case 1: merge(u, b, c); break;
            case 2: printf("%s\n", find(u, b) == find(u, c) ?"Yes" : "No"); break;
        }
    }
    clear(u);
    return 0;
}
```

9.1.3 树状数组

树状数组是一个查询和修改复杂度都为 $\log(n)$ 的数据结构,假设数组 $a[1..n]$,那么查询 $a[1]+a[2]+\cdots+a[n]$ 的时间是 $\log$ 级别的,而且是一个在线的数据结构,支持随时修改某个元素的值,复杂度也为 $\log$ 级别。

在讲树状数组之前,先了解一下什么是前缀和。如果 a 数组是原数组,S 是前缀和数组,那么 S_i 等于 a 数组 i 位置之前的和。

前缀和数组有以下三种操作。

（1）初始化：前缀和在初始化时,时间复杂度为 $O(n)$,顺序扫描原数组即可。前缀和在初始化时用到的公式为 $S_i = S_i - 1 + a_i$;这样我们就构造了一个 a 数组的前缀和数组,如图 9-5 所示。

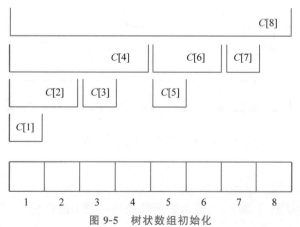

图 9-5 树状数组初始化

（2）查询区间和：前缀和数组用来查询区间和的时候，对于 a 数组来说，i 到 j 的所有元素的和，即 $S[j]-S[i]$，就是元素数组的区间和，这个操作的时间复杂度为 $O(1)$，如图 9-6 所示。

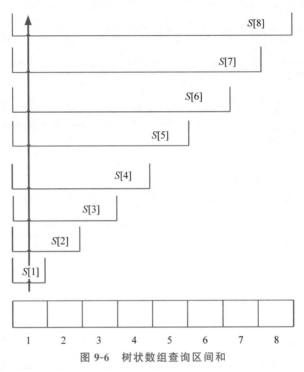

图 9-6　树状数组查询区间和

（3）单点修改：时间复杂度为 $O(n)$，需要修改 $S[i]\sim S[n]$ 的所有值。单点修改前缀和数组慢，因为 $S[i]$ 的值与之前原数组中的所有项都有关系。优化方法，弱化这种关系，即可加快单点修改速度，当然也会丧失部分查询速度，可这种取舍是值得的，如图 9-7 所示。

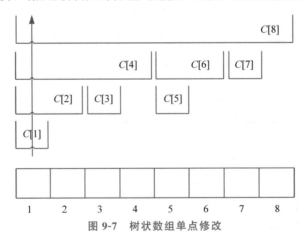

图 9-7　树状数组单点修改

在看弱化之前，先看一个函数——lowbit()函数。

1. 定义

lowbit(i)：代表 i 这个数字，二进制表示的最后一位 1 的位权。

例如：

lowbit(8)=(1000)=8；　lowbit(6)=(0110)=2；

lowbit(12)=(1100)=4；　lowbit(7)=(111)=1；

lowbit(x)=x & (-x)。

2. 利用 lowbit() 函数优化前缀和数组，即树状数组

lowbit(i)：$C[i]$ 代表前 lowbit(i) 的和。

例如：

lowbit(10)=2,$C[10]=a[10]+a[9]$；

lowbit(12)=4,$C[12]=a[12]+a[11]+a[10]+a[9]$。

对比树状数组和前缀和数组，可以发现，原来的前缀和数组想修改原数组第二个值时，得改掉所有第二个位置后的值，现在用树状数组，我们要改第二个位置的值时，只改树状数组上三个位置的值——$C[2]$,$C[4]$,$C[8]$。

之前计算前七位的和 $S[7]$ 时，直接取前 7 位的和，在树状数组中，前七位的和就是 $C[4]+C[6]+C[7]$。

3. 树状数组的基本操作

1）前缀和查询

$$S[i]=S[I-\text{lowbit}(i)]+C[i]$$

如图 9-8 所示，$S[7]=S[6]+C[7]=S[4]+C[6]+C[7]=C[4]+C[6]+C[7]$，求 $S[12]$。

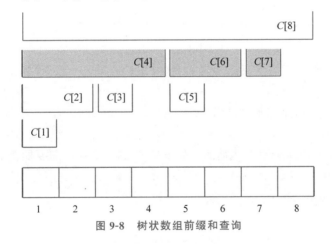

图 9-8　树状数组前缀和查询

答案：$S[12]=C[8]+C[12]$。

树状数组前缀和查询的时间复杂度是 $O(\log n)$。

2）单点修改：当修改 $A[j]$ 位置上的值时，首先需要更新的是 $C[j]$ 的值，之后应该更新哪个值？也就是找到 $C[j]$ 上面的区间。

如图 9-9 所示，如果更新原数组 $A[5]$ 的值，那么需要更新 $C[5]$,$C[6]$,$C[8]$ 这 3 个点的值。

性质 1：$C[j+k]$ 当 $k<\text{lowbit}(j)$ 时，$C[j+k]$ 区间不包含 $C[j]$ 区间。

证明 1：

易得

$$\text{lowbit}(j + k) <= k$$

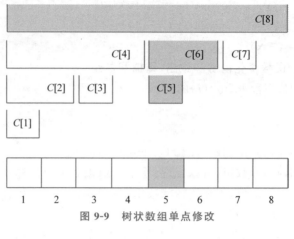

图 9-9　树状数组单点修改

$$j + k - \text{lowbit}(j + k) >= j + k - k$$
$$j + k - \text{lowbit}(j + k) >= j$$

性质 2：$C[j + k]$当 $k = \text{lowbit}(j)$ 时，$C[j + k]$区间包含 $C[j]$ 区间

证明 2：

易得

$$\text{lowbit}(j + k) > k$$
$$j + k - \text{lowbit}(j + k) < j + k - k$$
$$j + k - \text{lowbit}(j + k) < j$$

在进行单点修改时，$A[j]$发生改变时，当修改完 $C[j]$，下一个应该修改 $C[j + \text{lowbit}(j)]$。

例如：

更新原数组 $A[5]$的值，需要更新：$C[5]$，$5 + \text{lowbit}(5) = 6$，$C[6]$，$6 + \text{lowbit}(6) = 8$，$C[8]$这三个点的值。

总结：当进行前缀和查询时，当前的点如果是 j 点，那么前面需要加上 $j - \text{lowbit}(j)$ 这个位置的值。所以，在进行统计时向前统计，修改时向后修改。统计时每次迭代 $j - \text{lowbit}(j)$，修改时每次修改 $j + \text{lowbit}(j)$。

关键词：

$\text{lowbit}(x)$函数，求数字 x 中二进制表示的最后一位 1。

查询操作，维护前缀和码向前统计，$i - \text{lowbit}(i)$。

更新操作，更新单点的值，向后更新，$i + \text{lowbit}(i)$。

例题：弱化的整数问题。

问题描述：

给定长度为 $N(N \leqslant 100000)$的序列 $A_i(0 \leqslant A_i \leqslant 100000)$，然后输入 $m(m \leqslant 105)$行操作指令。

第一类指令形如 C l r d$(1 \leqslant l \leqslant r \leqslant N)$，表示把数列中的第 $l \cdots r_1 \cdots r$ 之间的数都加 $d(0 \leqslant d \leqslant 100000)$。

第二类指令形如 $Q_x(x \leqslant N)$，表示询问序列中第 x 个数的值。

输入：

第一行输入一个整数 N，代表序列 A 的长度；

第二行是由空格隔开的 N 个数，分别代表 $A_1, A_2, \cdots, A_n$；

接下来一行是一个整数 m，代表操作的次数。

接下来 m 行，每行代表一条指令，如题目所述。

输出：

对于每次 Q 查询，输出一行为查询的值。

输入样例 1：

```
5
1 5 3 2 4
2
C 1 5 1
Q 3
```

输出样例 1：

```
4
```
数据规模与限定

时间限制：1s

内存限制：64 M

参考答案：

```cpp
#include <iostream>
#include <cstdio>
#include <cstdlib>
#include <cstring>
using namespace std;
#define MAX_N 100000
int c[MAX_N + 5];
inline int lowbit(int x) { return x & (-x); }
void add(int x, int val, int n) {
    while (x <= n) c[x] += val, x += lowbit(x);
}
int query(int x) {
    int sum = 0;
    while (x) sum += c[x], x -= lowbit(x);
    return sum;
}

int main() {
    int n, m, pre = 0, now;
    char str[10];
    cin >> n;
    for (int i = 1; i <= n; i++) {
        cin >> now;
        add(i, now - pre, n);
        pre = now;
```

```
    }
    cin >> m;
    for (int i = 0; i < m; i++) {
        cin >> str;
        switch (str[0]) {
            case 'C': {
                int a, b, c;
                cin >> a >> b >> c;
                add(a, c, n);
                add(b + 1, -c, n);
            } break;
            case 'Q': {
                int x;
                cin >> x;
                cout << query(x) << endl;
            }
        }
    }
    return 0;
}
```

9.2 红 黑 树

红黑树(red black tree)是一种自平衡二叉查找树,是一种高效的查找树,是在计算机科学中用到的一种数据结构,典型的用途是实现关联数组。红黑树和 AVL 树类似,都是在进行插入和删除操作时通过特定操作保持二叉查找树的平衡,从而获得较高的查找性能。它虽然是复杂的,但它的最坏情况运行时间也是非常良好的,并且在实践中是高效的:它可以在 $O(\log n)$ 时间内进行查找、插入和删除操作,这里的 n 是树中元素的数目。二叉树本身就是一个递归的概念。C++ STL 库中的 map、set 底层实现就是红黑树。了解平衡二叉树的平衡条件和调整策略有助于学习本节知识。

难点:

(1) 对平衡条件的理解;

(2) 对调整策略的理解。

树的旋转操作分为左旋和右旋,左旋是将某个结点旋转为其右孩子的左孩子,而右旋是将某个结点旋转为其左孩子的右孩子。这话听起来有点绕,请看图 9-10。

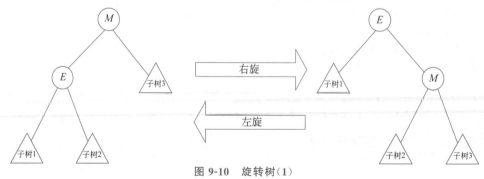

图 9-10　旋转树(1)

图 9-10 包含了左旋和右旋的示意图，这里以右旋为例进行说明。右旋结点 M 的步骤如图 9-11 所示。

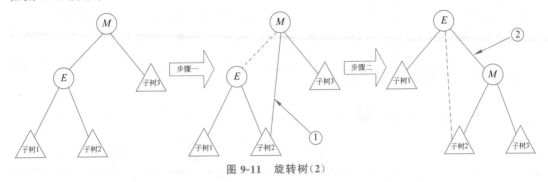

图 9-11   旋转树（2）

步骤一：将结点 M 的左孩子引用指向结点 E 的右孩子。

步骤二：将结点 E 的右孩子引用指向结点 M，完成旋转。

红黑树的平衡条件：

（1）每个结点非黑即红；

（2）根结点是黑色；

（3）叶子结点是黑色；

（4）如果一个结点为红色，则它的两个子结点都是黑色；

（5）从根结点出发到所有叶子结点路径上，黑色结点数量相同。

9.2.1   红黑树的调整策略

（1）插入调整站在祖父结点看；

（2）删除调整站在父结点看；

（3）插入、删除的情况处理一共 5 种。

1. 插入调整

红黑树的插入过程和二叉查找树的插入过程基本类似，不同的地方在于，红黑树插入新结点后，需要进行调整，以满足红黑树的性质。性质（1）规定红黑树结点的颜色要么是红色，要么是黑色，那么，在插入新结点时，这个结点应该是红色，还是黑色呢？答案是红色，原因也不难理解。如果插入的结点是黑色，那么这个结点所在路径比其他路径多出一个黑色结点，这个调整起来会比较麻烦。如果插入的结点是红色，此时所有路径上的黑色结点数量不变，仅可能出现两个连续红色结点的情况。

接下来分析插入红色结点后红黑树的情况。这里假设要插入的结点为 N，N 的父结点为 P，祖父结点为 G，叔叔结点为 U。插入红色结点后，会出现 5 种情况，分别如下。

情况一：

插入的新结点 N 是红黑树的根结点，这种情况下，我们把结点 N 的颜色由红色变为黑色，性质（2）满足。同时，N 被染成黑色后，红黑树所有路径上的黑色结点数量增加一个，性质（5）满足。

情况二：

N 的父结点是黑色，这种情况下，性质（4）和性质（5）没有受到影响，不需要调整，如图 9-12 所示。

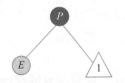

彩图 9-12

图 9-12   红黑树插入情况二

情况三：

若 N 的父结点是红色，则其祖父结点必然为黑色，叔叔结点 U 也是红色。因为 P 和 N 均为红色，所以递归插入到 N 时性质（4）不满足，此时需要回溯进行调整。这种情况下，先将 P 和 U 的颜色染成黑色，再将 G 的颜色染成红色，此时经过 G 的路径上的黑色结点数量不变，性质（5）仍然满足。但需要注意的是，G 被染成红色后，可能 G 和它的父结点形成连续的红色结点，此时需要向上继续调整，如图 9-13 所示。

彩图 9-13

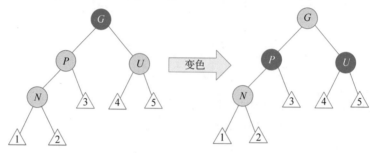

图 9-13　红黑树插入情况三

情况四：

N 的父结点为红色，叔叔结点为黑色。结点 N 是 P 的右孩子，且结点 P 是 G 的左孩子，此时先对结点 P 进行左旋，调整 N 与 P 的位置。接下来按照情况五进行处理，以恢复性质（4），如图 9-14 所示。

彩图 9-14

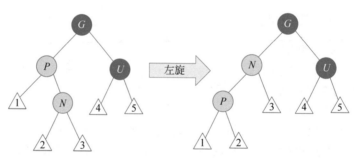

图 9-14　红黑树插入情况四

这里需要特别说明一下，图 9-14 中的结点 N 并非新插入的结点。当 P 为红色时，P 有两个孩子结点，且孩子结点均为黑色，这样，从 G 出发到各叶子结点路径上的黑色结点数量才能保持一致。既然 P 已经有两个孩子了，所以 N 不是新插入的结点。情况四是在以 N 为根结点的子树中插入了新结点，经过调整后，导致 N 变为红色，进而导致情况四出现。考虑下面这种情况（P_R 结点就是图 9-14 中的 N 结点）：

如图 9-15 所示，插入结点 N 并按情况三处理。此时 P_R 被染成红色，与 P 结点形成连续的红色结点，这个时候就需按情况四再次进行调整。

情况五：

N 的父结点为红色，叔叔结点为黑色。N 是 P 的左孩子，且结点 P 是 G 的左孩子。此时对 G 进行右旋，调整 P 和 G 的位置，并互换颜色。经过调整后，性质（4）被恢复，同时也未破坏性质（5），如图 9-16 所示。

插入总结如下。

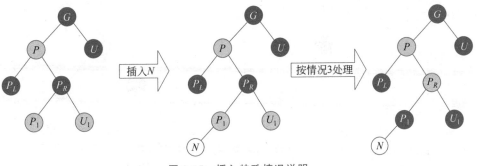

图 9-15　插入特殊情况说明

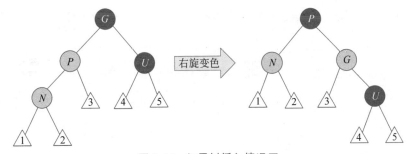

图 9-16　红黑树插入情况五

上面 5 种情况中,情况一和情况二比较简单,情况三、四、五稍复杂。但如果细心观察,会发现这三种情况的区别在于叔叔结点的颜色,如果叔叔结点为红色,直接变色即可。如果叔叔结点为黑色,则需要选择,再交换颜色。当把这三种情况的图画在一起区别,就比较容易观察了,如图 9-17 所示。

2. 删除调整

红黑树删除的思想可归类为删除结点的颜色是红色和黑色,待删除结点的度为多少(有几个孩子)?

删除操作首先要确定待删除结点有几个孩子,若有两个孩子,则不能直接删除该结点。而是先找到该结点的前驱(该结点左子树中最大的结点)或者后继(该结点右子树中最小的结点),然后将前驱或者后继的值复制到要删除的结点中,最后再将前驱或后继删除。由于前驱和后继至多只有一个孩子结点,这样我们就把原来要删除的结点有两个孩子的问题转换为只有一个孩子结点的问题。

如果删除的是红色结点,红色结点度为 0 时直接删除结点,红色结点度为 1 时直接拿其孩子结点补空位即可。红色结点度为 2 时可尝试寻找前驱或者后继转换成度为 1 的方法。

如果删除的结点是黑色,则需要考虑删除结点的子结点是什么颜色。当删除黑色结点时,经过该结点的路径上的黑结点数量少了一个,破坏了性质(5)。如果该结点的孩子为红色,直接拿孩子结点替换被删除的结点,并将孩子结点染成黑色,即可恢复性质(5)。但如果孩子结点为黑色,则又可分为 6 种情况。

在展开说明之前,先做一些假设,以方便说明。这里假设最终被删除的结点为 X(至多只有一个孩子结点),其孩子结点为 N,X 的兄弟结点为 S,S 的左结点为 S_L,右结点为 S_R。接下来的讨论是建立在结点 X 被删除,结点 N 替换 X 基础上的。这里特别说明被删除的

算法　数学应用与竞赛案例解析

图 9-17

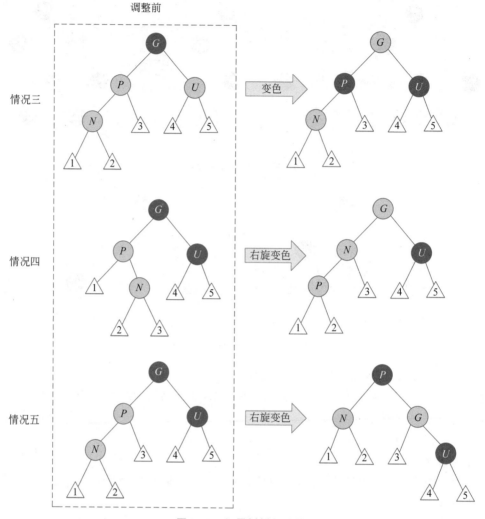

情况三

情况四

情况五

图 9-17　红黑树插入总结

结点 X，原因是为了防止大家误以为结点 N 会被删除，不然后面就看不明白。

情况一：

如图 9-18 所示，要删除的结点 X 是根结点，且左、右孩子结点均为空结点，此时将结点 X 用空结点替换完成删除操作。

彩图 9-18

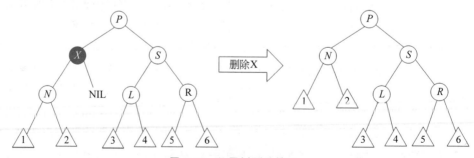

图 9-18　红黑树删除情况一

情况二：

S 为红色,其他结点为黑色。在这种情况下可以对 N 的父结点进行左旋操作,然后互换 P 与 S 的颜色。但这并未结束,经过结点 P 和 N 的路径删除前有 3 个黑色结点($P \to X \to N$),现在只剩两个($P \to N$),比未经过 N 的路径少一个黑色结点,性质 5 仍不满足,还需要继续调整。不过,此时可以按照情况四、五、六进行调整,如图 9-19 所示。

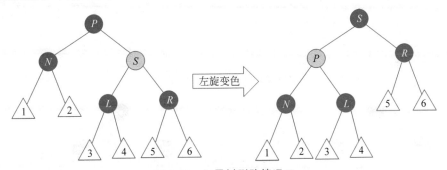

彩图 9-19

图 9-19　红黑树删除情况二

情况三：

N 的父结点,兄弟结点 S 和 S 的孩子结点均为黑色。这种情况下可以简单地把 S 染成红色,所有经过 S 的路径比之前少了一个黑色结点,这样经过 N 的路径和经过 S 的路径黑色结点数量一致了。但经过 P 的路径比不经过 P 的路径少一个黑色结点,此时需要从情况一开始对 P 进行平衡处理,如图 9-20 所示。

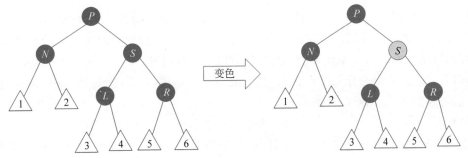

彩图 9-20

图 9-20　红黑树删除情况三

情况四：

N 的父结点是红色,兄弟结点 S 和 S 的孩子结点均为黑色。这种情况比较简单,只交换 P 和 S 颜色即可。这样,所有通过 N 的路径上增加了一个黑色结点,所有通过 S 的结点的路径必然也通过 P 结点,由于 P 与 S 只是互换颜色,因此并不影响这些路径,如图 9-21 所示。

情况五：

S 为黑色,S 的左孩子结点颜色为红色,右孩子结点颜色为黑色。N 的父结点颜色可红可黑,且 N 是 P 结点的左孩子。这种情况下对 S 进行右旋操作,并互换 S 和 L 的颜色。此时,所有路径上的黑色数量仍然相等,N 的兄弟结点由 S 变为 L,而 L 的右孩子变为红色,如图 9-22 所示。接下来到情况六继续分析。

情况六：

S 为黑色,S 的右孩子结点颜色为红色。N 的父结点颜色可红可黑,且 N 是其父结点

彩图 9-21

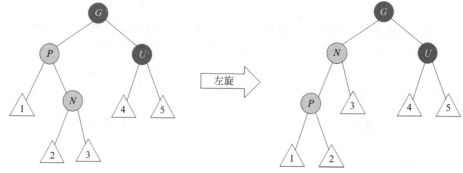

图 9-21　红黑树删除情况四

彩图 9-22

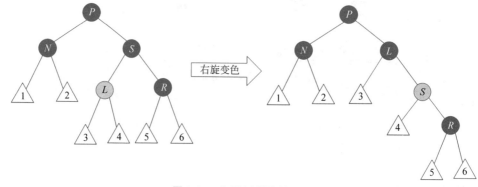

图 9-22　红黑树删除情况五

的左孩子。这种情况下,对 P 进行左旋操作,并互换 P 和 S 的颜色,并将 S、R 变为黑色。因为 P 变为黑色,所以经过 N 的路径多了一个黑色结点,经过 N 的路径上的黑色结点与删除前的数量一致。对于不经过 N 的路径,有以下两种情况:

该路径经过 N 新的兄弟结点 S、L,那它之前必然经过 S 和 P。而 S 和 P 现在只是交换颜色,对经过 S、L 的路径没影响。

该路径经过 N 新的叔叔结点 S、R,那它之前必然经过 P、S 和 R,而现在它只经过 S 和 R。对 P 进行左旋,并与 S 换色后,经过 S、R 的路径少了一个黑色结点,性质(5)被打破。另外,由于 S 的颜色可红可黑,如果 S 是红色,则会与 S、R 形成连续的红色结点,打破性质(4)(每个红色结点必须有两个黑色的子结点)。此时仅将 S、R 由红色变为黑色即可同时恢复性质(4)和性质(5)(从任一结点到其每个叶子的所有简单路径都包含相同数目的黑色结点),如图 9-23 所示。

彩图 9-23

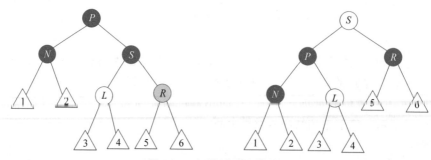

图 9-23　红黑树删除情况六

删除总结如下。

红黑树是一种重要的二叉树,应用广泛,但其在很多数据结构相关的书本中出现的次数并不多。很多书中要么不说,要么就一笔带过,并不会详细分析,这可能因为红黑树比较复杂。

9.2.2 参考程序

```c
#include <stdio.h>
#include <stdlib.h>
#define RED 0
#define BLACK 1
#define DOUBLE_BLACK 2

typedef struct Node {
    int key, color; // 0 red, 1 black, 2 double black
    struct Node * lchild, * rchild;
} Node;

Node _NIL, * const NIL = & _NIL;

__attribute__((constructor))
void init_NIL() {
    NIL->key = 0;
    NIL->lchild = NIL->rchild = NIL;
    NIL->color = BLACK;
    return ;
}

Node * getNewNode(int key) {
    Node * p = (Node * )malloc(sizeof(Node));
    p->key = key;
    p->lchild = p->rchild = NIL;
    p->color = RED;
    return p;
}

int hasRedChild(Node * root) {
    return root->lchild->color == RED || root->rchild->color == RED;
}

Node * left_rotate(Node * root) {
    Node * temp = root->rchild;
    root->rchild = temp->lchild;
    temp->lchild = root;
    return temp;
}

Node * right_rotate(Node * root) {
    Node * temp = root->lchild;
    root->lchild = temp->rchild;
```

```
        temp->rchild = root;
        return temp;
}

Node * insert_maintain(Node * root) {
    if (!hasRedChild(root)) return root;
    if (root->lchild->color == RED && root->rchild->color == RED) {
        if (!hasRedChild(root->lchild) && !hasRedChild(root->rchild)) return
root;
        goto insert_end;
    }
    if (root->lchild->color == RED) {
        if (!hasRedChild(root->lchild)) return root;
        if (root->lchild->rchild->color == RED) {
            root->lchild = left_rotate(root->lchild);
        }
        root = right_rotate(root);
    } else {
        if (!hasRedChild(root->rchild)) return root;
        if (root->rchild->lchild->color == RED) {
            root->rchild = right_rotate(root->rchild);
        }
        root = left_rotate(root);
    }
    insert_end:
    root->color = RED;
    root->lchild->color = root->rchild->color = BLACK;
    return root;
}

Node * __insert(Node * root, int key) {
    if (root == NIL) return getNewNode(key);
    if (root->key == key) return root;
    if (root->key > key) root->lchild = __insert(root->lchild, key);
    else root->rchild = __insert(root->rchild, key);
    return insert_maintain(root);
}

Node * insert(Node * root, int key) {
    root = __insert(root, key);
    root->color = BLACK;
    return root;
}

Node * predeccessor(Node * root) {
    Node * temp = root->lchild;
    while (temp->rchild != NIL) temp = temp->rchild;
    return temp;
}
```

```
Node * erase_maintain(Node * root) {
    if (root->lchild->color != DOUBLE_BLACK && root->rchild->color != DOUBLE_
BLACK) return root;
    if (root->rchild->color == DOUBLE_BLACK) {
        if (root->lchild->color == RED) {
            root->color = RED;
            root->lchild->color = BLACK;
            root = right_rotate(root);
            root->rchild = erase_maintain(root->rchild);
            return root;
        }
        if (!hasRedChild(root->lchild)) {
            root->color += 1;
            root->lchild->color -= 1;
            root->rchild->color -= 1;
            return root;
        }
        if (root->lchild->lchild->color != RED) {
            root->lchild->rchild->color = BLACK;
            root->lchild->color = RED;
            root->lchild = left_rotate(root->lchild);
        }
        root->lchild->color = root->color;
        root->rchild->color -= 1;
        root = right_rotate(root);
        root->lchild->color = root->rchild->color = BLACK;
    } else {
        if (root->rchild->color == RED) {
            root->color = RED;
            root->rchild->color = BLACK;
            root = left_rotate(root);
            root->lchild = erase_maintain(root->lchild);
            return root;
        }
        if (!hasRedChild(root->rchild)) {
            root->color += 1;
            root->lchild->color -= 1;
            root->rchild->color -= 1;
            return root;
        }
        if (root->rchild->rchild->color != RED) {
            root->rchild->lchild->color = BLACK;
            root->rchild->color = RED;
            root->rchild = right_rotate(root->rchild);
        }
        root->rchild->color = root->color;
        root->lchild->color -= 1;
        root = left_rotate(root);
        root->lchild->color = root->rchild->color = BLACK;
    }
```

```
        return root;
    }

Node * __erase(Node * root, int key) {
    if (root == NIL) return root;
    if (root->key > key) {
        root->lchild = __erase(root->lchild, key);
    } else if (root->key < key) {
        root->rchild = __erase(root->rchild, key);
    } else {
        if (root->lchild == NIL || root->rchild == NIL) {
            Node * temp = root->lchild == NIL ? root->rchild : root->lchild;
            temp->color += root->color;
            free(root);
            return temp;
        } else {
            Node * temp = predeccessor(root);
            root->key = temp->key;
            root->lchild = __erase(root->lchild, temp->key);
        }
    }
    return erase_maintain(root);
}

Node * erase(Node * root, int key) {
    root = __erase(root, key);
    root->color = BLACK;
    return root;
}

Node * erase (Node * root, int key) {
    root = __erase(root, key) ;
    root ->color = BLACK;
    return root;

}

void clear (Node * root ,int key ) {
    root = __erase (root ,key ) {
        root->color =BLACK;
        return root;
    }
}

void clear(Node * root) {
    if (root == NIL) return ;
    clear(root->lchild);
    clear(root->rchild);
    free(root);
    return ;
```

```
    }

    void 输出 (Node * root) {
        if (root == NIL) return ;
        printf("%d [%d, %d] %s\n",
                root->key,
                root->lchild->key,
                root->rchild->key,
                root->color ?"BLACK" : "RED"
            );
        输出 (root->lchild);
        输出 (root->rchild);
        return ;
    }

    int main() {
        int op, val;
        Node * root = NIL;
        while (~scanf("%d%d", &op, &val)) {
            switch (op) {
                case 1: root = insert(root, val); break;
                case 2: root = erase(root, val); break;
            }
            输出 (root);
        }
        return 0;
    }
```

9.3　实　例　演　示

9.3.1　人工湖公路

问题描述：

有一个湖,它的周围都是城市,但是由于水路不发达,所以在城市间来往都是靠陆地交通。很奇怪,每一个城市都只和与它相邻的城市建有公路,假设有 n 个城市,编号依次是 1 到 n,那么编号为 i 的城市只和 $i\%n+1$,$(i-2+n)\%n+1$ 两个城市有公路相连。公路是双向的,有的公路已坏,但是有的公路又会被工人修好。现在有人向你询问某两个城市是否可以互相到达。

输入：

第一行有两个数 n 和 m($2 \leqslant n \leqslant 100000$ 和 $1 \leqslant m \leqslant 100000$),分别代表城市的数目和询问次数,接下来有 m 行,每一行一个标志数 f 和两个城市的编号 x,y。

当 $f=0$ 时,如果 x,y 之间的公路是好的,则 x,y 之间的公路会坏掉,否则 x,y 之间的公路将被修好。

当 $f=1$ 时,代表那个人要向你询问 x,y 之间是否可以相互到达。

输入到文件结束。

输出：

对于每次询问，若 x,y 互相可以到达，则输出 YES，否则输出 NO。每个输出占一行。

输入样例：

```
5 10
1 2 5
0 4 5
1 4 5
0 2 3
1 3 4
1 1 3
0 1 2
0 2 3
1 2 4
1 2 5
```

输出样例：

```
YES
YES
YES
NO
YES
NO
```

解题思路：

（1）这个题看似用一个搜索就可以解决，确实是可以得出正确答案，因为是否可以到达两个城市，无非有两种情况，画上圆后编号，顺时针走过去或者逆时针走过去，只要广度优先搜索就可以了，但是因为数据范围超限，故这种方法是行不通的。

（2）这些城市之间的公路很奇怪，只有相邻的两个城市之间有公路，我们用 1 表示当前公路和它的下一条公路相连，用 0 表示不相连，那么，要知道两个城市是否相连，只要知道它们之间顺时针的 1 的个数是否等于它们之间顺时针间的城市个数就可以了，或者只要知道逆时针的 1 的个数是否等于它们之间逆时针间的城市个数就可以了。这时可采用快速求和的方法，如树状数组。

用一个数组记录当前这个城市是否和它的下一个城市相连，若相连，则将数组设置为 1，否则设置为 0，数组的第 n 个元素表示当前这个城市是否和第 1 个城市相连。这样就可以在询问两个城市是否相连时快速求出和了，但是需要求两次，若顺时针可以到达或者是逆时针可以到达，则是可以到达的，否则是不可以到达的。

参考程序：

```c
#include<stdio.h>
#include<string.h>
int c[100001],ma[100001];
int lowbit(int t)                        //位运算
{
    return t&(-t);
}
void insert(int k,int d,int max)
{
```

```
    while(k<=max)
    {
        c[k]+=d;
        k=k+lowbit(k);
    }
}

int getsum(int k)                      //快速求和
{
    int t=0;
    while(k>0)
    {
        t+=c[k];
        k-=lowbit(k);
    }
    return t;
}
int main()
{
    int i,j,k,t,n;
    while(scanf("%d%d",&n,&k)!=EOF)
    {
        memset(c,0,sizeof(c));         //将 c 数组初始化
        for(i=1;i<=n;i++)              //起初任意城市间的公路都是完好的
        {
            insert(i,1,n);
            ma[i]=1;                   //ma 数组记录当前城市是否和下一个城市相连
        }
        while(k--)
        {
            int a,b,f;
            scanf("%d%d%d",&f,&a,&b);
            if(f==0)                   //若是好的公路,则毁坏;若是坏的公路,则修好
            {
                if(a>b) {t=a;a=b;b=t;}
                if(b==n&&a--1)
                {
                    if(ma[b]==1)
                    {
                        insert(b,-1,n);
                        ma[b]=0;
                    }
                    else
                    {
                        insert(b,1,n);
                        ma[b]=1;
                    }
                }
                else
                {
```

```
                    if(ma[a]==1)
                    {
                        insert(a,-1,n);
                        ma[a]=0;
                    }
                    else
                    {
                        insert(a,1,n);
                        ma[a]=1;
                    }
                }
            }
            if(f==1)                    //询问是否可以到达
            {
                if(a>b) {t=a;a=b;b=t;}
                int t1,t2,t3,t4;
                t1=getsum(a-1);t2=getsum(b-1);
                int flag=0;
                if(t2-t1==b-a)              //判断顺时针是否可以到达
                {
                    flag=1;
                    printf("YES\n");
                }
                if(!flag)                  //判断逆时针是否可以到达
                {
                    t3=getsum(n)-t2;
                    if(t3+t1==n-b+a)
                    {
                        printf("YES\n");
                        flag=1;
                    }
                }
                if(!flag)
                printf("NO\n");
            }
        }
    }
}
```

9.3.2　宗教信仰问题

问题描述：

假设你所在大学有 n 个学生($0 < n \leqslant 50000$)。若直接问每个学生的宗教信仰是什么不大合适。此外,许多学生不太愿意说出自己的信仰。有一种方法可避免这个问题,询问 m ($0 \leqslant m \leqslant n * (n-1) / 2$)对学生是否信仰同一种宗教(比如,可以询问他们是否都去同一教堂)。从这个数据可能看不出每个人的宗教信仰,但是可以知道有多少种宗教信仰。可以假设每个学生最多信仰一个宗教。

输入：

输入包含多组测试数据。每组测试数据的开头都包含两个整数 n 和 m。接下来有 m 行，每行有两个整数 i 和 j，编号为 i 和 j 的同学信仰同一宗教。学生的编号从 1 开始到 n。当输入 $n=0,m=0$ 标志输入结束。

输出：

每组测试数据的输出只有一行，包含数据的组别（从 1 开始）和学生最多信仰的宗教数。

输入样例：

```
10 9
1 2
1 3
1 4
1 5
1 6
1 7
1 8
1 9
1 10
10 4
2 3
4 5
4 8
5 8
0 0
```

输出样例：

```
Case 1: 1
Case 2: 7
```

解题思路：

（1）本题可视为已知点的关联关系，依照关联关系将所有点划分成不同点的集群，求解最终集群数量的问题。

（2）未在输入中出现编号的人，可将其视为各自拥有不同的宗教信仰，以保证集群数量最大，这是本题需考虑的一个关键点。

这是一道并查集的基础题，只要掌握并查集的基本概念就能轻松解题，解题中将每个人抽象为结点来讨论，具体解题步骤如下。

（1）首先将每个结点视为根结点，初始化使每个结点的父结点都是本身。

（2）如果要使不同的宗教信仰最多，就假设初始时每个人的宗教信仰不同，那么最大宗教信仰数目 sum 就是人数了，即 sum＝n。

（3）每输入一对宗教信仰相同的人，并且这对人当前属于不同集合，最大宗教信仰数 sum 减一。

（4）当所有输入都结束后，sum 的值就是问题答案了。

参考程序：

```
#include<stdio.h>
int f[50000],sum;
```

```
int find(int x)
{
    if(f[x]!=x)
        f[x]=find(f[x]);
    return f[x];
}
void make(int a,int b)                    //并查集的并操作函数
{
    int f1=find(a);
    int f2=find(b);
    if(f1!=f2)
    {
        f[f2]=f1;
        sum--;                            //若 a 与 b 属于不同的集群,则最大集群数减一
    }
}
int main()
{
    int n,m,p=1,i;
    while(scanf("%d%d",&n,&m)!=EOF)
    {
        if(n==0&&m==0)break;
        for(i=1;i<=n;i++)
            f[i]=i;
        sum=n;
        for(i=1;i<=m;i++)
        {
            int a,b;
            scanf("%d%d",&a,&b);
            make(a,b);
        }
        printf("Case %d: %d\n",p++,sum);
    }
}
```

9.3.3　无线网络

问题描述:

东南亚发生了一场地震,ICPC 组织通过计算机建立的无线网络遭到毁灭性的影响——网络中所有的计算机都损坏了。在陆续维修计算机之后,无线网络又逐渐开始运作。由于硬件的制约,每两台计算机只有保持不超过 d 米的距离,才可以直接进行通信。但是每台计算机又可以作为其他两台计算机通信的中介点,也就是说,假设 A 计算机与 B 计算机不在能直接通信的范围内,但是它们可以通过同时能与 A 和 B 计算机通信的 C 计算机建立间接通信关系。

在维修过程中,维修者可以进行两种操作:维修一台计算机或者检测两台计算机之间是否能够通信。你的任务就是解答每一次的检测操作。

输入:

第一行包含两个整数 N 和 $d(1 \leqslant N \leqslant 1001, 0 \leqslant d \leqslant 20000)$。$N$ 表示计算机的数量,计算机编号从 1 开始到 N,d 为两台能直接通信的计算机所需保持距离的最大值。在接下来的 N 行,每行包含两个整数 $x_i, y_i (0 \leqslant x_i, y_i \leqslant 10000)$,表示 N 台计算机的坐标。接下来的一系列的输入都表示维修者的操作,每种操作都是以下两种中的一种。

1. "O p" $(1 \leqslant p \leqslant N)$,表示维修第 p 台计算机。

2. "S p q" $(1 \leqslant p, q \leqslant N)$,表示检测 p 与 q 计算机是否能够通信。

输入不超过 300000 行。

输出:

对于每组检测操作,若两台计算机能进行通信,则输出 SUCCESS,否则输出 FAIL。

输入样例:

```
4 1
0 1
0 2
0 3
0 4
O 1
O 2
O 4
S 1 4
O 3
S 1 4
```

输出样例:

```
FAIL
SUCCESS
```

解题思路:

(1) 本题的基本解题方法是通过并查集划分集合,根据每对点(每对计算机)的从属关系判断点(计算机)是否连通(通信)。

(2) 需根据计算机的通信范围确定每对计算机是否可以直接通信。

(3) 需注意的是,必须保证可以进行通信的每对计算机是完好无损的。

本题只要能正确建图(建立计算机间是否通信的关系),再通过并查集的知识就可以解题了,注意初始时每台计算机都是损坏的。解题步骤如下。

(1) 输入每个点的坐标后,首先根据计算机的通信范围建立每对计算机的连通关系。

(2) 当输入的操作为维修时,就将本台计算机标记为完好的,并将其与所有与其可以通信的且完好的计算机进行并操作,那么可通信的计算机都在同一棵树中,具有相同的根结点。

(3) 当输入的操作为询问时,若两台计算机具有相同的根结点,则可通信,否则不可通信。

参考程序:

```
#include<stdio.h>
#include<string.h>
```

```
#include<stdlib.h>
#include<math.h>
int map[1005][1005];
int mul(int x)                          //求平方数的函数
{
    return x * x;
}
int f[1005];
int find(int x)
{
    if(f[x]!=x)
        f[x]=find(f[x]);
    return f[x];
}
void make(int a,int b)
{
    int f1=find(a);
    int f2=find(b);
    if(f1!=f2)
        f[f2]=f1;
}
void check(int a,int b)                 //检验 a 与 b 是否连通并输出的函数
{
    int f1=find(a);
    int f2=find(b);
    if(f1==f2)
    {
        printf("SUCCESS\n");
        return ;
    }
    printf("FAIL\n");
}
int main()
{
    int n,flag[1005];                   //flag 数组用于标记计算机是否完好
    double d;
    memset(map,0,sizeof(map));
    memset(flag,0,sizeof(flag));
    scanf("%d%lf",&n,&d);
    int x[1005],y[1005],i,j,k;
    for(i=1;i<=n;i++)
        scanf("%d%d",&x[i],&y[i]);
    for(i=1;i<=n;i++)
        f[i]=i;
    for(i=1;i<n;i++)                    //用两层 for 循环对可直接通信的两台计算机进行标记
        for(j=i+1;j<=n;j++)
            if(sqrt((double)(mul(x[i]-x[j])+mul(y[i]-y[j])))<=d)
            {
                map[i][j]=1;
```

```
                map[j][i]=1;
            }
char s[5];
int a,b;
while(scanf("%s",s)!=EOF)
{
    if(strcmp(s,"O")==0)
    {
        scanf("%d",&a);
        flag[a]=1;
        for(i=1;i<=n;i++)
            if(map[i][a]&&flag[i])
                make(a,i);      //将可直接通信的并且完好的计算机合并为同一个集合
    }
    else
    {
        scanf("%d%d",&a,&b);
        check(a,b);             //判断并输出结果
    }
}
}
```

第 **10** 章

数 论

数学(math)在计算机科学中的应用非常广泛,是程序设计的一门辅助学科,有人这样说过:"一切计算机问题终归于数学问题!",而数论是一个非常庞大的数学分支,对于程序设计来说很重要,但它不是程序设计的全部,本章将讨论几类数论问题,并用程序实现它们。

10.1 质 数 查 找

质数(prime number)又称素数,有无限个。一个大于 1 的自然数,除 1 和它本身外,不能被其他自然数整除,换句话说就是,若该数除 1 和它本身外,不再有其他的因数,则称之为质数或素数;否则称之为合数。最小的质数是 2。目前为止,人们未找到一个公式可求出所有质数。

那么,在程序中怎么找出一定范围内的质数并得到其数量呢?

最简单的方法是:从 2 开始,范围内的每个数都除以比它小的数,如果余数为 0 的只有 1 个(即 1),那么这个数就是素数,代码实现如下。

```java
public class prime {
    public static void main(String[] args) {
        int n=100;                          //查找范围为 100 内的数字
        int sum = 0;                        //素数(质数)总和
        for(int i=1;i<=n;i++){
            int a = 0;
            for(int j=1;j<i;j++){
                if (i%j==0) {
                    a++;
                }
            }
            if (a==1) {
                System.out.println(i);      //打印输出素数(质数)
                sum++;
            }
        }
```

```
            System.out.println(n+"范围内一共有"+sum+"个质数");
        }
    }
```

然而,上面这种实现方法效率最低,因为它对范围内的每个数都进行了计算。下面尝试对代码进行优化。

可以发现,如果一个数不是质数,那么它一定有除 1 和自身外的因数小于自身的一半,也会有一个因数大于自身的一半,在求余数时如果范围内的前一半没有出现 1 以外余数为 0 的数,那么后一半也一定不会出现,所以只对一半数字进行求余即可,代码如下。

```java
public class prime {

    public static void main(String[] args) {
        int n=100;                          //查找范围为 100 内的数字
        int sum = 0;                        //素数(质数)总和
        for(int i=1;i<=n;i++){
            int a = 0;
            for(int j=1;j<=i/2;j++){
                if (i%j==0) {
                    a++;
                }
            }
            if (a==1) {
                System.out.println(i);      //打印输出素数(质数)
                sum++;
            }
        }
        System.out.println(n+"范围内一共有"+sum+"个质数");

    }
}
```

顺着上面的思路继续思考和观察,合数的因数都是成对出现的,一个大于自身的一半,一个小于自身的一半,并且它们是相乘的关系,如 100 的因数有 1 和 100,2 和 50,4 和 25,5 和 20,10 和 10。可见,一个合数的除 1 以外的因数中有一个必然小于该合数的平方根,这种情况可以将范围进一步缩小,只对平方根范围内的数字进行计算即可,代码如下。

```java
public class prime {
    public static void main(String[] args) {
        int n=100;                          //查找范围为 100 内的数字
        int sum = 0;                        //素数(质数)总和
        for(int i=2;i<=n;i++){
            int a = 0;
            for(int j=1;j<=(int)Math.sqrt(i);j++){
                if (i%j==0) {
                    a++;
                }
            }
            if (a==1) {
                System.out.println(i);      //打印输出素数(质数)
```

```
                      sum++;
              }
      }
          System.out.println(n+"范围内一共有"+sum+"个质数");
      }
}
```

很明显,上面的代码大大提高了效率,范围越小提高的效率越高。

在程序设计中要注意不要被常规的数学方法束缚了思想,其实也可以这样做:

(1) 先从 2 开始找,然后删去这一范围中所有能被 2 整除的数(留奇数)。

(2) 找到下一个没有被删去的奇数 n。

(3) 删去这一范围中所有能整除 n 的数(必然也是奇数)。

(4) 若 $n \times n >$ "范围最大值",则跳出,否则跳到步骤(2)。

示例:

```
#include<iostream>
using namespace std;
int prime[500000];
void choseprime(int n)
{
    prime[1]=prime[0]=1;
    for(int i=2;i*i<=n;i++)
    {
        if(prime[i]==0)                    //找到数字 i 没有被删掉
        {
            for(int j=2*i;j<=n;j+=i)
                prime[j]=1;                //prime 数组里面值为 0 的是素数
        }

    }
}
int main()
{
    int   n;
    while(cin>>n)
    {
        choseprime(n);
        for(int i=2;i<=n;i++)
            if(!prime[i])
                cout<<i<<endl;
    }
}
```

10.2　快　速　乘　方

此算法解决快速计算 A^k 这类问题,具体步骤如下。

(1) 将 k 写成二进制数 s,$s[1]$ 为最低位。

（2）假设之前 $i-1$ 位求出的得数为 Ans，如果 $s[i]$ 位上的数字为 1，那么现在的答案就是 $Ans * A^{2^i}$，而 A^{i-1} 在步骤（1）中是能够算出来的。

快速乘方算法其实采用的是二分思想，具体看下面的程序。

```
int QKpower(int a,int k)
{
    int ans=1,temp=a;
        while(k)
    {
        if(k%2)
         ans=ans*temp;
         temp=temp*temp;
         k/=2;
    }

        return ans;
}
```

连续自然数平方和问题描述：

说到自然数，几乎没有人不知道，但是有时候它们之间的一些规律你却不知道。比如 3，4，5，就我们所知，它们是非常有名的勾股定理：$3^2+4^2=5^2$。

那么，10、11、12、13、14，你能从中找到什么规律？也许你不能马上找到它们之间的关系，$10^2+11^2+12^2=13^2+14^2$，从这个式子可以得到什么启发？

下面让我们仔细观察这两组数：

3、4、5 $3^2+4^2=5^2$

10、11、12、13、14 $10^2+11^2+12^2=13^2+14^2$

你会发现它们都是连续的自然数，而且式子左边有 $n+1$ 个自然数，右边有 n 个自然数。

输入：

输入一个自然数 n（$1 \leqslant n \leqslant 1000$），请判断是否存在 $2*n+1$ 个连续的自然数满足左边 $n+1$ 个数的平方和等于右边 n 个数的平方和。

输出：

如果找到这样的解，请输出这 $2*n+1$ 个数，每两个数之间一个空格。

输入样例：

```
1
2
```

输出样例：

```
3 4 5
10 11 12 13 14
```

解题思路：

不妨设中间的数字为 x，根据题意下面这个等式成立：

$$(x-n)^2+(x-n+1)^2+\cdots+(x-1)^2+x^2=(x+1)^2+\cdots+(x+n)^2$$

根据二次式展开特征，约掉方程两边相同的元素，剩下的就是下面这个等式：

$$x^2-2*x-4*x-\cdots-2*n*x=2*x+4*x+\cdots+2*n*x$$

把 x 的一次项移到等式一边,整理得到

$$x = 2*n*(n+1)$$

现在一切都一目了然了!我们只需要从 x 的位置往前面找 n 个数字,再往后面找 n 个数字,最后算上 x,正好是题目要求的结果。

参考程序:

```
#include<iostream>
using namespace std;
int main()
{
    freopen("diqiu.in","r",stdin);
    freopen("diqiu.out","w",stdout);
    int n;
    while(scanf("%d",&n)!=EOF)
    {
        int begin=2*n*(n+1)-n;
        int end=2*n*(n+1)+n;
        for(int i=begin;i<end;i++)
            printf("%d ",i);
        printf("%d\n",end);
    }
    return 0;
}
```

10.3　最大公约数

给出两个数字 A 和 B,求两者的最大公约数(GCD)。假设 A 是比较大的数字,先看看 B 是否能整除 A,如果能,就直接输出 B,如果不能,就让新 A 等于原来的 B,新 B 等于原来的 A 模原来的 B,此时再看 B 是否能整除 A,重复上面步骤即可。

示例:

```
int gcd(int a,int b){
    if (a<b){                   //把 a、b 中较大的数字放到 a 里
        a=a+b;
        b=a-b;
        a=a-b;
    }
    if (b==0)                   //若找到了两者的最大公约数,则直接返回 a
        return a;
    return gcd(b,a%b);          //否则继续往下找
}
```

10.4　最小公倍数

a 和 b 两个数的最小公倍数(LCM)乘以它们的最大公约数等于 a 和 b 本身的乘积,即求 LCM 时,如果将 LCM 写成 $a*b/GCD(a,b)$,$a*b$ 可能会溢出,正确的方法应该是先除

后乘，即 $a/\mathrm{GCD}(a,b)*b$。

```
int GCD(int x,int y){
    return !y? x:GCD(y,x%y);
}
int LCM(int x,int y){
    return x/GCD(x,y) * y;
}
```

10.5　模幂运算

数论计算中经常出现的一种运算就是求一个整数的幂 a^r 对另一个数 m 的模幂运算，即 $a^r \bmod m$。

累次计算法：

$d = a^r \bmod m = (\cdots(((((a \bmod m)*a)\bmod m)*a)\bmod m)\cdots *a)\bmod m$

算法如下：

```
long modular_power1(long a,long r,long m)
{
    long d=1,i;
    a=a%m;
    for(i=0;i<r;i++)
        d=(a * d)%m;
    return d;
}
```

快速运算法：

首先将 r 转化成二进制的形式，其次 a 反复平方取余，最后从最低位开始，自右向左逐位扫描。迭代时，会用到下面两个恒等式：

$a^r c \bmod m = (a^2)^c \bmod m$

$a^r c + 1 \bmod m = a *(a^2)^c \bmod m$

需计算：$a \bmod m$，$a^2 \bmod m$，$(a^2)^2 \bmod m$ …

算法如下：

```
long modular_power2(long a,long r,long m)
{
    long d=1,t=a;
    while(r>0)
    {
        if((r%2)==1) d=(d * t)%m;
        r=r/2;
        t=t * t%m;
    }
    return d;
}
```

10.6　斐波那契数列

兔子出生两个月后,就有繁殖能力,现在有一对兔子,每个月能生出一对小兔子。如果所有兔子都不死,那么一年以后可以繁殖多少对兔子?

N	1	2	3	4	5	6	7	8	9	10	11	12
A	1	1	2	3	5	8	13	21	34	55	89	144

斐波那契数列(Fibonacci sequence),又称黄金分割数列,其指的是这样一个数列:1,1,2,3,5,8,13,21,34,55,89,144,233,377,610,987,1597,2584,4181,6765,10946,17711,28657,46368,…这个数列从第 3 项开始,每一项都等于前两项之和。

特性:

奇数项求和:$f_1+f_3+f_5+\cdots+f_{2n-1}=f_{2n}-f_2+f_1$。

偶数项求和:$f_2+f_4+f_6+\cdots+f_{2n-1}=f_{2n+1}-f_1$。

平方求和:$f_1^2+f_2^2+f_3^2+\cdots+f_n^2=f_n*f_{n+1}$。

二倍项关系:$f_{2n}+f_n=f_{n-1}-f_{n+1}$

平方项与隔项:$\begin{cases}f_{n-1}f_{n+1}-f_n^2=(-1)^n\\f_n^2-f_{n-1}f_{n+1}=(-1)^{n-1}\end{cases}$

公约数:$\mathrm{GCD}(f[m],f[n])=f[\mathrm{GCD}(m,n)]$

公式:

1. 通项公式

$$a_n=1/\sqrt{5}\left[\left(\frac{1+\sqrt{5}}{2}\right)^n-\left(\frac{1-\sqrt{5}}{2}\right)^n\right]$$

2. 递推公式

根据定义可知:$F_0=0,F_1=1,F_2=F_1+F_0=1,F_3=F_2+F_1=2,F_4=F_3+F_2=3,F_5=F_4+F_3=5,\cdots$

```
int Fibonacci(int n)
{
    if (n<0)
        return -1;
    int n1=1,n2=2,n3=3;
    for (int i=3;i<=n;++i)
    {
        n3=n1+n2;
        n1=n2;
        n2=n3;
    }
    return n3;
}
```

3. 递归公式

如果设 $F(n)$ 为该数列的第 n 项,那么斐波那契数列可以写成如下形式:$F(0)=0$,

$F(1)=1, F(n)=F(n-1)+F(n-2)$。

```
int fibonacci(int n)
{
    if (n == 1 || n == 2)                    //递归终止条件
        return 1;                            //简单情景
    return fibonacci(n-1)+fibonacci(n-2);    //相同重复逻辑,缩小问题的规模
}
```

10.6.1　斐波那契数列(递归实现)

问题描述:

斐波那契数列是指这样的数列:数列的第一个数和第二个数都为1,接下来每个数都等于前面2个数之和。

给出一个正整数a,求斐波那契数列中第a个数是多少。

输入:

第1行是测试数据的组数n,后面跟n行输入。每组测试数据占1行,包括一个正整数$a(1 \leqslant a \leqslant 20)$。

输出:

输出有n行,每行输出对应一个输入。输出应是一个正整数,为斐波那契数列中第a个数的大小。

输入样例:

```
4
5
2
19
1
```

输出样例:

```
5
1
4181
1
```

参考程序:

```
#include<iostream>
#include<cstdio>
#include<cstdlib>
#include<cstring>
using namespace std;
int Fibonacci(int n)
{
    if(n==1)
        return 1;
    if(n==2)
        return 1;
    return Fibonacci(n-1)+Fibonacci(n-2);
```

```
}
int main()
{
    int n,x;
    cin>>n;
    while(n--)
    {
        cin>>x;
        cout<<Fibonacci(x)<<endl;
    }
    return 0;
}
```

10.6.2 斐波那契数列 2(递推实现)

问题描述：

斐波那契数列是指这样的数列：数列的第一个数和第二个数都为 1,接下来每个数都等于前面 2 个数之和。

给出一个正整数 a,求斐波那契数列中第 a 个数对 1000 取模得到的结果。

输入：

第 1 行是测试数据的组数 n,后面跟 n 行输入。每组测试数据占 1 行,包括一个正整数 $a(1 \leqslant a \leqslant 1000000)$。

输出：

n 行,每行输出对应一个输入。输出应是一个正整数,为斐波那契数列中第 a 个数对 1000 取模得到的结果。

输入样例：

```
4
5
2
19
1
```

输出样例：

```
5
1
181
1
```

参考程序：

```
#include<iostream>
using namespace std;
int a[1000100];
int main()
{
    int n,x,i;
    a[1]=1;
    a[2]=1;
```

```
    for(i=3;i<=1000000;i++)
        a[i]=(a[i-1]+a[i-2])%1000;
    cin>>n;
    for(i=1;i<=n;i++)
    {
        cin>>x;
        cout<<a[x]<<endl;
    }
    return 0;
}
```

10.6.3 爬楼梯

问题描述：

树老师爬楼梯,他每次可以走 1 级或者 2 级,输入楼梯的级数,求不同的走法数。

例如：楼梯一共 3 级,他可以每次都走一级,或者第一次走一级,第二次走两级,也可以第一次走两级,第二次走一级,一共 3 种方法。

输入：

输入包含若干行,每行包含一个正整数 N,代表楼梯级数,$1 \leqslant N \leqslant 30$。

输出：

不同的走法数,每一行输入对应一行输出。

输入样例：

```
5
8
10
```

输出样例：

```
8
34
89
```

参考程序：

```cpp
#include<iostream>
#include<cstdio>
#include<cstdlib>
#include<cstring>
#define N 1000010
using namespace std;
int calculate(int n)
{
    if(n==1)
        return 1;
    if(n==2)
        return 2;
    return calculate(n-1)+calculate(n-2);
}
int main()
```

```
{
    int n;
    while(scanf("%d",&n)!=EOF)
        cout<<calculate(n)<<endl;
    return 0;
}
```

10.6.4　一只小蜜蜂

问题描述：

有一只经过训练的蜜蜂只能爬向右侧相邻的蜂房，不能反向爬行。请编程，计算蜜蜂从蜂房 a 爬到蜂房 b 的可能路线数。蜂房的结构如图 10-1 所示。

图 10-1　蜂房的结构

输入：

输入数据的第一行是一个整数 N，表示测试实例的个数，然后是 N 行数据，每行包含两个整数 a 和 b（$0<a<b<50$）。

输出：

对于每个测试实例，请输出蜜蜂从蜂房 a 爬到蜂房 b 的可能路线数，每个实例的输出占一行。

输入样例：

```
2
1 2
3 6
```

输出样例：

```
1
3
```

思路如下。

由题意：

从 1 到 2：$1{\rightarrow}2$；1 种。

从 1 到 3：$1{\rightarrow}2{\rightarrow}3,1{\rightarrow}3$；2 种。

从 1 到 4：$1{\rightarrow}2{\rightarrow}3{\rightarrow}4,1{\rightarrow}3{\rightarrow}4,1{\rightarrow}2{\rightarrow}4$；3 种。

从 1 到 5：$1{\rightarrow}2{\rightarrow}3{\rightarrow}4{\rightarrow}5,1{\rightarrow}2{\rightarrow}4{\rightarrow}5,1{\rightarrow}3{-}4{\rightarrow}5,1{\rightarrow}2{\rightarrow}3{\rightarrow}5,1{\rightarrow}3{\rightarrow}5$；5 种。

从 1 到 6：$1{\rightarrow}2{\rightarrow}3{\rightarrow}4{\rightarrow}5{\rightarrow}6,1{\rightarrow}2{\rightarrow}3{\rightarrow}4{\rightarrow}6,1{\rightarrow}2{\rightarrow}3{\rightarrow}5{\rightarrow}6,1{\rightarrow}2{\rightarrow}4{\rightarrow}5{\rightarrow}6,1{\rightarrow}3{\rightarrow}4{\rightarrow}5{\rightarrow}6,1{\rightarrow}2{\rightarrow}4{\rightarrow}6,1{\rightarrow}3{\rightarrow}4{\rightarrow}6,1{\rightarrow}3{\rightarrow}5{\rightarrow}6$；8 种。

……

可推：第 n 个的可能路径为 $f(n)=f(n-1)+f(n-2)$（斐波那契数列）。

参考程序：

```
#include<iostream>
#include<cstring>
```

```
#define N 101
using namespace std;
long long dp[N];                          //注意用 long long 型
int main()
{
    int n,m;
    int a,b;
    int i;
    cin>>n;
    while(n--)
    {
        cin>>a>>b;
        memset(dp,0,sizeof(dp));           //初始化
        /*边界条件*/
        dp[0]=1;
        dp[1]=1;
        m=b-a+1;
        for(i=2;i<=m;i++)
            dp[i]=dp[i-1]+dp[i-2];
        cout<<dp[m-1]<<endl;
    }
    return 0;
}
```

10.6.5　骨牌铺方格

问题描述：

在 $2*n$ 的一个长方形方格中用一个 $1*2$ 的骨牌铺满方格，输入 n，输出铺放方案的总数。

例如，$n=3$ 时，为 $2*3$ 的方格，骨牌的铺放方案有三种，如图 10-2 所示。

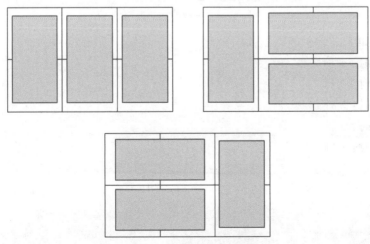

图 10-2　骨牌的铺放方案

输入：

输入数据由多行组成，每行包含一个整数 n，表示该测试实例的长方形方格的规格是 $2 \times n$（$0 < n \leqslant 50$）。

输出：

对于每个测试实例，请输出铺放方案的总数，每个实例的输出占一行。

输入样例：

```
1 3 2
```

输出样例：

```
1 3 2
```

思路如下。

设：用 $a[i]$ 表示 $2 * i$ 的方格的方法数。

已知

$a[1] = 1$；

$a[2] = 2$；

$a[3] = 3$；

则

$a[i]$ 的实质是在 $2 \times (i-1)$ 的格子后加一个 2×1 的方格，如图 10-3 所示，骨牌在这一格上横放或竖放。

如果前面 $i-1$ 块已经铺好，则第 i 块只有竖着放；

如果前面 $i-2$ 块已经铺好，则第 i 块只有横着放。

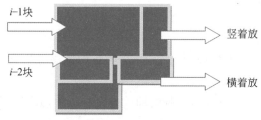

图 10-3　骨牌的铺放方格

简单验证如下。

规格为 1 时：1 种

规格为 2 时：2 种

规格为 3 时：3 种

规格为 4 时：5 种

规格为 5 时：8 种

……

可推，第 n 个方格的可能路径为 $f(n) = f(n-1) + f(n-2)$（斐波那契数列）。

参考程序：

```cpp
#include<iostream>
using namespace std;
```

```
int main()
{
    long long a[50];                              //注意用 long long
    int n;
    int i;

    /*预处理,先求出斐波那契数列*/
    a[0]=1;
    a[1]=1;
    a[2]=2;
    for(i=3;i<=50;i++)
        a[i]=a[i-1]+a[i-2];

    while(cin>>n)
        cout<<a[n]<<endl;

    return 0;
}
```

10.7　欧拉函数

10.7.1　概念

对正整数 n,欧拉函数是小于或等于 n 的数中与 n 互质的数的个数,记作 $\varphi(n)$,例如 $\varphi(8)=4$,因为 1、3、5、7 均与 8 互质。

10.7.2　性质

(1) 若 n 为一素数 p,则 $\varphi(p)=p-1$。

(2) 若 n 为一素数 p 的幂次 p^a,则 $\varphi(p^a)=(p-1)*p^{a-1}$。

例如:要求 $\varphi(16)$,因为 $16=2*2*2*2$,所以 $\varphi(p)=(2-1)*2^3=8$。

(3) 若 n 为任意两个互质的数 a、b 的积,则 $\varphi(a*b)=\varphi(a)*\varphi(b)$。

例如:要求 $\varphi(40)$,因为 $40=5*8$,且 5、8 互质,所以 $\varphi(40)=\psi(5)*\psi(8)=4*4=16$。

(4) 设 $n=p_1^{a_1}*p_2^{a_2}*\cdots*p_k^{a_k}$ 为正整数 n 的素数幂乘积表达式,则

$$\varphi(n)=n*\left(1-\frac{1}{p_1}\right)*\left(1-\frac{1}{p_2}\right)*\cdots*\left(1-\frac{1}{p_k}\right)$$

(5) 若 $i \bmod p=0$,则 $\varphi(i*p)=p*\varphi(i)$。

(6) 若 $i \bmod p\neq0$,则 $\varphi(i*p)=(p-1)*\varphi(i)$。

(7) 前 n 个数的欧拉函数的和为 $\dfrac{n}{2}\varphi(n)$。

10.7.3　实现方法

1. 一般方法

求一个数 x 的欧拉函数。

```
int Euler(int x)
{
    int res=x;
    for(int i=2;i<(int)sqrt(x*1.0)+1;i++)
    {
        if(x%i==0)
        {
            res=res/i*(i-1);
            while(x%i==0)                    //保证 i 一定是素数
                x/=i;
        }
    }
    if(x>1)
        res=res/x*(x-1);
    return res;
}
```

2. 递推求法

打表取 $1 \sim N$ 的所有欧拉函数并存于数组 phi[] 中。

```
int phi[N];
void Euler()
{
    for(int i=1;i<=N;i++)
        phi[i]=i;

    for(int i=2;i<=N;i+= 2)
        phi[i]/=2;

    for(int i=3;i<=N;i+= 2)
    {
        if(phi[i]==i)
        {
            for(int j=i;j<=N;j+=i)
                phi[j]=phi[j]/i*(i-1);
        }
    }
}
```

3. 欧拉函数线性筛选法

该算法可在线性时间内筛选素数的同时求出所有数的欧拉函数。

如要求一个数的欧拉函数,可以用欧拉函数性质直接求出,但是如果要求前 n 个数的欧拉函数,可采用线性时间的方法筛选欧拉函数值,完成打表。

```
int phi[N],prime[N];
bool vis[N];
void Euler(int n)
{
    int cnt=0;
    phi[1]=1;
    for(int i=2;i<=n;i++)
```

```
{
    if(!vis[i])
    {
        prime[++cnt]=i;                    //筛选素数时先判断 i 是否为素数
        phi[i]=i-1;                        //当 i 是素数时,phi[i]=i-1
    }
    for(int j=1;j<=cnt;j++)
    {
        if(i*prime[j]>n)
            break;
        vis[i*prime[j]]=1;                 //确定 i * prime[j]不是素数
        if(i%prime[j]==0)                  //看 prime[j]是否为 i 的约数
        {
            phi[i*prime[j]]=phi[i]*prime[j];
            break;
        }
        else
            phi[i*prime[j]]=phi[i]*(prime[j]-1);
                    //其 prime[j]-1 就是 phi[prime[j]],利用了欧拉函数的积性
    }
}
```

10.8　实例演示

10.8.1　欧拉函数例题

问题描述:

给定一个数字 N,输出 N 的欧拉函数值。

输入:

输入包含一个正整数 N,$2 \leqslant N \leqslant 2000000000$。

输出:

输出一个整数,表示 N 的欧拉函数值。

输入样例:

```
6
5
```

输出样例:

```
2
4
```

解题思路:

设一个数 $A = a_1^{r_1} * a_1^{x_1} * \cdots * a_n^{x_n}$,那么 A 的欧拉函数

$$\text{phi}(A) = a_1^{r_1-1} * (a_1-1) * a_2^{x_2-1} * (a_2-1) * \cdots * a_n^{x_n-1} * (a_n-1)$$

整理公式后得

$$phi(A) = \frac{A * (a_1 - 1) * (a_2 - 1) * \cdots * (a_n - 1)}{(a_1 * a_2 * \cdots * a_n)}$$

当整理出这个公式的时候,不难发现,从这个公式出发能很容易地用程序实现求 phi(A) 的操作。

具体做法就是先令 temp=A,然后每找到一个 A 的质因子,就从 temp 中除掉一个此因子,然后再乘上(此因子-1)。

通过这道题目,我们发现在解一些数学类问题的时候,往往推出的公式能帮我们简化程序。

参考程序:

```c
#include <stdio.h>
#include <stdlib.h>
typedef __int64 inta;
inta phi(inta a) {                      //求 a 的欧拉函数值
    inta temp=a;
    for (inta i=2; i*i<=a; i++)         //寻找 a 的质因子
        if (a%i==0) {
            while (!(a%i)) a/=i;
            temp=temp/i*(i-1);
        }
    if (a!=1) temp=temp/a*(a-1);
    return temp;
}
int main() {
    inta a;
    while (scanf("%I64d", &a) != EOF)
        printf("%I64d\n", phi(a));
    return 0;
}
```

10.8.2 阿里巴巴的宝藏

问题描述:

阿里巴巴和马尔吉娜来到一条布满黄金的街道。他们想带几块黄金回去,然而这里的城管担心他们拿得太多,于是要求阿里巴巴和马尔吉娜通过做一个游戏决定最后得到的黄金数量。

游戏规则是这样的:

假设道路长度为 n 米(左端点为 0,右端点为 n),同时给出一个数 k(下面会提到 k 的用法)。

设阿里巴巴初始时的黄金数量为 A,马尔吉娜初始时的黄金数量为 B。阿里巴巴从 1 出发走向 $n-1$,马尔吉娜从 $n-1$ 出发走向 1,两人的速度均为 $1 m/s$。

假设某一时刻(必须为整数)阿里巴巴的位置为 x,马尔吉娜的位置为 y,若 $gcd(n, x) = 1$ 且 $gcd(n, y) = 1$,那么阿里巴巴的黄金数量 A 会变为 $A * k^x$ kg,马尔吉娜的黄金数量 B 会变为 $B * k^y$ kg。当阿里巴巴到达 $n-1$ 时,游戏结束。

阿里巴巴想知道游戏结束时 $A + B$ 的值。

答案为对 $10^9 + 7$ 取模。

输入描述：

一行四个整数 n, k, A, B。

输出描述：

输出一个整数，表示答案。

样例：

```
示例 1：
输入：
4 2 1 1
输出：
32
示例 2：
输入：
5 1 1 1
输出：
2
```

思路如下。

若 $\gcd(n, x) = 1$，则 $\gcd(n, n - x) = 1$，同时，若在某个位置得到 k^x 的贡献，那么一定存在一个位置会获得小于或等于 k^{n-x} 的贡献，且两人贡献相同。

将贡献单独写出来：

$$A * k^a * k^{n-a} * k^b * k^{n-b} * \cdots = A * k^{Rn}$$

因此需要考虑如何得到 R 的值，通过题目可知，能产生答案的数一定是与 n 互质的数，即欧拉函数的值。

由于前 n 个数的欧拉函数的和为 $\frac{n}{2} \varnothing(n)$，因此最终答案为 $(A + B) * k^{\frac{\varnothing(n)}{2} \cdot n}$。

参考程序：

```cpp
#include<iostream>
#include<cstdio>
#include<cstdlib>
#include<string>
#include<cstring>
#include<cmath>
#include<ctime>
#include<algorithm>
#include<utility>
#include<stack>
#include<queue>
#include<deque>
#include<vector>
#include<set>
#include<map>
#define PI acos(-1.0)
#define E 1e-6
#define INF 0x3f3f3f3f
#define N 10001
#define LL long long
```

```cpp
const int MOD=1e9+7;
const int dx[]={-1,1,0,0};
const int dy[]={0,0,-1,1};
using namespace std;
int getPhi(int x){                          //获取欧拉函数
    int res=x;
    for(int i=2;i<=sqrt(x+0.5);i++){
        if(x%i==0){
            res=res/i*(i-1);
            while(x%i==0)
                x/=i;
        }
    }
    if(x>1)
        res=res/x*(x-1);
    return res;
}
LL quickPow(LL x,LL a){                      //快速幂
    LL res=1;
    while(a){
        if(a&1)
            res=res*x%MOD;
        x=x*x%MOD;
        a>>=1;
    }
    return res;
}
int main(){
    int n;
    LL a,b,k;
    cin>>n>>k>>a>>b;

    int phi=getPhi(n);
    LL res=quickPow(k,phi/2*n);
    res=res*(a+b)%MOD;
    cout<<res<<endl;

    return 0;
}
```

第 **11** 章

组合数学

组合数学与数论一样,都是数学的重要分支,是研究"如何安排"的一门学科,在计算机解题的过程中会遇到许多涉及有限个物体(或事件)按一定规则(或约束条件)该如何安排的问题,包括符合规则的安排是否存在? 有多少种? 怎样安排? 怎样安排才能取得最佳效果? 等等。在程序设计时,有还是没有组合数学的知识,情况大不一样。本章将对组合数学在计算机程序设计上的相关应用进行介绍。

11.1 基本计数定理

11.1.1 加法原理与乘法原理

加法原理与乘法原理是组合数学中的入门原理,也是人们生活中常见的情况,下面举几个生活中常见的例子介绍加法原理与乘法原理。

1. 加法原理

从甲地到乙地,可以乘火车,也可以乘汽车,还可以乘轮船。一天中火车有 4 班,汽车有 3 班,轮船有 2 班。问:一天中乘坐这些交通工具从甲地到乙地,共有多少种不同的走法?

分析与解:一天中乘坐火车有 4 种走法,乘坐汽车有 3 种走法,乘坐轮船有 2 种走法,所以一天中从甲地到乙地共有:$4+3+2=9$(种)不同的走法。

完成一件任务,有 n 个方式,第一类方式有 m_1 种方法,第二类方式有 m_2 种方法……第 n 类方式有 m_n 种方法,那么完成这件事共有 $m_1+m_2+\cdots+m_n$ 种方法。

2. 乘法原理

从甲地到乙地有 2 条路,从乙地到丙地有 3 条路,从丙地到丁地也有 2 条路。问:从甲地经乙、丙两地到丁地,共有多少种不同的走法?

分析与解:用 A_1、A_2 表示从甲地到乙地的 2 条路,用 B_1、B_2、B_3 表示从乙地到丙地的 3 条路,用 C_1、C_2 表示从丙地到丁地的 2 条路,如图 11-1 所示。

则从甲地经乙、丙两地到丁地共有 $2\times3\times2=12$(种)走法。

完成一件任务,需要 n 个步骤,第一步有 m_1 种不同的方法,第二步有 m_2 种不同的方

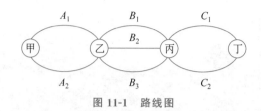

图 11-1　路线图

法……第 n 步有 m_n 种不同的方法,那么完成这件事共有 $m_1 * m_2 * \cdots * m_n$ 种不同的方法。

分类加法原理和分步乘法原理是两个基本原理,回答的都是有关做一件事的不同方法种数的问题。

两者区别在于:分类计数原理针对的是分类问题,其中各种方法相互独立,用任何一种方法都可以完成这件事;分步计数原理针对的是分步问题,各步骤中的方法相互依存,只有各个步骤都完成才算完成事情。

分类要依据同一标准划分,既必须包括所有情况,又不要交错在一起产生重复;分步则应使各步依次完成,保证整个事件完成,既不多余重复,也不缺少某一步骤。

例 11.1　排队问题。

有 N 个人,编号为 1 到 N,他们昨天站成一排,但现在他们不知道自己站的顺序。但是,每个人都记住了以下事实:站在该人左边的人数与站在该人右边的人数的绝对差。根据他们的报告,上述人 i 的差值是 A_i。

根据这些报告,找出他们站立的可能顺序的数量。注意,这些报告可能是不正确的,因此可能没有一致的顺序,在这种情况下,打印 0。

数据范围 $1 \leqslant n \leqslant 10^5$,$0 \leqslant A_i \leqslant N-1$。

输入:

标准的输入是以下列格式给出的。

```
N
A₁ A₂ ⋯ Aₙ
```

输出:

打印他们所站的可能的顺序数,模数 $10^9 + 7$。

输入样例 1:

```
5
2 4 4 0 2
```

输出样例 1:

```
4
```

有四种可能的排列,如下:

```
2,1,4,5,3
2,5,4,1,3
3,1,4,5,2
3,5,4,1,2
```

输入样例 2:

```
7
6 4 0 2 4 0 2
```

输出样例 2：

```
0
```

任何顺序都会与报告不一致,因此答案为 0。

题意：有 n 个人站一行,对于第 i 个人,给出站在第 i 个人左右两端人数的差值 $a[i]$,问有多少种可能的站法。

思路：

对 n 进行奇偶讨论。

当 n 为奇数时,中间的人左、右两端人数一定相同,因此一定为 0 且只有 1 个,从其向两边延伸,每延伸 1 个人,差的人数 +2,因此,在奇数情况下,只有 0、2、4、6、8……其中,除 0 有 1 个外,其余均为 2 个。

当 n 为偶数时,一定没有两边差为 0 的情况,其两边的差最小为 1,从其两边延伸,每延伸 1 个人,差的人数 +2,因此,在偶数的情况下,只有 1、3、5、7……均为 2 个。

根据以上推导,除在奇数情况下差为 0 的在中间外,其余每个位置都有两个可选,此时利用乘法原理即可求出结果为 $2^{\frac{n}{2}}$。

```cpp
#include<iostream>
#include<cstdio>
#include<cstdlib>
#include<string>
#include<cstring>
#include<cmath>
#include<ctime>
#include<algorithm>
#include<utility>
#include<stack>
#include<queue>
#include<vector>
#include<set>
#include<map>
#define EPS 1e-9
#define PI acos(-1.0)
#define INF 0x3f3f3f3f
#define LL long long
const int MOD = 1E9+7;
const int N = 1000000+5;
const int dx[] = {0,0,-1,1,-1,-1,1,1};
const int dy[] = {-1,1,0,0,-1,1,-1,1};
using namespace std;
int a[N];
int bucket[N];
int main() {
    int n;
    scanf("%d",&n);
```

```
for(int i=1; i<=n; i++) {
    scanf("%d",&a[i]);
    bucket[a[i]]++;
}
bool flag=true;
if(n%2) {
    if(bucket[0]!=1)
        flag=false;

    for(int i=2; i<=n-1; i+=2)
        if(bucket[i]!=2)
            flag=false;
}
else {
    for(int i=1; i<=n-1; i+=2)
        if(bucket[i]!=2)
            flag=false;
}
LL res=1;
for(int i=0;i<n/2;i++)
    res= (res%MOD) * 2%MOD;
if(n%2) {
    if(!flag)
        printf("0\n");
    else{
        printf("%lld\n",res);
    }
}
else {
    if(!flag)
        printf("0\n");
    else{
        printf("%lld\n",res);
    }
}
return 0;
}
```

根据研究对象的有无,一般将组合数学分为排列问题和组合问题。

其根本不同是排列问题与元素顺序有关,组合问题与元素顺序无关。

在排列与组合问题中,经常会出现计数问题,解决计数问题的思路一般有以下 3 种。

(1)只取需要的。将各种符合条件的情形枚举出来,再利用加法原理求和。

(2)先取后排。将各步符合条件的排列或组合计算出来,再根据乘法原理求积。

(3)先全部取,再减去不要的。利用容斥定理,将各种符合条件的情形枚举出来,再减去不符合条件的。

11.1.2 抽屉原理(鸽巢原理)

桌上有 10 个苹果,要把这 10 个苹果放到 9 个抽屉里,无论怎样放,都会发现至少有一个抽屉里面放不少于两个苹果。这一现象就是我们所说的"抽屉原理"。抽屉原理的一般含义为："如果每个抽屉代表一个集合,每个苹果就可以代表一个元素,假如有 $n+1$ 个元素放到 n 个集合中,其中必有一个集合里至少有两个元素。"抽屉原理有时也被称为鸽巢原理。它是组合数学中的一个重要原理。

经典应用:

给出一个含有 n 个数字的序列,要找一个连续的子序列,使它们的和一定是 c 的倍数。

假设 $\mathrm{sum}[i]$ 存储整数序列中的前 i 项和。

根据抽屉原理,以 sum 数组构造抽屉数组 drawer,其保存的是最先出现的 $\mathrm{sum}[i]$ 的下标,当 sum 的一个元素第二次放入重复的抽屉时,输出结果。

若 $\mathrm{sum}[i]$ 是 c 的倍数,则直接输出前 i 项;若 $\mathrm{sum}[i]$ 不是 c 的倍数,则需要计算 $\mathrm{sum}[i]\%c$,此时 $\mathrm{sum}[i]\%c=\mathrm{sum}[j]\%c$,$i\,!=j$ 肯定存在,即第 j 项到第 i 项数的和为 c 的倍数。

```
LL a[N],drawer[N];
LL sum[N];
int main(){
    LL c,n;
    while(scanf("%lld%lld",&c,&n)!=EOF&&c&&n){
        memset(drawer,-1,sizeof(drawer));
        drawer[0]=0;
        sum[0]=0;

        for(LL i=1;i<=n;i++){                    //计算前缀和
            scanf("%lld",&a[i]);
            sum[i]=sum[i-1]+a[i];
        }

        for(LL i=1;i<=n;i++){
            if(drawer[sum[i]%c]!=-1){
                for(LL j=drawer[sum[i]%c]+1;j<i;j++)
                    printf("%lld ",j);
                printf("%lld\n",i);
                break;
            }
            drawer[sum[i]%c]=i;
        }
    }
    return 0;
}
```

例 11.2　多米诺骨牌。

放暑假了,大伟的父亲给他买了一套多米诺骨牌,这套骨牌有几种不同的颜色,每种颜色的数量不定,大伟有一个特殊的癖好,就是不喜欢将颜色一样的骨牌放在一起,即不同颜色的骨牌不邻接,可是大伟不知道是否存在一种摆放的顺序,使得他能把所有骨牌都摆完,请写一个程序帮大伟判断一下。

输入:

第一行为一个整数 T，接下来为 T 组数据，每组数据占 2 行，第一行是一个整数 $N(0<N\leqslant 1000000)$，第二行是 N 个数，表示 N 种糖果的数目 $M_i(0<M_i\leqslant 1000000)$。

输出

对于每组数据，输出一行，包含一个 Yes 或者 No。

输入样例：

```
2
3
4 1 1
5
5 4 3 2 1
```

输出样例：

```
No
Yes
```

思路：找出个数最多的种类记为 n，然后模拟为有 n 个抽屉，把其他 $n-1$ 种糖果往这 n 个抽屉中放，由于 n 是最大的，因此同一抽屉中不会出现同一类糖果，所以只要保证这 n 个抽屉里最多有一个为空即可。

参考程序：

```cpp
#include<iostream>
#include<cstdio>
#include<cstring>
#include<cmath>
#include<algorithm>
#include<string>
#include<cstdlib>
#include<queue>
#include<set>
#include<map>
#include<stack>
#include<ctime>
#include<vector>
#define INF 0x3f3f3f3f
#define PI acos(-1.0)
#define N 10001
#define MOD 1e9+7
#define E 1e-6
#define LL long long
using namespace std;
int main()
{
    int t;
    scanf("%d",&t);
    while(t--)
    {
        LL n;
        scanf("%lld",&n);
```

```
        LL sum=0;
        LL maxx=-INF;
        for(LL i=1;i<=n;i++)
        {
            LL a;
            scanf("%lld",&a);
            if(a>maxx)
                maxx=a;
            sum+=a;
        }

        sum-=maxx;

        if(sum+1>=maxx)
            printf("Yes\n");
        else
            printf("No\n");

    }
    return 0;
}
```

例 11.3 找一个倍数。

输入包含 N 个自然数(即正整数)($N \leqslant 10000$)。每个数字都不超过 15000。这些数字并不一定不同(因此可能发生两个或更多个数字相等的情况)。你的任务是选择几个给定的数($1 \leqslant$ 少数 $\leqslant N$),这样,对于 N,所选数的和是倍数(即对于某个自然数 k,$N * k =$ 所选数的和)。

输入:

输入的第一行包含单个数字 N,接下来的 N 行中每行都包含一个给定集合中的数字。

输出:

若程序找不到目标数字集,则应该打印单个数字 0,否则应该在第一行打印所选数字的数量,然后按照任意顺序打印所选数字本身(每行单独)。

若有多于一组具有所需属性的数字,则只打印其中一个(最好是你最喜欢的)。

输入样例:

```
5
1
2
3
4
1
```

输出样例:

```
2
2
3
```

题意:给出一个含有 n 个数字的序列,要找一个连续的子序列,使它们的和一定是 n 的倍数。

思路：抽屉原理经典应用。

参考程序：

```cpp
#include<iostream>
#include<cstdio>
#include<cstring>
#include<cmath>
#include<algorithm>
#include<string>
#include<cstdlib>
#include<queue>
#include<set>
#include<map>
#include<stack>
#include<ctime>
#include<vector>
#define INF 0x3f3f3f3f
#define PI acos(-1.0)
#define N 1000001
#define MOD 1e9+7
#define E 1e-6
#define LL long long
using namespace std;
LL a[N],drawer[N];
LL sum[N];
int main()
{
    LL n;
    while(scanf("%lld",&n)!=EOF&&n)
    {
        memset(drawer,-1,sizeof(drawer));
        drawer[0]=0;
        sum[0]=0;

        for(LL i=1;i<=n;i++)
        {
            scanf("%lld",&a[i]);
            sum[i]=sum[i-1]+a[i];
        }

        for(LL i=1;i<=n;i++)
        {
            if(drawer[sum[i]%n]!=-1)
            {
                printf("%lld\n",i-drawer[sum[i]%n]);
                for(LL j=drawer[sum[i]%n]+1;j<=i;j++)
                    printf("%lld\n",a[j]);
                break;
            }
```

```
        else
            drawer[sum[i]%n]=i;
    }
}
return 0;
}
```

11.2 容斥原理

容斥原理常见的问题如下。

（1）篮球、羽毛球、网球三种运动，至少会一种的有 22 人，会篮球的有 15 人，会羽毛球的有 17 人，会网球的有 12 人，既会篮球又会羽毛球的有 11 人，既会羽毛球又会网球的有 7 人，既会篮球又会网球的有 9 人，那么三种运动都会的有多少人？

（2）《西游记》《三国演义》《红楼梦》三大名著，至少读过其中一本的有 20 人，读过《西游记》的有 10 人，读过《三国演义》的有 12 人，读过《红楼梦》的有 15 人，读过《西游记》《三国演义》的有 8 人，读过《三国演义》《红楼梦》的有 9 人，读过《西游记》《红楼梦》的有 7 人。问三本书全都读过的有多少人？

11.2.1 原理概述

容斥原理是一种较常用的计数方法，其基本思想是：先不考虑重叠的情况，把包含于某内容中的所有对象的数目先计算出来，然后再把计数时重复计算的数目排斥出去，使得计算的结果既无遗漏，又无重复。

容斥原理核心的计数规则可以记为一句话：奇加偶减。

假设被计数的有 A、B、C 三类，那么，A、B、C 类元素个数总和＝A 类元素个数＋B 类元素个数＋C 类元素个数－既是 A 又是 B 的元素个数－既是 B 又是 C 的元素个数－既是 A 又是 C 的元素个数＋既是 A 又是 B 且是 C 的元素个数，即 $A \cup B \cup C = A + B + C - A \cap B - B \cap C - A \cap C + A \cap B \cap C$，如图 11-2 所示。

当被计数的种类被推到 n 类时，其统计规则遵循奇加偶减。

容斥定理最常用于求 $[a, b]$ 区间与 n 互质的数的个数，该问题可视为求 $[1, b]$ 区间与 n 互质的个数减去 $[1, a-1]$ 区间内与 n 互质的个数，故可先对 n 进行因子分解，然后从 $[1, b]$、$[1, a-1]$ 区间中减去存在 n 的因子的个数，再根据容斥定理，奇加偶减，对 n 的因子的最小公倍数的个数进行处理即可。

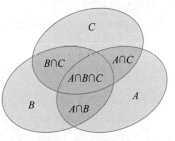

图 11-2　容斥定理

11.2.2 常见应用

1. 求 $[a, b]$ 中与 n 互素的个数

问题可转换为区间 $[1, b]$ 中与 n 互素的数的个数减去区间 $[1, a-1]$ 中与 n 互素的数的个数，那么问题就转换为对于 n，求 $1 \sim k$ 中与 n 互质的数有多少个，因此可以先反着求 $1 \sim$

k 中与 n 不互质的数有多少个。

故对 n 进行因子分解，然后从 $1\sim k$ 中减去不能与 n 整除的数的个数，然后根据容斥定理奇加偶减，最后答案是：$1\sim b$ 的元素个数减去 $1\sim a-1$ 的元素个数再减去 $1\sim b$ 中与 n 不互质的数的个数加上 $1\sim a-1$ 中与 n 互质的数的个数，即 $b-(a-1)-\text{calculate}(b)+\text{calculate}(a-1)$

```cpp
bool bprime[N];
LL prime[N],cnt, factor[N],num;
void isprime() {                              //筛选素数
    cnt=0;
    memset(bprime,false,sizeof(bprime));
    for(LL i=2; i<N; i++) {
        if(!bprime[i]) {
            prime[cnt++]=i;
            for(LL j=i*i; j<N; j+=i)
                bprime[i]=true;
        }
    }
}
void getFactor(int n){
    num=0;
    for(LL i=0; prime[i]*prime[i]<=n&&i<cnt; i++) {
        if(n%prime[i]==0) {                    //记录 n 的因子
            factor[num++]=prime[i];
            while(n%prime[i]==0)
                n/=prime[i];
        }
    }
    if(n!=1)                                   //1 既不是素数,也不是合数
        factor[num++]=n;
}
LL calculate(LL m,LL num) {
    LL res=0;
    for(LL i=1; i<(1<<num); i++) {
        LL sum=0;
        LL temp=1;
        for(LL j=0; j<num; j++) {
            if(i&(1<<j)) {
                sum++;
                temp*=factor[j];
            }
        }
        if(sum%2)
            res+=m/temp;
        else
            res-=m/temp;
    }
    return res;
}
```

```
int main() {
    isprime();
    LL a,b,n;
    scanf("%lld%lld%lld",&a,&b,&n);
    getFactor(n)
    //容斥定理,奇加偶减
    LL res=(b-(a-1)-calculate(b,num))+calculate(a-1,num);
    printf("%lld\n",res);
    return 0;
}
```

1. 求 $[1,n]$ 中能/不能被 m 个数整除的个数

对于任意一个数 $a[i]$ 来说,我们知道在 $1-n$ 中有 $n/a[i]$ 个数是 $a[i]$ 的倍数,但这样将 m 个数扫一遍一定会用重复的数,因此需要用到容斥原理。

根据容斥定理的奇加偶减,对于 m 个数来说,其中的任意 $2,4,\cdots,2k$ 个数就要减去它们最小公倍数能组成的数,$1,3,\cdots,2k+1$ 个数就要加上它们的最小公倍数,因此 m 个数就有 2^m 种情况,对于每种状态,依次判断由多少种数组成,然后再进行奇加偶减即可。

根据容斥原理有:$\text{sum}=$ 从 m 中选 1 个数得到的倍数的个数 $-$ 从 m 中选 2 个数得到的倍数的个数 $+$ 从 m 中选 3 个数得到的倍数的个数 $-$ 从 m 中选 4 个数得到的倍数的个数……

那么,能被整除的个数就是 sum,不能被整除的个数就是 $n-\text{sum}$。

```
LL GCD(LL a,LL b){
    return !b? a:GCD(b,a%b);
}
LL LCM(LL a,LL b){
    return a/GCD(a,b) * b;
}
LL a[N];
int main(){
    LL n;
    int m;
    scanf("%lld%d",&n,&m);
    for(int i=0;i<m;i++)
        scanf("%lld",&a[i]);

    LL sum=0;
    for(int i=0;i<(1<<m);i++){          //2ᵐ 种状态
        LL lcm=1;
        LL cnt=0;
        for(int j=0;j<m;j++){
            if(i&(1<<j)){               //从 m 中选出 j 个数
                lcm=LCM(lcm,a[j]);
                cnt++;
            }
        }
        if(cnt!=0){
            if(cnt&1)                   //奇加
```

```
                    sum+=n/lcm;
            else                                //偶减
                    sum-=n/lcm;
        }
    }
    printf(%lld "%lld\n",sum,n-sum);
    return 0;
}
```

11.2.3　矩形并的面积

问题描述：

在二维平面上，给定两个矩形，满足矩形的每条边分别和坐标轴平行，求这两个矩形并的面积，即它们重叠在一起的总面积。

输入：

8 个数，分别表示第一个矩形的左下角坐标为 (A,B)，右上角坐标为 (C,D)；第二个矩形的左下角坐标为 (E,F)，右上角坐标为 (G,H)。

保证 $A<C,B<D,E<G,F<H$。

保证所有数的绝对值不超过 2×10^9，矩形并的面积 $\leqslant2\times10^9$。

输出：

输出一个数，表示矩阵并的面积。

输入样例：

```
-30340-192
```

输出样例：

```
45
```

思路：简单容斥原理，注意判断相交面积是否合法即可。

参考程序：

```
#include<iostream>
#include<cstdio>
#include<cstdlib>
#include<string>
#include<cstring>
#include<cmath>
#include<ctime>
#include<algorithm>
#include<utility>
#include<stack>
#include<queue>
#include<vector>
#include<set>
#include<map>
#define EPS 1e-9
#define PI acos(-1.0)
#define INF 0x3f3f3f3f
#define LL long long
```

```
const int MOD = 1E9+7;
const int N = 2000+5;
const int dx[] = {0,0,-1,1,-1,-1,1,1};
const int dy[] = {-1,1,0,0,-1,1,-1,1};
using namespace std;
struct Node{
    LL x;
    LL y;
}A1,A2,B1,B2,C1,C2;
int main(){
    scanf("%lld%lld%lld%lld",&A1.x,&A1.y,&A2.x,&A2.y);
    scanf("%lld%lld%lld%lld",&B1.x,&B1.y,&B2.x,&B2.y);

    C1.x=max(min(A1.x,A2.x),min(B1.x,B2.x));
    C1.y=max(min(A1.y,A2.y),min(B1.y,B2.y));
    C2.x=min(max(A1.x,A2.x),max(B1.x,B2.x));
    C2.y=min(max(A1.y,A2.y),max(B1.y,B2.y));
    LL s1=(A2.x-A1.x) * (A2.y-A1.y);
    LL s2=(B2.x-B1.x) * (B2.y-B1.y);
    LL s3=(C2.x-C1.x) * (C2.y-C1.y);

    if(C2.x>C1.x&&C2.y>C1.y)
        printf("%d\n",s1+s2-s3);
    else
        printf("%d\n",s1+s2);
    return 0;
}
```

11.2.4 2月29日

2012 年是闰年,所以这一年有 2 月 29 日。有趣的是,在这一年 2 月 29 日出生的婴儿,会在 2016 年再次过生日,这又是一个闰年。所以 2 月 29 日只存在于闰年。闰年是每 4 年才有一次吗?被 4 整除的年份是闰年,但被 100 整除的年份就不是闰年,除非能被 400 整除的年份才是闰年。

在这个问题中,若给出两个不同的日期,请找出两个日期之间的闰日数。

输入:

输入以整数 $T(T \leqslant 550)$ 开始,表示测试用例的数量。

每个测试用例有两行:第一行代表第一个日期;第二行代表第二个日期。注意,第二个日期不代表比第一个日期早的日期。日期的格式为“月、日、年”,具体格式请看示例输入。可以保证日期是有效的,年份为 $2 \times 10^3 \sim 2 \times 10^9$。为了方便,下面给出了月份列表和每个月的天数。可以假设给定的所有日期都是有效日期。

任何顺序都会与报告不一致,因此答案为 0。

输出:

对于每个测试用例,打印测试用例编号和给定两个日期之间的闰日数(包括最终年)。

输入样例:

```
4
January 12, 2012
March 19, 2012
August 12, 2899
August 12, 2901
August 12, 2000
August 12, 2005
February 29, 2004
February 29, 2012
```

输出样例：

```
Case 1: 1
Case 2: 0
Case 3: 1
Case 4: 3
```

题意：t 组数据，每组给出两个日期，求这两个日期间闰日的个数。

思路：

首先将用字母表示的时间使用 map 存储，转换为数字，然后再考虑两个时间范围内的闰日个数。

由于数据范围的原因，对每个日期进行暴力枚举一定会超时，因此可以考虑计算起始时间中闰年的个数与终止时间中闰年的个数，两个结果之差就是两日期间闰年的个数，计算起始、终止时间的闰年个数可以使用容斥原理，即闰年数＝能被 4 整除＋能被 400 整除－能被 100 整除，如图 11-3 所示。

图 11-3　利用容斥定理求闰年

参考程序：

```cpp
# include<iostream>
# include<cstdio>
# include<cstdlib>
# include<string>
# include<cstring>
# include<cmath>
# include<ctime>
# include<algorithm>
# include<utility>
# include<stack>
# include<queue>
# include<deque>
# include<vector>
# include<set>
# include<map>
#define PT acos(-1.0)
#define E 1e-6
#define INF 0x3f3f3f3f
#define N 3001
#define LL long long
```

```
const int MOD=1e9+7;
const int dx[]={-1,1,0,0};
const int dy[]={0,0,-1,1};
using namespace std;
map<string,int> mp;
bool judge(int year){                          //判断是否为闰年
    if(year%4==0)
        if(year%400==0||year%100!=0)
            return true;
    return false;
}
int calculate(int year){                       //计算当年之前有多少个闰年
    int run=year/4+year/400-year/100;
    return run;
}
int main(){
    mp["January"]=1;
    mp["February"]=2;
    mp["March"]=3;
    mp["April"]=4;
    mp["May"]=5;
    mp["June"]=6;
    mp["July"]=7;
    mp["August"]=8;
    mp["September"]=9;
    mp["October"]=10;
    mp["November"]=11;
    mp["December"]=12;

    int t;
    scanf("%d",&t);
    int Case=1;
    while(t--){
        char str1[20],str2[20];
        int m1,m2;                             //月
        int d1,d2;                             //日
        int y1,y2;                             //年
        scanf("%s%d,%d",str1,&d1,&y1);
        scanf("%s%d,%d",str2,&d2,&y2);

        if(mp.count(str1)!=0)
            m1=mp[str1];
        if(mp.count(str2)!=0)
            m2=mp[str2];

        int res=calculate(y2)-calculate(y1);
                    //计算两个年份之间有多少个闰年,不含起始年、含最终年
        if(judge(y1)&&m1<=2)
            res++;
        if(judge(y2) && (m2<2||m2==2&&d2<=28) )
```

```
            res--;

        printf("Case %d: %d\n",Case++,res);
    }
    return 0;
}
```

11.2.5　跳蚤

Z 城市有很多只跳蚤。在 Z 城市周六生活频道有一个娱乐节目,一只跳蚤将被请上一个高空钢丝的正中央,钢丝很长,可以看作无限长。节目主持人会给该跳蚤发一张卡片,卡片上写有 $N+1$ 个自然数,其中最后一个自然数是 M,而前 N 个自然数都不超过 M,卡片上允许有相同的数字。跳蚤每次可以从卡片上任意选择一个自然数 S,然后向左或向右跳 S 个单位长度。它最终的任务是跳到距离它左边一个单位长度的地方,并捡起位于那里的礼物。

比如,当 $N=2,M=18$ 时,持有卡片(10, 15, 18)的跳蚤就可以完成任务:它可以先向左跳 10 个单位长度,然后再连续向左跳 3 次,每次 15 个单位长度,最后再向右连续跳 3 次,每次 18 个单位长度。而持有卡片(12, 15, 18)的跳蚤则怎么也不可能跳到距它左边一个单位长度的地方。

当确定 N 和 M 后,显然一共有 M^N 张不同的卡片。现在的问题是,求在所有的卡片中有多少张卡片可以完成任务。

输入:

两个整数 N 和 $M(N \leqslant 15, M \leqslant 100000000)$。

输出:

可以完成任务的卡片数。

输入样例:

2 4

输出样例:

12

思路:

设卡片号为 $a_1, a_2, \cdots, a_n, m$,跳蚤跳到对应号的次数是 $x_1, x_2, \cdots, x_n$,跳 m 个单位长度的次数是 x_{n+1}。

那么,问题就转换为求 $a[1] * x_1 + a[2] * x_2 + \cdots + a[n] * x_n + m * x_{n+1} = 1$,一共有多少种情况。

而上述公式的实质是求 $GCD(a_1, a_2, \cdots, a_n, m) = 1$。

故先对 m 进行素因子分解,求出总的排列组合个数,即有 m^n 种,再根据容斥定理排除公因子非 1 的情况即可。

设 g 为公因子非 1 的情况数,$f(i)$ 表示有 i 个公因子的情况数,根据奇加偶减,有 $g = f(1) - f(2) + f(3) - \cdots f(k)$。

如代码所示,设 g 为公因子非 1 的情况数,$f(i)$ 表示有 i 个公因子的情况数,由容斥原

理得 $g=f(1)-f(2)+f(3)-\cdots f(k)$。

参考程序：

```cpp
#include<iostream>
#include<cstdio>
#include<cstdlib>
#include<string>
#include<cstring>
#include<cmath>
#include<ctime>
#include<algorithm>
#include<utility>
#include<stack>
#include<queue>
#include<vector>
#include<set>
#include<map>
#define EPS 1e-9
#define PI acos(-1.0)
#define INF 0x3f3f3f3f
#define LL long long
const int MOD = 1E9+7;
const int N = 2000+5;
const int dx[] = {0,0,-1,1,-1,-1,1,1};
const int dy[] = {-1,1,0,0,-1,1,-1,1};
using namespace std;
LL n,m;
LL factor[N];
LL sum[N];
LL num,cnt;
void Get_Factor() {                        //分解质因子
    num=0;
    LL temp=m;
    for(LL i=2; i*i<=temp; i++) {
        if(temp%i==0) {
            factor[num++]=i;
            while(temp%i==0)
                temp=temp/i;
        }
    }
    if(temp!=1)
        factor[num++]=temp;
}

LL quick_pow(LL a,LL b) {
    LL r=1,base=a;
    while(b) {
        if(b&1)
            r*=base;
        base*=base;
```

```
            b>>=1;
        }
        return r;
}
LL dfs(LL a,LL b,LL c) {                //dfs得到卡片中 n+1 个数有 c 的公因子时的方法数
    if(b==c) {
        LL temp=m;
        for(LL i=0; i<c; i++)
            temp/=sum[i];               //表示 [1,x] 中有多少个数是倍数
        cnt+=quick_pow(temp,n);         //选 n 个数,每个数有 x 种选择
    } else {
        for(LL i=a; i<num; i++) {
            sum[b]=factor[i];
            dfs(i+1,b+1,c);
        }
    }
}
int main() {
    while(scanf("%lld%lld",&n,&m)!=EOF&&(n+m)) {
        Get_Factor();
        LL res=quick_pow(m,n);          //m^n

        for(LL i=1; i<=num; i++) {
            cnt=0;
            dfs(0,0,i);

            if(i%2)                     //奇加偶减
                res-=cnt;
            else
                res+=cnt;
        }
        printf("%lld\n",res);
    }
    return 0;
}
```

11.2.6 帮助蝉

问题描述:

蝉是一种有透明的大眼睛和纹理分明的翅膀的昆虫,类似于"罐子苍蝇"。这种昆虫被认为是在 180 万年前的更新世时期进化的。世界上大约有 2500 种蝉生活在温带、热带地区。

它们都是吸吮昆虫,用尖尖的口器刺穿植物,吮吸汁液。但也有一些捕食者(如鸟类、蝉杀手黄蜂)会攻击蝉。每一种捕食者都有一个攻击蝉的周期。例如,鸟类每 3 年攻击它们一次;黄蜂每 2 年攻击一次。所以,如果蝉在第 12 年出现,那么鸟类或黄蜂就会攻击它们。它们若在第 7 年出来,就没有捕食者攻击它们。

首先,它们会选择一个代表可能寿命的数字 N,然后会有一个整数 M 表示捕食者的总

数。以下 M 行个整数表示每种捕食者的生命周期。在 $1 \sim N$ 范围内不能被 M 个生命周期中任何一个数整除的数将被认为是蝉的安全出现年份。现在你想帮助它们。

输入描述：

输入以整数 $T(T \leqslant 125)$ 开始，表示测试用例的数量。

每种情况包含两个整数 $N(1 \leqslant N < 2^{31})$ 和 $M(1 \leqslant M \leqslant 15)$。下一行包含 M 个正整数（32 位有符号整数），表示捕食者的生命周期。

输出描述：

对于每个测试用例，打印蝉的用例编号和安全出现的天数。

输入样例：

```
2
15 3
2 3 5
10 4
2 4 5 7
```

输出样例：

```
Case 1: 4
Case 2: 3
```

题意：t 组数据，每组给出一个数 n 和 m 个数，问：从这 m 个数中，$1 \sim n$ 间不能被这 m 个数中任意一个整除的数有多少个？

思路：

对于任意一个数 $a[i]$ 来说，我们知道在 $1 \sim n$ 中有 $n/a[i]$ 个数是 $a[i]$ 的倍数，但这样将 m 个数扫一遍一定会有重复的数，因此需要用到容斥原理。

根据容斥定理的奇加偶减，对于 m 个数来说，其中任意 $2,4,\cdots,2k$ 个数要减去它们最小公倍数能组成的数，$1,3,\cdots,2k+1$ 个数要加上它们的最小公倍数，因此 m 个数就有 2^m 种情况，对于每种状态，依次判断由多少种数组成，然后再进行奇加偶减。

根据容斥原理有：sum＝从 m 中选 1 个数得到的倍数的个数－从 m 中选 2 个数得到的倍数的个数＋从 m 中选 3 个数得到的倍数的个数－从 m 中选 4 个数得到的倍数的个数……

最后的答案是 $n-$ sum。

参考程序：

```cpp
#include<iostream>
#include<cstdio>
#include<cstdlib>
#include<string>
#include<cstring>
#include<cmath>
#include<ctime>
#include<algorithm>
#include<utility>
#include<stack>
#include<queue>
#include<vector>
```

```
#include<set>
#include<map>
#define EPS 1e-9
#define PI acos(-1.0)
#define INF 0x3f3f3f3f
#define LL long long
const int MOD = 1E9+7;
const int N = 2000+5;
const int dx[] = {0,0,-1,1,-1,-1,1,1};
const int dy[] = {-1,1,0,0,-1,1,-1,1};
using namespace std;
LL GCD(LL a,LL b){
    return !b? a:GCD(b,a%b);
}
LL LCM(LL a,LL b){
    return a/GCD(a,b) * b;
}
LL a[N];
int main(){
    int t;
    scanf("%d",&t);
    int Case=1;
    while(t--){
        LL n;
        int m;
        scanf("%lld%d",&n,&m);
        for(int i=0;i<m;i++)
            scanf("%lld",&a[i]);
        LL sum=0;
        for(int i=0;i<(1<<m);i++){              //2^m 种状态
            LL lcm=1;
            LL cnt=0;
            for(int j=0;j<m;j++){
                if(i&(1<<j)){                    //从 m 中选出 j 个数
                    lcm=LCM(lcm,a[j]);
                    cnt++;
                }
            }
            if(cnt!=0){
                if(cnt&1)                        //奇加
                    sum+=n/lcm;
                else                             //偶减
                    sum-=n/lcm;
            }
        }

        printf("Case %d: %lld\n",Case++,n-sum);
    }
    return 0;
}
```

一共有 $n(n \leqslant 20000)$ 个人(以 $1 \sim n$ 编号)向佳佳要照片,而佳佳只能把照片给其中的 k 个人。佳佳按照与他们关系好坏的程度给每个人赋予一个初始权值 $W[i]$。然后将初始权值从大到小进行排序,每人就有了一个序号 $D[i]$(取值同样是 $1 \sim n$)。按照这个序号对 10 取模的值将这些人分为 10 类。也就是说,定义每个人的类别序号 $C[i]$ 的值为 $(D[i]-1)$ mod 10 $+1$,显然,类别序号的取值为 $1 \sim 10$。第 i 类的人将会额外得到 $E[i]$ 的权值。你需要做的就是求加上额外权值以后,最终权值最大的 k 个人,并输出他们的编号。在排序中,如果两人的 $W[i]$ 相同,编号小的优先。

11.2.7 你能找到多少个整数

问题描述:

有一个自然数 N 和一个整数集 M,请问能找出多少个整数,这些整数都比 N 小,并且它们可以被集合中的任何整数整除。例如,$N=12$ 和整数集 $M\{2,3\}$,所以有另一组整数集 $\{2,3,4,6,8,9,10\}$ 的所有整数集可以被 2 或 3 整除。因此,只输出数字 7。

输入:

有很多例子。对于每种情况,第一行包含两个整数 N 和 M,接下来的一行包含 M 个整数,它们都不相同。$0 < N < 2^{31}$,$0 < M \leqslant 10$,M 的整数是非负的,不会超过 20。

输出:
对于每种情况,输出相应数字

输入样例:

```
12 2
2 3
```

输出样例:

```
7
```

题意:

给出一个数 N 和 M 个数,问这 M 个数中,$1 \sim N-1$ 中能被这 M 个数中任意一个数整除的个数。

思路:

与容斥定理的思路一致,需要注意两点:一是本题求的是能被整除的数的个数,因此最后不需要用 N-sum,二是根据给出 N,范围是 $1 \sim N-1$。

参考程序:

```
#include<iostream>
#include<cstdio>
#include<cstdlib>
#include<string>
#include<cstring>
#include<cmath>
#include<ctime>
#include<algorithm>
#include<utility>
#include<stack>
```

```
#include<queue>
#include<vector>
#include<set>
#include<map>
#define EPS 1e-9
#define PI acos(-1.0)
#define INF 0x3f3f3f3f
#define LL long long
const int MOD = 1E9+7;
const int N = 2000+5;
const int dx[] = {0,0,-1,1,-1,-1,1,1};
const int dy[] = {-1,1,0,0,-1,1,-1,1};
using namespace std;

LL a[N];
LL GCD(LL a,LL b) {
    return b==0? a:GCD(b,a%b);
}


LL LCM(LL a,LL b){
    return a/GCD(a,b) * b;
}
int main() {
    LL n,m;
    while(scanf("%lld%lld",&n,&m)!=EOF&&(n+m)) {
        int tot=0;
        for(LL i=0; i<m; i++){
            LL val;
            scanf("%lld",&val);
            if(val>0&&val<n)
                a[tot++]=val;
        }

        LL sum=0;
        for(LL i=1; i<(1<<tot); i++) {          //2ᵐ 种状态
            LL lcm=1;
            LL cnt=0;
            for(LL j=0; j<tot; j++) {            //从 m 中选出 j 个数
                if(i&(1<<j)) {
                    lcm=LCM(lcm,a[j]);
                    cnt++;
                }
            }

            if(cnt!=0){
                if(cnt&1)                        //奇加
                    sum+=(n-1)/lcm;
                else                             //偶减
                    sum-=(n-1)/lcm;
            }
```

```
    }
    if(sum<0)
        sum=0;
    printf("%lld\n",sum);
    }
    return 0;
}
```

11.3 排 列

从 n 个元素的集合 S 中有序地选出 r 个元素,叫作 A 的一个 r 排列,不同的排列总数记作 A_n^r 或 $A(n,r)$。

如果两个排列所含元素不全相同,或所含元素相同但顺序不同,就会被认为是不同的排列。

11.3.1 可重复排列

用 $1,2,3,4,5$ 组成一个 3 位数,一共可以组成多少个不同的 3 位数。很明显,是 $5 \times 5 \times 5 = 125$。

从 n 个不同的元素中可重复地取出 m 个元素,按照一定顺序排成一列,叫作相异元素可重复排列。

相异元素可重复排列的方案数为 n^x。

11.3.2 不可重复排列

用 $1,2,3,4,5$ 组成一个无重复数字的 3 位数,最多可以组成多少个不同的 3 位数,体会一下与上一题的区别,结果是 $5 \times 4 \times 3 = 60$。

不可重复排列是指在 n 个不同元素中选 r 个元素按照一定顺序排成一列。

1. 选排列

从 n 个不同元素中取出 r 个元素,按照一定顺序排成一列,当 $r < n$ 时,叫作从 n 个不同元素中取出 r 个不同元素的一种选排列。

使用乘法原理,可以推出选排列的方案数。

模板:输入两个整数 n 和 r,输出 $A(n,r)$ 的所有方案。

```
int n,r;
int data[N];
int vis[N];
void Done(int i){
    if(i==r){                               //若相等,则说明已经生成一个排列
        for(int j=0;j<r-1;j++)              //输出排列
            printf("%d",data[j]+1);
        printf("%d\n",data[r-1]+1);

        return;                             //回溯寻找下一种排列
```

```
        }

    for(int j=0;j<n;j++){
        if(!vis[j]){                        //若没有在该排列前面出现过
            vis[j]=true;
            data[i]=j;                       //则在该位置上就选择 j

            Done(i+1);

            vis[j]=false;
        }
    }
}
int main(){
    memset(vis,false,sizeof(vis));
    scanf("%d%d",&n,&r);
    Done(0);
    return 0;
}
```

2. 全排列

从 n 个不同的元素中取出 r 个元素，按照一定顺序排成一列，当 $r=n$ 时，叫作 n 个不同元素的全排列。

全排列的方案数：

C++ 中，头文件＜algorithm＞ 里的 next_permutation 函数，可产生字典序的全排列。

关于 next_permutation 函数的用法：

对于给定的任意一种排列组合，如果能求出下一个排列的情况，那么求得所有全排列情况就容易了。

利用 next_permutation 的返回值，通过判断排列是否结束，即可求出全排列。

```
int a[N];
void all_permutation(int n)
{
    sort(a,a+n);
    do{
        for(int i=0; i<n; i++)
            printf("%d ",a[i]);
        printf("\n");
    }while(next_permutation(a,a+n));
}
```

下面给出一种全排列的情况，使用 next_permutation 函数可以生成下一种全排列的情况，因此一般先使用 sort 进行排序，即可生成所有全排列的情况。

```
int a[N];
int main(){
    int n;
    scanf("%d",&n);
```

```
for(int i=0;i<n;i++)
    scanf("%d",&a[i]);
sort(a,a+n);
do{
    for(int i=0;i<n;i++)
        printf("%d ",a[i]);
    printf("\n");
}while(next_permutation(a,a+n));
return 0;
}
```

11.3.3 不全相异元素的选排列

若在 n 个元素中有 n_1 个元素彼此相同，n_2 个元素彼此相同……n_m 个元素彼此相同，且 $n_1+n_2+\cdots+n_m=r$，则从这 n 个元素中选出 r 个元素的选排列叫作不全相异元素的选排列，排列数的计算公式为

$$\frac{A(n,r)}{(n_1! \ * n_2! \ * \cdots * n_m!)}$$

11.3.4 不全相异元素的全排列

若在 n 个元素中有 n_1 个元素彼此相同，n_2 个元素彼此相同……n_m 个元素彼此相同，且 $n_1+n_2+\cdots+n_m=n$，则这 n 个元素的全排列叫作不全相异元素的全排列。

其排列数的计算公式为

$$\frac{n!}{(n_1! \ * n_2! \ * \cdots * n_m!)}$$

11.3.5 错位排列

书架上有 6 本书，编号为 $1\sim6$，取出来再放回去，要求每本书都不在原来的位置上，问有多少种放法？

分析：本题要求 $1\sim6$ 的错位排列，使用容斥原理有

$$D_6=6! \ * \left(1-\frac{1}{1}!+\frac{1}{2}!-\frac{1}{3}!+\frac{1}{4}!-\frac{1}{5}!+\frac{1}{6}!\right)=265$$

设 $(a_1,a_2,\cdots,a_n)$ 是 $\{1,2,\cdots,n\}$ 的一个全排列，若对任意的 $i\in\{1,2,\cdots,n\}$ 都有 $a_i\neq i$，则称 $(a_1,a_2,\cdots,a_n)$ 是 $\{1,2,\cdots,n\}$ 的错位排列。

用 D_n 表示 $\{1,2,\cdots,n\}$ 的错位排列的个数，于是有

$$D_n=n! \ * \left(1-\frac{1}{1}!+\frac{1}{2}!-\frac{1}{3}!+\cdots+\frac{(-1)^n}{n}!\right)=265$$

11.3.6 圆排列

从 n 个不同的元素中选取 r 个元素，不分首尾地围成一个圆圈的排列叫作圆排列，其排列方案数为 $A(n,r)/r$。

当 $r=n$ 时，为圆排列的全排列，其排列方案数为 $n!/n=(n-1)!$。

例题：有男、女各 5 人,其中有 3 对夫妇,沿 10 个位置的圆桌就座,若每对夫妇都要坐在相邻的位置上,问有多少种坐法?

分析：先让 3 对夫妇中的妻子和其他 4 人就座,根据圆排列公式,共有 7! /7＝6! 种坐法,然后每位丈夫都可以坐到自己妻子的左、右两边,因此共有 6! ＊2＊2＊2＝5760 种坐法。

11.3.7 卡片排列

现有 4 张卡片,用这 4 张卡片能排列出很多不同的 4 位数,要求按从小到大的顺序输出这些 4 位数。

输入：

每组数据占一行,代表 4 张卡片上的数字(0≤数字≤9),如果 4 张卡片都是 0,则输入结束。

输出：

对每组卡片按从小到大的顺序输出所有能由这 4 张卡片组成的 4 位数,千位数字相同的在同一行,同一行中每个 4 位数间用空格分隔。

每组输出数据间空一行,最后一组数据后面没有空行。

输入样例：

```
1 2 3 4
1 1 2 3
0 1 2 3
0 0 0 0
```

输出样例：

```
1234 1243 1324 1342 1423 1432
2134 2143 2314 2341 2413 2431
3124 3142 3214 3241 3412 3421
4123 4132 4213 4231 4312 4321

1123 1132 1213 1231 1312 1321
2113 2131 2311
3112 3121 3211

1023 1032 1203 1230 1302 1320
2013 2031 2103 2130 2301 2310
3012 3021 3102 3120 3201 3210
```

思路：对于给出的每组数,直接用 next_permutation() 求全排列即可。

参考程序：

```cpp
#include<iostream>
#include<cstdio>
#include<cstdlib>
#include<string>
#include<cstring>
#include<cmath>
#include<ctime>
```

```cpp
#include<algorithm>
#include<utility>
#include<stack>
#include<queue>
#include<vector>
#include<set>
#include<map>
#define EPS 1e-9
#define PI acos(-1.0)
#define INF 0x3f3f3f3f
#define LL long long
const int MOD = 1E9+7;
const int N = 3000+5;
const int dx[] = {0,0,-1,1,-1,-1,1,1};
const int dy[] = {-1,1,0,0,-1,1,-1,1};
using namespace std;

int a[N];
int main(void) {
    int Case=0;
    while(~scanf("%d%d%d%d",&a[0],&a[1],&a[2],&a[3])) {
        if(a[0]+a[1]+a[2]+a[3]==0)
            break;

        sort(a,a+4);

        if(Case!=0)
            printf("\n");
        Case++;

        int now=a[0];
        int i=0;
        while(a[i]==0)
            now=a[++i];

        bool flag=true;
        do {
            if(a[0]==0) {
                continue;
            }
            if(flag) {
                printf("%d%d%d%d",a[0],a[1],a[2],a[3]);
                flag=false;
            }
            else if(a[0]==now) {
                printf(" %d%d%d%d",a[0],a[1],a[2],a[3]);
            }
            else {
                printf("\n%d%d%d%d",a[0],a[1],a[2],a[3]);
            }
```

```
            now=a[0];
        } while(next_permutation(a,a+4));
        printf("\n");
    }
    return 0;
}
```

11.3.8 疯狂外星人

人类在一处飞行器遗骸处发现了幸存的外星人。人类和外星人都无法理解对方的语言,但是我们的科学家发明了一种用数字交流的方法。这种交流方法是这样的:首先,外星人把一个非常大的数字告诉人类科学家,科学家破解这个数字的含义后,再把一个很小的数字加到这个大数上面,把结果告诉外星人,作为人类的回答。

外星人用一种非常简单的方式——掰手指表示数字。外星人只有一只手,但这只手上有成千上万的手指,这些手指排成一列,分别编号为 1,2,3…。外星人的任意两根手指都能随意交换位置,他们就是通过这种方法计数的。

一个外星人用一个人类的手演示了如何用手指计数。如果把 5 根手指——拇指、食指、中指、无名指和小指分别编号为 1,2,3,4 和 5,当它们按正常顺序排列时,形成 5 位数 12345,当交换无名指和小指的位置时,会形成 5 位数 12354,当 5 个手指的顺序完全颠倒时,会形成 54321,在所有能够形成的 120 个 5 位数中,12345 最小,表示 1;12354 第二小,表示 2;54321 最大,表示 120。下面展示了只有 3 根手指时能够形成的 6 个 3 位数和它们代表的数字。

三位数:123、132、213、231、312、321。

代表的数字:1、2、3、4、5、6。

现在你有幸成为第一个和外星人交流的地球人。一个外星人会让你看他的手指,科学家会告诉你要加上去的很小的数。你的任务是,把外星人用手指表示的数与科学家告诉你的数相加,并根据相加的结果改变外星人手指的排列顺序。输入数据,保证这个结果不会超出外星人手指能表示的范围。

输入:

共三行。

第一行是一个正整数 N($1 \leqslant N \leqslant 10000$),表示外星人手指的数目。

第二行是一个正整数 M($1 \leqslant M \leqslant 100$),表示要加上去的小整数。

第三行是 1 到 N 这 N 个整数的一个排列,用空格隔开,表示外星人手指的排列顺序。

输出:

N 个整数,表示改变后的外星人手指的排列顺序。每两个相邻的数中间用一个空格分开,不能有多余的空格。

输入样例:

```
5
3
1 2 3 4 5
```

输出样例:

```
1 2 4 5 3
```

思路：实质是求全排列，使用 STL 的 next_permutation() 即可解决。

参考程序：

```cpp
#include<iostream>
#include<cstdio>
#include<cstring>
#include<cmath>
#include<algorithm>
#include<string>
#include<cstdlib>
#include<queue>
#include<set>
#include<map>
#include<stack>
#include<ctime>
#include<vector>
#define INF 0x3f3f3f3f
#define PI acos(-1.0)
#define N 200001
#define MOD 1e9+7
#define E 1e-6
#define LL long long
using namespace std;
int a[N];
int main()
{
    int n,m;
    cin>>n>>m;
    for(int i=1;i<=n;i++)
        cin>>a[i];
    for(int i=1;i<=m;i++)
        next_permutation(a+1,a+n+1);
    for(int i=1;i<=n;i++)
        cout<<a[i]<<" ";
    cout<<endl;
    return 0;
}
```

11.3.9 重排列得到 2 的幂

问题描述：

娜娜有一个数 N，现在她想把 N 的每一位重排列，使得得到的结果为 2 的幂。

请问娜娜能得到 2 的幂吗？

注意，重排列后不允许有前导 0。

样例解释：46 重排列成 64，为 2^6。

输入：

输入一个数 $N(1 \leqslant N \leqslant 10^9)$。

输出：

若满足条件，则输出 true；

若不满足条件，则输出 false。

输入样例：

```
46
```

输出样例：

```
true
```

思路：提前将 2^i 打好表，然后对数字 n 去分解每一位，再对所有位进行全排列，与表中的数字进行比较即可。注意，由于 n 最大到 10^9，因此打表需要使用 map。

参考程序：

```cpp
#include<iostream>
#include<cstdio>
#include<cstdlib>
#include<string>
#include<cstring>
#include<cmath>
#include<ctime>
#include<algorithm>
#include<utility>
#include<stack>
#include<queue>
#include<vector>
#include<set>
#include<map>
#define EPS 1e-9
#define PI acos(-1.0)
#define INF 0x3f3f3f3f
#define LL long long
const int MOD = 1E9+7;
const int N = 4000000+5;
const int dx[] = {0,0,-1,1,-1,-1,1,1};
const int dy[] = {-1,1,0,0,-1,1,-1,1};
using namespace std;
int bit[15],tot;
map<int,int> mp;
void init(){
    for(int i=0; i<31; ++i)
        mp[1<<i]=1;
}
int main() {
    init();
    int n;
    scanf("%d",&n);
    while(n) {                          //分解每一位
        bit[tot++]=n%10;
```

```
            n/=10;
        }
        sort(bit,bit+tot);
        bool flag=false;
        do {                                    //对所有位数全排列
            int sum=0;
            if(bit[0]==0)
                continue;
            for(int i=0; i<tot; ++i)
                sum=sum*10+bit[i];
            if(mp[sum]==1) {                     //逐个判断每一位
                flag=true;
                break;
            }
        } while(next_permutation(bit,bit+tot));
        if(flag)
            puts("true");
        else
            puts("false");
        return 0;
}
```

11.3.10 permutation（排列）

问题描述：

长度为 n 的序列称为排列，当且仅当它由前 n 个正整数组成，且每个数字恰好出现一次。

这里定义了排列 $p_1, p_2, \cdots, p_n$ 的差序列 $p_2 - p_1, p_3 - p_2, \cdots, p_n - p_{n+1}$。换言之，差序列的长度为 $n-1$，第 i 项为 $p_{i+1} - p_i$。

现在给出两个整数 N、K。请找出长度为 N 的排列，使其差序列在所有长度为 N 的排列的所有差序列中按字典顺序是第 K 个最小的。

输入：

第一行包含一个整数 T，表示有 T 个测试。

每个测试由一行中的两个整数 N、K 组成。

(1) $1 \leqslant T \leqslant 40$

(2) $2 \leqslant N \leqslant 20$

(3) $1 \leqslant K \leqslant \min(10^4, N!)$

输出：

对于每项测试，请在一行中输出 N 个整数。这 N 个整数表示从 1 到 N 的排列，其差序列在字典顺序上是第 K 个最小的。

输入样例：

```
7
3 1
3 2
3 3
```

```
3 4
3 5
3 6
20 10000
```

输出样例：

```
3 1 2
3 2 1
2 1 3
2 3 1
1 2 3
1 3 2
20 1 2 3 4 5 6 7 8 9 10 11 13 19 18 14 16 15 17 12
```

题意：T 组数据，每组给出 N、K 两个数，定义差排列为，求 N 的全排列，并求出 N 的所有全排列中差序列字典序第 K 小的排列。

思路：

K 的范围是 $1 \sim \min(1E4, N!)$，而 N 的最大值是 20，当 $N = 8$ 时，$N! = 40320$，因此 K 的最大值是 10^4。

故对 N 分情况讨论。

$N \leqslant 8$ 时，直接求出所有差序列的全排列，然后排序后输出即可。

$N \geqslant 9$ 时，第一位直接取 N，然后再取剩下的 $N - 1$ 位的全排列，到 K 为止即可。

参考程序：

```cpp
#include<iostream>
#include<cstdio>
#include<cstdlib>
#include<string>
#include<cstring>
#include<cmath>
#include<ctime>
#include<algorithm>
#include<utility>
#include<stack>
#include<queue>
#include<vector>
#include<set>
#include<map>
#include<unordered_map>
#include<bitset>
#define PI acos(-1.0)
#define INF 0x3f3f3f3f
#define LL long long
#define Pair pair<int,int>
LL quickPow(LL a,LL b){ LL res=1; while(b){if(b&1)res*=a; a*=a; b>>=1;} return
res; }
LL multMod(LL a,LL b,LL mod){ a%=mod; b%=mod; LL res=0; while(b){if(b&1)res=
(res+a)%mod; a=(a<<=1)%mod; b>>=1; } return res%mod;}
```

```
LL quickPowMod(LL a, LL b,LL mod) { LL res=1,k=a; while(b) {if((b&1))res=multMod
(res,k,mod)%mod; k=multMod(k,k,mod)%mod; b>>=1; } return res%mod; }
LL getInv(LL a,LL mod) { return quickPowMod(a,mod-2,mod); }
LL GCD(LL x,LL y) { return !y? x:GCD(y,x%y); }
LL LCM(LL x,LL y) { return x/GCD(x,y) * y; }
const double EPS = 1E-10;
const int MOD = 998244353;
const int N = 10000+5;
const int dx[] = {-1,1,0,0,1,-1,1,1};
const int dy[] = {0,0,-1,1,-1,1,-1,1};
using namespace std;

struct Node {
    int pos[22], p[22];
} node[50005];
int n,k;
bool cmp(Node x, Node y) {
    for (int i = 1; i < n; i++) {
        if (x.p[i] != y.p[i])
            return x.p[i] < y.p[i];
    }
}
int a[25];
int main() {
    int t;
    scanf("%d", &t);
    while (t--) {
        scanf("%d%d", &n, &k);

        if (n <= 8) {                                    //n≤8时
            for (int i = 1; i <= n; i++)
                a[i] = i;
            for (int i = 1; i <= n; i++)                 //记录位置
                node[1].pos[i] = a[i];
            for (int i = 2; i <= n; i++)                 //求差排列
                node[1].p[i - 1] = a[i] - a[i - 1];

            int num = 2;
            while (next_permutation(a + 1, a + 1 + n)) { //生成全排列
                for (int i = 1; i <= n; i++)
                    node[num].pos[i] = a[i];
                for (int i = 2; i <= n; i++)
                    node[num].p[i - 1] = a[i] - a[i - 1];
                num++;
            }
            sort(node + 1, node + num, cmp);
            for (int i = 1; i <= n - 1; i++)
                printf("%d ", node[k].pos[i]);
            printf("%d\n", node[k].pos[n]);
        }
```

```
        else {                                            //n≥9时
            printf("%d ",n);                              //第一位一定是n
            for(int i=1;i<=n-1;i++)                        //剩余的n-1位
                a[i]=i;
            if (k == 1) {
                for(int i=1;i<=n-2;i++)
                    printf("%d ",a[i]);
                printf("%d\n",a[n-1]);
            }
            else{
                int num = 1;
                while (next_permutation(a + 1, a + 1 + (n - 1))) { //输出前k个数
                    num++;
                    if (num == k) {
                        for (int i = 1; i <= n - 2; i++)
                            printf("%d ", a[i]);
                        printf("%d\n", a[n - 1]);
                        break;
                    }
                }
            }
        }
    }
    return 0;
}
```

11.4　组　　合

从 n 个元素的集合 S 中无序地选出 r 个元素,叫作 S 的一个 r 组合。

如果两个组合中至少有一个元素不同,它们就被认为是不同的组合。

11.4.1　不可重组合数

所有不同组合的个数,叫作组合数,记作 C_n^r 或 $C(n,r)$。

由于每种组合都可以扩展到 $r!$ 种排列,而总排列为 $A(n,r)$,所以组合数

$$C_n^r = \frac{A(n,r)}{r!} = \frac{n!}{r!\ (n-r)!}, r \leqslant n$$

特别地,$C(n,0)=1$。

11.4.2　可重复组合数

从 n 个不同的元素中无序选出 r 个元素组成一个组合,且允许这 r 个元素重复使用,则称这样的组合为可重复组合,其组合数记为

$$H_n^r = C_{n+r+1}^r = \frac{n+r-1}{r!\ (n-1)!}$$

11.4.3　不相邻组合数

从 $A=\{1,2,\cdots,n\}$ 中选取 m 个不相邻的组合,其组合数为 C_{n-m+1}^m。

例如:

(1) 一班有 10 名同学,二班有 8 名同学,现每个班级要选出 2 名学生参加一个座谈会,求有多少种选法?

根据组合数与乘法原理,共有 $C(10,2) \times C(8,2) = 1260$(种)。

(2) 某班有 10 名学生,其中有 4 名女学生,现要选出 3 名学生,其中 3 名学生中至少有一名女学生,求有多少种选法?

根据组合数与加法原理,共有 $C(4,1) \times C(6,2) + C(4,2) \times C(6,1) + C(4,3) \times C(6,0) = 60 + 36 + 4 = 100$(种)。

11.4.4　组合数的常用公式

1. $C_n^m = C_n^{n-m}$

2. $C_n^m = C_{n-1}^m + C_{n-1}^{m-1}$

3. $C_n^{m+1} = \dfrac{n-m}{m+1} \times C_n^m$

4. $(a+b)^n = \displaystyle\sum_{k=0}^{n} C_n^k a^{n-k} b^k$(二项式定理)

特殊展开: $2^n = C_n^0 + C_n^1 + \cdots + C_n^{n-1} + C_n^m$ 为奇数时,有 $n \& m = n$。

11.4.5　求组合数的方法

首先,$C(n,m)$ 的值一定是自然数,因为连续 m 个自然数的积一定被 $m!$ 整除,因此求 $C(n,m)$ 的值,关键在于如何避免做除法。

1. 递归计算

利用式 $C_n^m = C_{n-1}^m + C_{n-1}^{m-1}$ 递归地计算组合数。

```
LL cal(LL n,LL k){
    if(n<k||k==0)
        return 0;
    if(n==k||k==1)
        return 1;
    return cal(n-1,k-1)+k*cal(n-1,k);
}
int main(){
    LL n,k;
    cin>>n>>k;
    cout<<cal(n,k)<<endl;
return 0;
}
```

2. 杨辉三角打表

利用式 $C_n^m = C_{n-1}^m + C_{n-1}^{m-1}$,将计算 $C(n,r)$ 的过程转换为加法来做,由于二项式的展开系数与杨辉三角一致,故该方法的实质就是求杨辉三角第 n 行、第 r 列上的数。

```
int f[N][N];
int main()
{
```

```
    f[0][0]=1;
    for(int i=1;i<=N-1;i++)
        for(int j=1;j<=i+1;j++)
            f[i][j]=f[i-1][j]+f[i-1][j-1];

    int n,r;
    scanf("%d%d",&n,&r);
    printf("%d\n",f[n+1][r+1]);

    return 0;
}
```

3. 公式化简打表

利用式 $C_n^{m+1} = \dfrac{n-m}{m+1} * C_n^m$，由于是除以 m，因此相对没那么容易越界。

```
int C[N];
void calculate(int n,int m){//C[i]即 C(n,i)的值
    C[0]=1;
    for(int i=1;i<=n;i++)
        C[i]=C[i-1] * (n-i+1)/i;
}
```

4. 约分求重数

约分之后，分母会变为 1，借此将除法转换为乘法，约分的方法是：计算 1 到 n 的任意一个质数在 $C(n,r)$ 的重数。

具体做法是：对分子、分母上的每个数分解质因子，用一个数组 $C[]$ 记录重数，若分子上的数分解出一个质因子 p，则 $C[p]$++；若分母上的数分解出一个质因子 p，则 $C[p]$--，最后将每个质因子按其重数连乘即可。

将公式 $C(n,r) = C(n,n-r)$ 转换为 $C_n^r = \dfrac{A(n,r)}{r!} = \dfrac{n!}{r! \ (n-r)!}$，通过直接计算质数 p 在 $n!$ 中的重数而得到数组 $C[]$，质数 p 在自然数 n 中的重数是指自然数 n 的质因数分解式质数 pp 出现的次数，质数 pp 在 $n!$ 的重数为 $n\,\mathrm{div}\,p + n\,\mathrm{div}\,p^2 + n\,\mathrm{div}\,p^3 + \cdots$，根据公式：$n\,\mathrm{div}\,p^{k+1} = n\,\mathrm{div}\,p^k\,\mathrm{div}\,p^3$，可以递推地求出 p 在 n 中的重数。

例如，$72 = 2 * 2 * 2 * 3 * 3$，质数 2 在 72 的重数是 3，质数 3 在 72 的重数是 2；$n=1000$，$p=3$ 时，有 1000 div 3＋1000 div 9＋1000 div 27＋1000 div 81＋1000 div 243＋1000 div 729＝333＋111＋37＋12＋4＋1＝498，因此 1000! 能被 3^{498} 整除，但不能被 3^{499} 整除，使用递推公式后，有 333 div 3＝111，111 div 3＝37，37 div 3＝12，12 div 3＝4，4 div 3＝1。

程序实现时，先求出 $1 \sim n$ 的所有质数，再对每个质数求重数，从而计算从 $n-r+1 \sim n$ 的因子的重数与从 $1 \sim r$ 的因子的重数，前者减去后者，$C[i]$ 中所存储的即约分后质数因子的重数，再利用高精度加法，存储答案，最后倒序输出即可。

```
#include<cstdio>
#include<cstring>
#include<vector>
const int N=30000;
vector<int> prime,C;
```

```
bool vis[N];
int res[10];
void Get_Prime()
{
    memset(vis,true,sizeof(vis));
    for(int i=2;i<=N;i++)
    {
        if(vis[i])
        {
            prime.push_back(i);                //存储质数
            C.push_back(0);                    //当前质数的重数为0
            for(int j=i*i;j<=N;j+=i)           //筛除所有以i为因子的数
                vis[j]=false;
        }
    }
}
void Add(int n,int p)                          //记录重数个数
{
    for(int i=0;i<prime.size()&&prime[i]<=n;i++)
    {
        while(!(n%prime[i]))
        {
            n/=prime[i];
            C[i]+=p;
        }
    }
}
int main()
{
    Get_Prime();                               //打表获取质数

    int n,r;
    scanf("%d%d",&n,&r);

    if(r>n-r)                                   //根据公式C(n,r)=C(n,n-r)简化计算
        r=n-r;

    for(int i=0;i<r;i++)
    {
        Add(n-i,1);                            //将n-r+1到n的因子加到C中
        Add(i+1,-1);                           //将1到r的因子从C中减去
    }

    memset(res,0,sizeof(res));
    res[0]=1;
    for(int i=0;i<prime.size();i++)            //枚举所有质数
    {
        for(int j=0;j<C[i];j++)                //枚举对应质数的重数
        {
            for(int k=0;k<10;k++)
```

```
                res[k] * =prime[i];
            for(int k=0;k<10;k++)            //高精存储答案
            {
                if(k<9)
                    res[k+1]+=res[k]/10;
                res[k]%=10;
            }
        }
    }

    for(int i=9;i>=0;i--)
        printf("%d",res[i]);
    printf("\n");

    return 0;
}
```

11.4.6　车

问题描述：

车是国际象棋中使用的一种棋子，一辆车只能从它当前的位置垂直或水平移动，如果一辆车在另一辆车的路径上，两辆车就会互相攻击，如图 11-4 所示。

在图 11-4 中，黑色方块表示车 R_1 从其当前位置可到达的位置。图 11-4 中还显示，车 R_1 和 R_2 处于攻击位置，而 R_1 和 R_3 处于非攻击位置，R_2 和 R_3 也处于非进攻位置。

现在给出两个数字 n 和 k，你的工作是确定一个人可以把 k 个棋子放在 $n*n$ 棋盘上的方法的数量，这样他们中就没有两个人处于攻击位置。

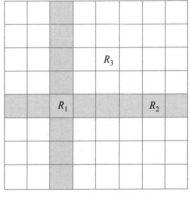

图 11-4　国际象棋图

输入：

输入整数 $t(t\leq350)$，表示测试用例的数量。

每个测试用例包含两个整数 $n(1\leq n\leq30)$ 和 $k(0\leq k\leq n^2)$。

输出：

对于每种情况，打印箱子编号和在给定大小的棋盘上放置给定数量的棋子的方式总数，以使它们中任意两个棋子都处于非攻击位置。可以放心地假设这个数字小于 10^{17}。

输入样例：

```
8
1 1
2 1
3 1
4 1
4 2
4 3
```

```
4 4
4 5
```

输出样例：

```
Case 1: 1
Case 2: 4
Case 3: 9
Case 4: 16
Case 5: 72
Case 6: 96
Case 7: 24
Case 8: 0
```

题意：t 组数据，给出一个 n 行 k 列的格子，要求每行每列最多只放 1 个棋子，问有几种放法？

思路：由于每行每列只能放一个，因此可以在 n 行中选出 k 行，然后再从 n 列选出 k 列随便放，即 $C(n,m) * A(n,m)$。

参考程序：

```cpp
#include<iostream>
#include<cstdio>
#include<cstdlib>
#include<string>
#include<cstring>
#include<cmath>
#include<ctime>
#include<algorithm>
#include<utility>
#include<stack>
#include<queue>
#include<vector>
#include<set>
#include<map>
#define EPS 1e-9
#define PI acos(-1.0)
#define INF 0x3f3f3f3f
#define LL long long
const int MOD = 1E9+7;
const int N = 1000+5;
const int dx[] = {0,0,-1,1,-1,-1,1,1};
const int dy[] = {-1,1,0,0,-1,1,-1,1};
using namespace std;

LL dp[N][N];
void init() {
    for(int i=1; i<=30; i++) {
        dp[i][0]=1;
        dp[i][1]=i*i;
    }
    for(int i=2; i<=30; i++)
```

```
        for(int j=2; j<=i; j++)
            dp[i][j]=dp[i][1] * dp[i-1][j-1]/j;
    }
int main() {
    init();
    int t;
    scanf("%d",&t);

    int Case=1;
    while(t--) {
        int n,k;
        scanf("%d%d",&n,&k);
        printf("Case %d: %lld\n",Case++,dp[n][k]);
    }
    return 0;
```

11.4.7　壁画

问题描述：

方女士非常喜欢绘画。她每天都画 GFW。每天绘画前，她通过将水和几袋颜料混合在一起，产生出奇妙的颜色。第 k 天，她将选择 k 个特定的颜料袋，并将其混合以得到当天要使用的颜料颜色。当她将一袋颜色为 A 的颜料和一袋颜色为 B 的颜料混合时，她将得到颜色为 A xor B 的颜料。

当她混合两袋具有相同颜色的颜料时，由于某些奇怪的原因，她将获得无色。现在，她的丈夫方先生不知道方女士第 k 天会选择哪 k 袋颜料。他想知道方女士如何通过不同的计划获得各种颜色的总和。

例如，假设 $n=3$，$k=2$，并且有 3 袋颜色为 2、1、2 的颜料。她可以通过 3 种不同的方案获得颜色 3、3、0。在这种情况下，方先生第二天得到的答案是 $3+3+0=6$。

方先生太忙了，他不想花太多时间在这件事上。你能帮他吗？

请把第一天到第 n 天的结果都告诉方先生。

输入：

输入几个测试用例，请处理到 EOF 结束。

对于每个测试用例，第一行包含一个整数 $n(1 \leqslant n \leqslant 10^3)$，第二行包含 n 个整数。第 i 个整数表示第 i 个袋子中颜料的颜色。

输出：

对于每个测试用例，在从第一天到第 n 天的一行中输出 n 个整数，代表答案。

输入样例：

```
4
1 2 10 1
```

输出样例：

```
14 36 30 8
```

题意：给出 n 个数，在 $1-n$ 天中，每天按天数选择相应的数，将每种选法选出的数异或,最后求所有取法的和。

思路:将 n 个数转为 30 位的二进制数,由于所有数字按位异或的和等于所有数字异或的和,按位异或的选择情况可以用组合数学选择,然后对每一位算一个组合数累加即可,奇数个异或得 1,偶数个异或得 0,最后再乘以自己的二进制位值,组合数可以用杨辉三角的规律提前打表。

开始时统计每一列 1 的个数,第 i 列选 k 个异或时,选出奇数 m 个 1,剩下的 $k-m$ 都选 0,即 $f(\text{num}[i],m)*f(n-\text{num}[i],k-m)*1<<(i-1)$,最后按列累加即可。

参考程序:

```
#include<iostream>
#include<cstdio>
#include<cstdlib>
#include<string>
#include<cstring>
#include<cmath>
#include<ctime>
#include<algorithm>
#include<utility>
#include<stack>
#include<queue>
#include<vector>
#include<set>
#include<map>
#define EPS 1e-9
#define PI acos(-1.0)
#define INF 0x3f3f3f3f
#define LL long long
const int MOD = 1E9+7;
const int N = 100000+5;
const int dx[] = {0,0,-1,1,-1,-1,1,1};
const int dy[] = {-1,1,0,0,-1,1,-1,1};
using namespace std;

LL n;
LL bit[31];
LL f[N][N];
LL res[N];
int main() {
    for(int i=0; i<N; i++) {
        f[0][i]=0;
        f[i][0]=1;
    }
    for(int i=1; i<N; i++)
        for(int j=1; j<N; j++)
            f[i][j]=(f[i-1][j]+f[i-1][j-1])%MOD;

    while(scanf("%d",&n)!=EOF&&n) {
        memset(bit,0,sizeof(bit));
        memset(res,0,sizeof(res));
```

```
            LL maxx=-INF;
            for(int i=1; i<=n; i++) {
                LL x;
                scanf("%lld",&x);

                LL cnt=1;
                while(x) {
                    if(x&1)
                        bit[cnt]++;
                    x=x>>1;
                    cnt++;
                }
                maxx=max(maxx,cnt);
            }
            for(int i=1; i<=n; i++) {
                for(int j=1; j<maxx; j++) {
                    LL val=(1<<(j-1));
                    for(int k=1; k<=bit[j]&&i>=k; k+=2) {
                        res[i]=(res[i]+f[bit[j]][k] * f[n-bit[j]][i-k]%MOD * val%
MOD)%MOD;
                    }
                }
            }

            for (int i=1; i<n; i++)
                printf("%d ",res[i]);
            printf("%d\n",res[n]);
        }
        return 0;
    }
```

11.4.8 二项式

问题描述：

在不考虑顺序的情况下，可以用多少种方法从 n 个元素中选择 k 个元素？

写一个程序计算这个数字。

输入：

输入包含一个或多个测试用例。

每个测试用例占一行，其中包含两个整数 $n(n \geqslant 1)$ 和 $k(0 \leqslant k \leqslant n)$。

输入两个零时结束输入。

输出：

对于每个测试用例，打印一行包含所需数字的内容。输出的值始终小于 2^{31}。

警告：不要低估问题。输出的值始终小于 2^{31}，但在计算过程中是否溢出，则取决于算法。测试用例将达到极限数据。

输入样例：

```
4 2
10 5
49 6
0 0
```

输出样例：

```
6
252
13983816
```

题意：给出两个整数 n、k，求 $C(n,k)$。

思路：采用公式化简法直接求即可。

参考程序：

```cpp
#include<iostream>
#include<cstdio>
#include<cstring>
#include<cmath>
#include<algorithm>
#include<string>
#include<cstdlib>
#include<queue>
#include<set>
#include<map>
#include<stack>
#include<ctime>
#include<vector>
#define INF 0x3f3f3f3f
#define PI acos(-1.0)
#define N 100000001
#define MOD 1e9+7
#define E 1e-6
#define LL long long
using namespace std;
LL calculate(LL n,LL m)//sum 即 C(n,m)的值
{
    if(2*m>n)
        m=n-m;
    LL sum=1;
    for(LL i=1,j=n;i<=m;i++,j--)
        sum=sum*j/i;
    return sum;
}
int main()
{
    LL n,k;
    while(scanf("%lld%lld",&n,&k)!=EOF&&(n+k))
    {
        LL res=calculate(n,k);
        printf("%lld\n",res);
```

```
    }
    return 0;
}
```

11.4.9 集合的划分

问题描述：

设 S 是一个具有 n 个元素的集合，$S=(a_1,a_2,\cdots,a_n)$，现将 S 划分成 k 个满足下列条件的子集合 $S_1,S_2,\cdots,S_k$，且满足：

1. $S_i\neq\varnothing$
2. $S_i\cap S_j=\varnothing$ $(1\leqslant i,j\leqslant k,i\neq j)$
3. $S_1\cup S_2\cup S_3\cup\cdots\cup S_k=S$

则称 $S_1,S_2,\cdots,S_k$ 是集合 S 的一个划分。

它相当于把 S 集合中的 n 个元素 $a_1,a_2,\cdots,a_n$ 放入 k 个 $(0<k\leqslant n<30)$ 无标号的盒子中，使得没有一个盒子为空。请确定 n 个元素 $a_1,a_2,\cdots,a_n$ 放入 k 个无标号盒子中的划分数 $S(n,k)$。

输入：

给出 n 和 k。

输出：

n 个元素 $a_1,a_2,\cdots,a_n$ 放入 k 个无标号盒子中的划分数 $S(n,k)$。

输入样例：

```
10 6
```

输出样例：

```
22827
```

思路：计算 $C(n,k)$，直接递归即可。

参考程序：

```cpp
#include<iostream>
using namespace std;
long long calculate(long long n,long long k)
{
    if(n<k||k==0)
        return 0;
    if(n==k||k==1)
        return 1;
    return calculate(n-1,k-1)+k*calculate(n-1,k);
}
int main()
{
    long long n,k;
    cin>>n>>k;
    cout<<calculate(n,k)<<endl;
    return 0;
}
```

11.5 组合数取模

组合数取模,即计算组合数 $C_n^m \bmod p$,由于 $C_n^m = \dfrac{n!}{m!(n-m)!}$,同余定理对除法不适用,因此需要使用别的方法解决这个问题

常见的方法有:使用逆元对组合数取模、递推打表取模、卢卡斯定理、扩展卢卡斯定理等,这些方法应用的场景各不相同。

使用逆元:要求 p 是质数,时间复杂度为 $O(n)$。

递推打表:要求 n、m 不大于 10000,时间复杂度为 $O(n^2)$。

卢卡斯定理:要求 p 是质数,且 n、m 很大但 p 很小或者 n、m 不大但大于 p。

扩展卢卡斯定理:要求 p 不是质数,且 n、m 很大但 p 很小或者 n、m 不大但大于 p。

11.5.1 递推打表

(1) 要求:n、m 不大于 10000。

(2) 时间复杂度为 $O(n^2)$。

(3) 方法:$C_n^m = C_{n-1}^m + C_{n-1}^{m-1}$。

(4) 实现如下。

```
const int mod=1E9+7;
const int N=10000+5;
int comb[N][N];                        //comb[i][j]内存放的是 C(i,j)%mod
void init() {
    for(int i=0; i<N; i++) {
        comb[i][i]=1;
        comb[i][0]=1;
        for(int j=1; j<i; j++) {
            comb[i][j]=comb[i-1][j]+comb[i-1][j-1];
            if(comb[i][j]>=mod)
                comb[i][j]-=mod;
        }
    }
}
```

11.5.2 卢卡斯定理

(1) 要求:p 是质数,m、n 很大但 p 很小,或者 n、m 不大但大于 p。

(2) 定理内容:

$$\mathrm{Lucas}(n,m,p) = cm(n \bmod p, m \bmod p) \times \mathrm{Lucas}\left(\frac{n}{p}, \frac{m}{p}, p\right)$$

$$\mathrm{Lucas}(x,0,p) = 1$$

其中,$cm(a,b) = a! \times (b!\,(a-b)!)^{p-2} \bmod p = \dfrac{a!}{(a-b)!} \times (b!)^{p-2} \bmod p$。

（3）推论：

当将 n 写成 p 进制 $n=a[n]a[n-1]\cdots a[0]$，将 m 写成 p 进制。

$m=b[m]b[m-1]\cdots b[0]$ 时，有

$C(a[n],b[m])\times C(a[n-1],b[m-1])\times\cdots\times C(a[0],b[0])=(C(n,m)\bmod p)$

（4）实现如下。

代码实现可简单理解为 $C_n^m=C_{n/p}^{m/p}\times C_{n\bmod p}^{m\bmod p}\bmod p$。

```
LL fac[N];
void getFac(){                                    //构造阶乘
    fac[0]=1;
    for(int i=1;i<1000000;i++){
        fac[i]=fac[i-1] * i%MOD;
    }
}
LL quickPowMod(LL a,LL b,LL mod){                 //快速幂
    LL res=1;
    while(b){
        if(b&1)
            res=res * a%mod;
        b>>=1;
        a=a * a%mod;
    }
    return res;
}
LL getC(LL n,LL m,LL mod){                        //获取 C(n,m)%mod
    if(m>n)
        return 0;
    return fac[n] * (quickPowMod(fac[m] * fac[n-m]%mod,mod-2,mod))%mod;
}
LL Lucas(LL n,LL m,LL mod){                       //卢卡斯定理
    if(m==0)
        return 1;
    return getc(n%mod,m%mod,mod) * Lucas(n/mod,m/mod,mod)%mod;
}
int main(){
    getFac();
    LL n,m;
    scanf("%lld%lld",&n,&m);
    printf("%lld\n",Lucas(n,k,MOD));
    return 0;
}
```

11.5.3　卢卡斯定理扩展

卢卡斯定理适用于 p 是素数的情况，但当 p 不是素数时，可以将其分解为质因数，将组合数按照卢卡斯定理的方法求 p 的质因数的模，然后用中国剩余定理合并即可。

要求：p 不是质数且 m、n 很大但 p 很小或者 n、m 不大但大于 p。

例如：

当需要计算 $C_m^n \bmod p$，$p = p_1^{q_1} \times p_2^{q_2} \times \cdots \times p_k^{q_k}$ 时，可以求出 $C_m^n \equiv a_i \pmod{p_i^{q_i}}$ $(1 < i < k)$。然后，对于方程组 $x \equiv a_i \pmod{p_i^{q_i}}$ $(1 < i < k)$，可以求出满足条件的最小的 x，记为 x_0。那么，有 $C_m^n \equiv x_0 \pmod p$。

但是，$p_i^{q_i}$ 并不是一个素数，而是某个素数的某次方，因此就需要计算 $C_m^n \bmod p^t$，$t \geqslant 2$。

对于 $C_m^n \bmod p^t$，$t \geqslant 2$，已知 $C_n^m = \dfrac{n!}{m!(n-m)!}$，因此，若能计算出 $n! \bmod p^t$，就能计算出 $m! \bmod p^t$ 和 $(n-m)! \bmod p^t$。

设

$$\begin{cases} x = n! \bmod p^t \\ y = m! \bmod p^t \\ z = (n-m)! \bmod p^t \end{cases}$$

那么答案就是 $x * \mathrm{reverse}(y, p^t) \times \mathrm{reverse}(a, b)$，其中 $\mathrm{reverse}(a, b)$ 代表计算 a 对 b 的乘法逆元。

于是，问题就转换为如何计算 $n! \bmod p^t$。

例如：$p = 3$，$t = 2$，$n = 19$，有

$n! = 1 \times 2 \times 3 \times 4 \times 5 \times 6 \times 7 \times 8 \times \cdots \times 19$

$= (1 \times 2 \times 4 \times 5 \times 7 \times 8 \times \cdots \times 16 \times 17 \times 19) \times (3 \times 6 \times 9 \times 12 \times 15 \times 18)$

$= (1 \times 2 \times 4 \times 5 \times 7 \times 8 \times \cdots \times 16 \times 17 \times 19) \times 36 \times (1 \times 2 \times 3 \times 4 \times 5 \times 6)$

后半部分是 $\left(\dfrac{n}{p}\right)!$，递归即可。前半部分是以 p^t 为周期的 $(1 \times 2 \times 4 \times 5 \times 7 \times 8) \equiv (10 \times 11 \times 13 \times 14 \times 16 \times 17) \pmod 9$。

下面是孤立的 19，可以知道孤立出来的长度不超过 p^t，直接计算即可。

对于最后剩下的 36，只要计算出 $n!$、$m!$、$(n-m)!$ 里含有多少个 p，设它们分别有 x、y、z 个 p，那么 $x - y - z$ 就是 C_m^n 中 p 的个数，直接计算即可。

```
LL powerMod(LL a,LL b,LL p) {              //快速幂取模
    LL ans=1;
    while(b){
        if(b&1)
            ans=ans * a%p;
        a=a * a%p;
        b>>=1;
    }
    return ans;
}
LL fac(LL n,LL p,LL pk) {                   //计算阶乘
    if(!n)
        return 1;
    LL ans=1;
    for(int i=1; i<pk; i++)
        if(i%p)
            ans=ans * i%pk;
    ans=powerMod(ans,n/pk,pk);
    for(int i=1;i<=n%pk;i++)
```

```
            if(i%p)
                ans=ans*i%pk;
        return ans*fac(n/p,p,pk)%pk;
    }
    LL extendGCD(LL a,LL b,LL &x,LL &y){            //扩展欧几里得
        if(!b){
            x=1;
            y=0;
            return a;
        }
        LL xx,yy;
        LL gcd=extendGCD(b,a%b,xx,yy);
        x=yy;
        y=xx-a/b*yy;
        return gcd;
    }
    LL inv(LL a,LL p){                             //计算逆元
        LL x,y;
        extendGCD(a,p,x,y);
        return (x%p+p)%p;
    }
    LL C(LL n,LL m,LL p,LL pk){                     //组合数模质数幂
        if(n<m)
            return 0;
        LL f1=fac(n,p,pk);
        LL f2=fac(m,p,pk);
        LL f3=fac(n-m,p,pk);
        LL cnt=0;
        for(LL i=n; i; i/=p)
            cnt+=i/p;
        for(LL i=m; i; i/=p)
            cnt-=i/p;
        for(LL i=n-m; i; i/=p)
            cnt-=i/p;
        return f1*inv(f2,pk)%pk*inv(f3,pk)%pk*powerMod(p,cnt,pk)%pk;
    }
    LL a[N],c[N];
    int tot;
    LL CRT(){                                      //中国剩余定理
        LL M=1,ans=0;
        for (int i=0; i<tot; i++)
            M*=c[i];
        for (int i=0; i<tot; i++)
            ans=(ans + a[i] * (M/c[i])%M * inv(M/c[i],c[i])%M )%M;
        return ans;
    }
    LL extendLucas(LL n,LL m,LL p){                 //扩展卢卡斯
        for(int i=2; p>1&&i<=sqrt(p); i++){
            LL temp=1;
            while(p%i==0){
```

```
                p/=i;
                temp *=i;
            }
            if(temp>1) {
                a[tot]=C(n,m,i,temp);
                c[tot++]=temp;
            }
        }
        if(p>1) {
            a[tot]=C(n,m,p,p);
            c[tot++]=p;
        }
        return CRT();
    }
    int main() {
        LL n,m,p;
        cin>>n>>m>>p;
        cout<<extendLucas(n,m,p);
        return 0;
    }
```

11.5.4　孤独的李雷

李雷非常喜欢数数,尤其喜欢数奇数。也许他认为这是最好的表明自己孤独(没有女朋友)的方式。2020 年 11 月 11 日,看到一些男同学和他们的女朋友一起散步,李雷忍不住跑进教室,打开数学书准备数奇数。他看了看书,发现一个问题"$C(n,0)+C(n,1)+C(n,2)+\cdots+C(n,n)=?$"。当然,李雷知道答案,但他想知道的是有多少个奇数。当 n 等于 1,$C(1,0)=C(1,1)=1$ 时,有 2 个奇数。当 n 等于 2,$C(2,0)=C(2,2)=1$ 时,有 2 个奇数……他发现一个女孩在看着他数奇数。为了显示他在数学方面的天赋,他将 n 的值设置成一个较大的数,但他发现完成任务是不可能的,于是他给你发了一条信息,希望你这个优秀的程序员可以帮助他,他真的不想让那个女孩失望。你能帮他吗?

输入:

每行包含一个整数 $n(1\leqslant n\leqslant 10)$。

输出:

单行的奇数为 $C(n,0),C(n,1),C(n,2),\cdots,C(n,n)$。

样例:

```
输入:
1
2
11
输出:
2
2
8
```

题意:求 $C(n,0),C(n,1),C(n,2),\cdots,C(n,n)$ 中的奇数个数。

思路：实质为求 $C(n,m)\%2$，也就是将 n 转换为二进制后 1 的个数，设个数为 t，则结果为 2 的 t 次方。

参考程序：

```
#include<iostream>
#include<cstdio>
#include<cstring>
#include<cmath>
#include<algorithm>
#include<string>
#include<cstdlib>
#include<queue>
#include<set>
#include<map>
#include<stack>
#include<ctime>
#include<vector>
#define INF 0x3f3f3f3f
#define PI acos(-1.0)
#define N 10001
#define MOD 1e9+7
#define E 1e-6
#define LL long long
using namespace std;
int Quick_Pow(int a,int b)
{
    int res=1;
    while(b)
    {
        if(b&1)
            res*=a;
        a*=a;
        b/=2;
    }
    return res;
}
int main()
{
    int n;
    while(scanf("%d",&n)!=EOF)
    {
        int sum=0;
        while(n)
        {
            if(n%2)
                sum++;
            n/=2;
        }
        int res=Quick_Pow(2,sum);
        printf("%d\n",res);
```

```
    }
    return 0;
}
```

11.5.5 走格子的骑士

小明在玩一款战旗类手机游戏,控制一个骑士在格子上行走,假设有 $M * N$ 的方格,骑士从左上走到右下只能向右或向下走。问有多少种不同的走法?由于方法数量可能很大,因此只需要输出 mod 10^9+7 的结果。

输入:

第 1 行,输入 2 个数 $m(2 \leqslant m \leqslant 1000000)$ 和 $n(2 \leqslant n \leqslant 1000000)$,中间用空格隔开。

输出:

输出走法的数量 mod 10^9+7。

输入样例:

```
2 3
```

输出样例:

```
3
```

思路:

由于只能向下或向右走,因此从 $(1,1)$ 到 (n,m) 要向下走 $n-1$ 步,向右走 $m-1$ 步,共 $n-1+m-1=(n+m-2)$ 步。

如果要选取不同的方案数,那么不同的方案是什么时候开始向下走 $n-1$ 步的,即有 $C(n+m-2,n-1)$。

最后使用卢卡斯定理即可对结果取模。

参考程序:

```
#include<iostream>
#include<cstdio>
#include<cstdlib>
#include<string>
#include<cstring>
#include<cmath>
#include<ctime>
#include<algorithm>
#include<utility>
#include<stack>
#include<queue>
#include<vector>
#include<set>
#include<map>
#define EPS 1e-9
#define PI acos(-1.0)
#define INF 0x3f3f3f3f
#define LL long long
```

```
const int MOD = 1E9+7;
const int N = 50000+5;
const int dx[] = {-1,1,0,0};
const int dy[] = {0,0,-1,1};
using namespace std;


LL quick_pow(LL a,LL n,LL q) {
    LL ret=1;
    a%=q;
    while(n) {
        if(n&1)
            ret=ret*a%q;
        a=a*a%q;
        n>>=1;
    }
    return ret;
}
LL getc(LL n,LL m,LL q) {
    if(n<m)
        return 0;
    if(m>n-m)
        m=n-m;
    LL s1=1,s2=1;
    for(int i=0; i<m; ++i) {
        s1=s1*(n-i)%q;
        s2=s2*(i+1)%q;
    }
    return s1*quick_pow(s2,q-2,q)%q;
}
LL lucas(LL n,LL m,LL q) {
    if(!m)
        return 1;
    return getc(n%q,m%q,q)*lucas(n/q,m/q,q)%q;
}
int main() {
    LL n,m;
    cin>>n>>m;
    LL ans=lucas(n+m-2,m-1,MOD);
    printf("%lld\n",ans);
    return 0;
}
```

11.5.6 组合问题

从给定的 n 个不同对象中取 k 个，有多少种方法？

例如，假设有 4 个项目，要取其中 2 个，共有 6 种方法。

```
Take 1, 2
Take 1, 3
```

```
Take 1, 4

Take 2, 3
Take 2, 4
Take 3, 4
```

输入：

以一个整数 t 开头（$t \leqslant 2000$），表示测试用例的数量。

每个测试用例包含两个整数 $n(1 \leqslant n \leqslant 106)$，$k(0 \leqslant k \leqslant n)$。

输出：

对于每种情况，输出该用例编号和期望值。因为结果可能非常大，所以需要输出对 1000003 取模的结果。

输入样例：

```
3
4 2
5 0
6 4
```

输出样例：

```
Case 1: 6
Case 2: 1
Case 3: 15
```

题意：有 t 组数据，每组给出 n、k 两个数，求 $C(n,k)\%1000003$。

思路：卢卡斯定理模板题。

参考程序：

```cpp
#include<iostream>
#include<cstdio>
#include<cstdlib>
#include<string>
#include<cstring>
#include<cmath>
#include<ctime>
#include<algorithm>
#include<utility>
#include<stack>
#include<queue>
#include<vector>
#include<set>
#include<map>
#define PI acos(-1.0)
#define E 1e-9
#define INF 0x3f3f3f3f
#define LL long long
const LL MOD=1000003;
const int N=1000000+5;
const int dx[]={-1,1,0,0};
const int dy[]={0,0,-1,1};
```

```cpp
using namespace std;

LL fac[N];
void getFac(){                                    //构造阶乘
    fac[0]=1;
    for(int i=1;i<=1000000;i++){
        fac[i]=fac[i-1] * i%MOD;
    }
}
LL quickPowMod(LL a,LL b,LL mod){                  //快速幂
    LL res=1;
    while(b){
        if(b&1)
            res=res * a%mod;
        b>>=1;
        a=a * a%mod;
    }
    return res;
}
LL getC(LL n,LL m,LL mod){                         //获取 C(n,m)%mod
    if(m>n)
        return 0;
    return fac[n] * (quickPowMod(fac[m] * fac[n-m]%mod,mod-2,mod))%mod;
}
LL Lucas(LL n,LL m,LL mod){                        //卢卡斯定理
    if(m==0)
        return 1;
    return getC(n%mod,m%mod,mod) * Lucas(n/mod,m/mod,mod)%mod;
}
int main(){
    getFac();

    int t;
    scanf("%d",&t);

    int Case=1;
    while(t--){
        LL n,k;
        scanf("%lld%lld",&n,&k);
        printf("Case %d: %lld\n",Case++,Lucas(n,k,(LL)MOD));
    }
    return 0;
}
```

11.5.7　问题制造者

如何通过添加 k 个非负整数来生成 n？下面举一个例子说明该问题。假设 $n=4, k=3$，则有 15 种解决方案。它们是

```
1.  0 0 4
2.  0 1 3
3.  0 2 2
4.  0 3 1
5.  0 4 0
6.  1 0 3
7.  1 1 2
8.  1 2 1
9.  1 3 0
10.  2 0 2
11.  2 1 1
12.  2 2 0
13.  3 0 1
14.  3 1 0
15.  4 0 0
```

你不必找到实际的结果,而是应以 1000000007 的模报告结果。

输入:

第一行输入整数 t,表示测试用例的数量。

每个测试用例包含编号和结果(模 1000000007),占一行。

输出:

对于每种情况,输出编号和所需值。由于结果可能非常大,因此必须以 1000003 的模打印结果。

输入样例:

```
4
4 3
3 5
1000 3
1000 5
```

输出样例:

```
Case 1: 15
Case 2: 35
Case 3: 501501
Case 4: 84793457
```

题意:t 组数据,每组给出 n、k 两个数,要求将数 n 分为非负的 k 份,问有几种分法?

思路:

实质就是求方程 $n = x_1 + x_2 + x_3 + \cdots + x_k$ 非负解的个数,可以将 $n + k$ 分成 k 份,然后分出来的 k 个数每个再减 1,这样就可以用隔板法用 $k - 1$ 个板隔成 k 份,也就是求 $C(n + k - 1, k - 1)$。

由于需要模 1000000007,因此接下来就是求组合数 $C(n + k - 1, k - 1) \% 1000000007$,使用卢卡斯定理即可解决。

参考程序:

```
#include<iostream>
#include<cstdio>
#include<cstdlib>
#include<string>
#include<cstring>
#include<cmath>
#include<ctime>
#include<algorithm>
#include<utility>
#include<stack>
#include<queue>
#include<vector>
#include<set>
#include<map>
#define PI acos(-1.0)
#define E 1e-9
#define INF 0x3f3f3f3f
#define LL long long
const LL MOD=1000000007;
const int N=2000000+5;
const int dx[]= {-1,1,0,0};
const int dy[]= {0,0,-1,1};
using namespace std;

LL fac[N];
void getFac(){                              //构造阶乘
    fac[0]=1;
    for(int i=1;i<=N;i++){
        fac[i]=fac[i-1] * i%MOD;
    }
}
LL quickPowMod(LL a,LL b,LL mod){            //快速幂
    LL res=1;
    while(b){
        if(b&1)
            res=res * a%mod;
        b>>=1;
        a=a * a%mod;
    }
    return res;
}
LL getC(LL n,LL m,LL mod){                   //获取 C(n,m)%mod
    if(m>n)
        return 0;
    return fac[n] * (quickPowMod(fac[m] * fac[n-m]%mod,mod-2,mod))%mod;
}
LL Lucas(LL n,LL m,LL mod){                  //卢卡斯定理
    if(m==0)
        return 1;
    return getC(n%mod,m%mod,mod) * Lucas(n/mod,m/mod,mod)%mod;
```

```
}
int main(){
    getFac();

    int t;
    scanf("%d",&t);

    int Case=1;
    while(t--){
        LL n,k;
        scanf("%lld%lld",&n,&k);
        printf("Case %d: %lld\n",Case++,Lucas(n+k-1,k-1,MOD));
    }
    return 0;
}
```

11.5.8 抽奖游戏

王力和他的小伙伴参加一个促销的抽奖游戏活动,游戏规则如下:一个随机数生成器能等概率生成 $0 \sim 99$ 的整数,每个参与活动的人都要通过它获取一个随机数,最后得到数字最小的 k 个人可以获得大奖。如果有相同的数,那么后选随机数的人中奖。

王力是最心急的一个人,他会第一去按随机数生成器。请帮忙计算一下他能中奖的概率。

输入:

第一行有 3 个正整数 n、k、x,分别表示参与抽奖的总人数(包括王力)、中奖的人数和王力获得的随机数。

(1) $1 \leqslant n \leqslant 10^9$

(2) $1 \leqslant k \leqslant \min\{n, 10^5\}$

(3) $0 \leqslant x \leqslant 99$

输出:

输出一个正整数,表示王力中奖的概率 $\bmod 10^9 + 7$,即如果概率等于 $ab, a, b \in \mathbf{N}$ 且 $\gcd(a, b) = 1$,那么需要输出一个自然数 $c < 10^9 + 7$ 满足 $bc \equiv a \pmod{10^9 + 7}$。

样例:

```
示例 1
输入:
1 1 99
输出:
1
示例 2
输入:
2 1 38
输出:
770000006
示例 3
输入:
```

```
6 2 49
输出:
687500005
```

思路:

枚举王力的名次,分别计算概率,设 p 为随机生成的数,不大于王力的概率,于是有:

$$\sum_{i=0}^{k-1} p_i (1-p_i)^{n-i-1}.$$

由于数据范围的限制,因此需要预处理逆元递推组合数。

参考程序:

```cpp
#include<iostream>
#include<cstdio>
#include<cstdlib>
#include<string>
#include<cstring>
#include<cmath>
#include<ctime>
#include<algorithm>
#include<utility>
#include<stack>
#include<queue>
#include<vector>
#include<set>
#include<map>
#define PI acos(-1.0)
#define E 1e-6
#define INF 0x3f3f3f3f
#define N 100001
#define LL long long
const int MOD=1e9+7;
using namespace std;
LL powMod(LL a,LL b){
    LL res=1;
    while(b){
        if(b&1)
            res=(res*a)%MOD;
        b>>=1;
        a=(a*a)%MOD;
    }
    return res;
}
LL inv(LL x){
    return powMod(x,MOD-2);
}
LL c[N];
int main(){
    LL n,k,x;
    cin>>n>>k>>x;
```

```
if(n==k)
    cout<<1<<endl;
else{
    //预处理逆元
    LL A=(x+1) * inv(100)%MOD;
    LL B=(99-x) * inv(100)%MOD;
    LL invB=inv(B);

    //计算组合数
    c[0]=1;
    for(int i=1;i<=k;i++)
        c[i]=c[i-1] * inv(i)%MOD * ((n-1)+1-i)%MOD;

    LL res=0;
    LL a=1;
    LL b=powMod(B,n-1);
    for(int i=0;i<k;i++){
        res+=c[i] * a%MOD * b%MOD;
        if(res>=MOD)
            res%=MOD;

        a=a * A%MOD;
        b=b * invB%MOD;
    }

    cout<<res<<endl;
}

return 0;
}
```

11.6 卡特兰数列

卡特兰数列是组合数学中在各种计数问题中常出现的数列,其前几项为 $1,1,2,5,14$, $42,132,429,1430,4862,16796,58786,208012\cdots\cdots$

卡特兰数首先是由欧拉在计算对凸 n 边形的不同的对角三角形剖分的个数问题时得到的,即在一个凸 n 边形中,通过不相交于 n 边形内部的对角线,把 n 边形拆分成若干三角形,不同的拆分数用 H_n 表示,H_n 即卡特兰数。

11.6.1 卡特兰数的公式

1. 递归公式 1

$$f(n) = \sum_{i=0}^{n-1} f(i) * f(n-i-1)$$

2. 递归公式 2

$$f(n) = \frac{f(n-1) * (4*n-2)}{(n+1)}$$

3. 组合公式 1

$$f(n) = \frac{C_{2n}^n}{(n+1)}$$

4. 组合公式 2

$$f(n) = C_{2n}^n - C_{2n}^{n-1}$$

11.6.2　卡特兰数的应用

（1）二叉树的计数：已知二叉树有 n 个结点，求能构成多少种不同的二叉树？

（2）括号化问题：一个合法的表达式由（）包围，（）可以嵌套和连接，如（（））（）也是合法的表达式，现给出 n 对括号，求可以组成的合法表达式的个数。

（3）划分问题：将一个凸 $n+2$ 多边形区域分成三角形区域的方法数。

（4）出栈问题：一个栈的进栈序列为 $1,2,3,\cdots,n$，求不同的出栈序列有多少种？

（5）路径问题：在 $n*n$ 的方格地图中，从一个角到另外一个角，求不跨越对角线的路径数有多少种？

（6）握手问题：$2n$ 个人均匀坐在一个圆桌边上，某个时刻所有人同时与另一个人握手，要求手之间不能交叉，求共有多少种握手方法？

11.6.3　卡特兰数的实现

1. $n \leqslant 35$ 的卡特兰数的实现

```
LL h[36];
void init() {
    h[0]=h[1]=1;
    for(int i=2; i<=35; i++) {
        h[i]=0;
        for(int j=0; j<i; j++)
            h[i]=h[i]+h[j]*h[i-j-1];
        cout<<h[i]<<endl;
    }
}
```

2. $n < 100$ 的卡特兰数的实现

```
#define BASE 10000
int a[100+5][100];
void multiply(int num, int n, int b) {          //大数乘法
    int temp=0;
    for(int i=n-1; i>=0; i--) {
        temp+=b*a[num][i];
        a[num][i]=temp%BASE;
        temp/=BASE;
    }
}
void divide(int num, int n, int b) {            //大数除法
    int div=0;
    for(int i=0; i<n; i++) {
        div=div*BASE+a[num][i];
```

```
        a[num][i]=div/b;
        div%=b;
    }
}
void init(){
    memset(a,0,sizeof(a));
    a[1][100-1]=1;
    for(int i=2; i<=100; i++) {
        memcpy(a[i],a[i-1],sizeof(a[i-1]));
        multiply(i,100,4*i-2);
        divide(i,100,i+1);
    }
}
int main() {
    init();
    int n;
    while(scanf("%d",&n)!=EOF){
        int i;
        for(i=0;i<100 && a[n][i]==0;i++);
            printf("%d",a[n][i++]);
        for(;i<100;i++)
            printf("%04d",a[n][i]);
         printf("\n");
    }
    return 0;
}
```

11.6.4 小涛叔叔的礼物

小涛的叔叔旅游回来给他带回一个礼物,小涛高兴地跑回自己的房间,拆开礼物一看是一个棋盘,小涛有所失望。不过,没过几天小涛就发现了棋盘的好玩之处。从起点 $(0,0)$ 走到终点 (n,n) 的最短路径数是 $C(2n,n)$,现在小涛想知道如果不穿越对角线(但可接触对角线上的格点),这样的路径数有多少? 请帮助小涛解决一下这个问题。

输入:

每次输入一个整数 $n(1 \leqslant n \leqslant 35)$,当 $n=-1$ 时结束输入。

输出:

对于每个输入数据,输出路径数,具体格式看样例输出。

输入样例:

```
1
3
12
-1
```

输出样例:

```
1 1 2
2 3 10
3 12 416024
```

思路：满足卡特兰数列递推公式，打表即可。

参考程序：

```cpp
#include<iostream>
#include<cstdio>
#include<cstring>
#include<cmath>
#include<algorithm>
#include<string>
#include<cstdlib>
#include<queue>
#include<set>
#include<map>
#include<stack>
#include<ctime>
#include<vector>
#define INF 0x3f3f3f3f
#define PI acos(-1.0)
#define N 1001
#define MOD 1e9+7
#define E 1e-6
#define LL long long
using namespace std;
LL Catalan[N];
int main()
{
    Catalan[0]=1;
    Catalan[1]=1;
    for(int i=2;i<=36;i++)
    {
        Catalan[i]=0;
        for(int j=0;j<i;j++)
            Catalan[i]+=(Catalan[j] * Catalan[i-1-j]);
    }

    int n;
    int cnt=1;
    while(scanf("%d",&n)!=EOF&&n!=-1)
    {
        printf("%d %d %lld\n",cnt++,n,Catalan[n] * 2);
    }

    return 0;
}
```

11.6.5 号码连接游戏

这是一个小而古老的游戏。首先按顺时针方向连续写下数字 $1, 2, 3, \cdots, 2n-1, 2n$，按顺时针方向在地上画成一个圆，然后画一些直线段把它们连接成数字对。每个数字都必须准确地连接在一起，而且不允许有两条线段相交。

这虽然是一个简单的游戏,但是当写下 $2n$ 个数字后,能否确定可以用多少种不同的方法把这些数字连接成对吗?

输入:

输入文件的每一行都是一个单一的正整数 $n(1 \leqslant n \leqslant 100)$,除最后一行是一个数字 -1。

输出:

对于每一个 n,用一行打印出将 $2n$ 个数字连接成对的方法的数量。

输入样例:

```
2
3
-1
```

输出样例:

```
2
5
```

题意:给出一个整数 n,现在 $2n$ 个人围成一圈,两两相连,要求连接的线不能相交,求共有多少种连接方式?

思路:可以看出这是卡特兰数的应用,但 n 最大到 100,于是要用高精度写。

参考程序:

```
#include<iostream>
#include<cstdio>
#include<cstdlib>
#include<string>
#include<cstring>
#include<cmath>
#include<ctime>
#include<algorithm>
#include<utility>
#include<stack>
#include<queue>
#include<vector>
#include<set>
#include<map>
#dcfine EPS 1e-9
#define PI acos(-1.0)
#define INF 0x3f3f3f3f
#define LL long long
const int MOD = 1E9+7;
const int N = 100000+5;
const int dx[] = {0,0,-1,1,-1,-1,1,1};
const int dy[] = {-1,1,0,0,-1,1,-1,1};
using namespace std;

#define BASE 10000
int a[100+5][100];
void multiply(int num,int n,int b) {            //大数乘法
    int temp=0;
```

```
    for(int i=n-1; i>=0; i--) {
        temp+=b * a[num][i];
        a[num][i]=temp%BASE;
        temp/=BASE;
    }
}
void divide(int num,int n,int b) {                //大数除法
    int div=0;
    for(int i=0; i<n; i++) {
        div=div * BASE+a[num][i];
        a[num][i]=div/b;
        div%=b;
    }
}
void init(){
    memset(a,0,sizeof(a));
    a[1][100-1]=1;
    for(int i=2; i<=100; i++) {
        memcpy(a[i],a[i-1],sizeof(a[i-1]));
        multiply(i,100,4 * i-2);
        divide(i,100,i+1);
    }
}
int main() {
    init();
    int n;
    while(scanf("%d",&n)!=EOF){
        int i;
        for(i=0;i<100 && a[n][i]==0;i++);
            printf("%d",a[n][i++]);
        for(;i<100;i++)
            printf("%04d",a[n][i]);
        printf("\n");
    }
    return 0;
}
```

11.6.6　李嵩的作业

李嵩是一个健忘的人，他经常忘记做作业，因此老师对他很恼火。

李嵩马上就要开学了，这学期一共 $2n$ 天，对于第 i 天，他有可能写了作业，也可能没写作业，不过他自己心里还是有数的，因此他会写恰好 n 天的作业。

现在，李嵩需要安排自己的学期计划，如果李嵩在这学期中存在一天 x，在这之前的 x 天中，他没写作业的天数－写作业的天数 $\geqslant k$，那么老师就会把他开除，我们称这是一种不合法的方案。

李嵩想知道他有多少种合法的方案。

输入：

第一行有三个整数 n、k、p。

输出:

一个整数,表示答案。

输入样例1:

```
2 1 100007
```

输出样例1:

```
2
```

说明:

总共有 $2n＝4$ 天。

合法的方案有

写了 没写 写了 没写

写了 写了 没写 没写

注意:没写 写了 没写 写了 是一种不合法的方案,因为在第一天时没写的天数－写了的天数$\geqslant1$。

输入样例2:

```
10 5 10000007
```

输出样例2:

```
169252
```

思路:

将不写作业看作＋1,写作业看作－1,那么问题的实质就是,对于一个长度为 $2n$ 的序列,有 n 个＋1 以及 n 个－1,求不存在前缀$\geqslant k$ 的方案数,当 $k＝1$ 时,问题就是经典的卡特兰数。

若数列不合法,则一定存在一个位置,在这之前有 $m+k$ 个＋1,m 个－1,然后将＋1、－1 相互交换,那么序列就有 $n+k$ 个＋1,$n-k$ 个－1,于是一个不合法的方案就变为一个唯一对应长度为 $2n$ 且含有 $n+k$ 个＋1 的序列,那么转换后的方案数为 $C(n+k,2n)$,结果就是用总的方案数减去转换的方案数,即 $C(n,2n)-C(n+k,2n)$。

参考程序:

```cpp
#include<iostream>
#include<cstdio>
#include<cstdlib>
#include<string>
#include<cstring>
#include<cmath>
#include<ctime>
#include<algorithm>
#include<utility>
#include<stack>
#include<queue>
#include<vector>
#include<set>
#include<map>
```

```
#define PI acos(-1.0)
#define E 1e-9
#define INF 0x3f3f3f3f
#define LL long long
const int MOD=1E9+7;
const int N=5000000+5;
const int dx[]= {-1,1,0,0};
const int dy[]= {0,0,-1,1};
using namespace std;

int cnt;
int prime[N];
bool isprime[N];
void getPrimes(){
    memset(isprime,false,sizeof(isprime));
    for(int i=2;i<N;i++){
        if(!isprime[i]){
            prime[cnt++]=i;
            for(int j=i+i;j<N;j+=i)
                isprime[j]=true;
        }
    }
}


LL dividePrime(LL n,LL p){
    LL res=0;
    while(n){
        res+=n/p;
        n/=p;
    }
    return res;
}


LL quickMod(LL a,LL b,LL m){
    LL res=1;
    a%=m;
    while(b){
        if(b&1)
            res=res * a%m;
        b>>=1;
        a=a * a%m;
    }
    return res;
}
LL getC(LL n,LL m,LL p){//C(n,m)%p
    LL res=1;
    for(int i=0;i<cnt&&prime[i]<=n;i++){
        LL x=dividePrime(n,prime[i]);
        LL y=dividePrime(n-m,prime[i]);
        LL z=dividePrime(m,prime[i]);
```

```
        x -= (y+z);

        res=res*quickMod(prime[i],x,p)%p;
    }
    return res;
}
int main(){
    LL n,m,p;
    scanf("%lld%lld%lld",&n,&m,&p);
    getPrimes();

    LL res1=getC(2*n,n,p);
    LL res2=0;
    if(m<=n)
        res2=getC(2*n,n+m,p);

    LL res=(((res1-res2)%p)+p)%p;
    printf("%lld\n",res);

    return 0;
}
```

11.7 斯 特 林 数

11.7.1 第一类斯特林数

1. 定理

第一类斯特林数 $S_1(n,m)$ 表示将 n 个不同的元素构成 m 个圆排列的数目。

2. 递推式

设人被标上 $1,2,\cdots,p$，则将这 p 个人排成 m 个圆有两种情况：

在一个圆圈里只有标号为 p 的人自己，排法有 $S_1(n-1,m-1)$ 种。

p 至少和另一个人在一个圆圈里。

这些排法通过把 $1,2,\cdots,n-1$ 排成 m 个圆再把 n 放在 $1,2,\cdots,n-1$ 任何一人左边得到，因此第二种类型的排法共有 $(n-1)*S_1(n-1,m)$ 种。

我们所做的就是把 $\{1,2,\cdots,p\}$ 划分到 k 个非空且不可区分的盒子，然后将每个盒子中的元素排成一个循环排列。

综上，可得出第一类斯特林数定理。

边界条件：

(1) 有 n 个人和 n 个圆，每个圆只有一个人。

(2) 如果至少有 1 个人，那么任何安排都至少包含一个圆。

3. 应用举例

第一类斯特林数除可以表示升阶函数和降阶函数的系数外，还可以应用到一些实际问题上，比如很经典的解锁仓库问题。

问题说明：

有 n 个仓库，每个仓库有两把钥匙，共 $2n$ 把钥匙。同时又有 n 位管理员。

求：（1）放置钥匙，使得所有管理员都能够打开所有仓库？（只考虑钥匙怎么放到仓库中，而不考虑管理员拿哪把钥匙）。

（2）管理员分成 m 个不同的部，部中的管理员数量和管理的仓库数量一致。那么，有多少方案，使得同部门的所有管理员可以打开所有本部管理的仓库，而无法打开其他部管理的仓库？（同样只考虑钥匙的放置）。

分析：

（1）将钥匙放入仓库构成一个环：1 号仓库放 2 号钥匙，2 号仓库放 3 号钥匙……n 号仓库放 1 号钥匙，这种情况相当于钥匙和仓库编号构成一个圆排列，方案数是（$n-1$）!。

（2）对应地将 n 个元素分成 m 个圆排列，方案数就是第一类斯特林数 $S_2(n, m)$，若要考虑管理员的情况，再乘上 $n!$ 即可。

4. 算法实现

```
const int mod=1e9+7;                          //取模
LL s[N][N];                                   //存放要求的第一类斯特林数
void init(){
    memset(s,0,sizeof(s));
    s[1][1]=1;
    for(int i=2;i<=N-1;i++){
        for(int j=1;j<=i;j++){
            s[i][j]=s[i-1][j-1]+(i-1)*s[i-1][j];
            if(s[i][j]>=mod)
                s[i][j]%=mod;
        }
    }
}
```

11.7.2　第二类斯特林数

1. 定理

第二类斯特林数 $S_2(n, m)$ 表示把 n 个不同的元素划分到 m 个集合的方案数。

2. 递推式

元素在哪些集合并不重要，唯一重要的是各集合里装了什么，而不管具体哪个集合装了什么。

考虑将前 n 个正整数的集合 $\{1, 2, \cdots, n\}$ 作为要被划分的集合，把 $\{1, 2, \cdots, n\}$ 分到 m 个非空且不可区分的集合的划分有两种情况：

那些使得 n 自己单独在一个集合的划分，存在 $S_2(n-1, m-1)$ 种划分个数。

那些使得 n 自己不单独在一个盒子的划分，存在 $m * S_2(n-1, m)$ 种划分个数。

考虑第二种情况，n 自己不单独在一个盒子，也就是 n 和其他元素在一个集合里，也就是说，在没有放 n 之前，有 $n-1$ 个元素已经分到 m 个非空且不可区分的盒子里（划分个数为 $S_2(n-1, m)$），那么现在的问题是把 n 放在哪个盒子里面，此时有 m 种选择，所以存在 $m * S_2(n-1, m)$ 种划分个数。

综上，可得第二类斯特林数定理。

边界条件：

$S_1(n,m)=1(n\geqslant 0)$：有 n 个人和 n 个圆，每个圆只有一个人。

$S_1(n,0)=0(n\geqslant 1)$：如果至少有 1 个人，那么任何安排都至少包含一个圆。

3. 应用举例

第二类斯特林数主要用于解决组合数学中的放球模型，主要针对球之前有区别的放球模型：

(1) n 个不同的球，放入 m 个无区别的盒子，不允许盒子为空。

方案数：$S_2(n,m)$，与第二类斯特林数的定义一致。

(2) n 个不同的球，放入 m 个有区别的盒子，不允许盒子为空。

方案数：$m! * S_2(n,m)$，因盒子有区别，乘上盒子的排列即可。

(3) n 个不同的球，放入 m 个无区别的盒子，允许盒子为空。

方案数：枚举非空盒的数目即可。

(4) n 个不同的球，放入 m 个有区别的盒子，允许盒子为空。

① 枚举非空盒的数目，注意到盒子有区别，乘上一个排列系数即可。

② 既然允许盒子为空，且盒子间有区别，那么，对于每个球有 m 种选择，每个球相互独立。

4. 算法实现

```
const int mod=1e9+7;                    //取模
LL s[N][N];                             //存放要求的斯特林数
void init(){
    memset(s,0,sizeof(s));
    s[1][1]=1;
    for(int i=2;i<=N-1;i++){
        for(int j=1;j<=i;j++){
            s[i][j]=s[i-1][j-1]+j * s[i-1][j];
            if(s[i][j]>=mod)
                s[i][j]%=mod;
        }
    }
}
```

5. 扩展

求 $S(n,m)$ 的奇偶性实质就是求 $S(n,m)\%2$。

对于第二类斯特林数，首先有 $S[i][j]=S[i-1][j-1]+j * S[i-1][j]$。

那么，在模 2 的情况下，有

当 j 为偶数：$S[i][j]\equiv(S[i-1][j-1]\%2)$；

当 j 为奇数：$S[i][j]\equiv((S[i-1][j-1]+S[i-1][j])\%2)$。

于是，可以倒过来，即有

当 j 为偶数时：$S[i][j]$ 会被加到 $S[i+1][j+1]$ 和 $S[i+1][j]$；

当 j 为奇数时：$S[i][j]$ 会被加到 $S[i+1][j+1]$。

于是，令 $a=n-m, b=(m+1)/2$，则答案就相当于把 a 个相同的球分成 b 组，每组个数可以为 0 的方案总数，即 $C(b-1,a+b-1)$。

然后利用 $C(n,m)$ 为奇数时有 $n\&m=n$ 的结论进行判断即可。

```
int calc(int n,int m){
    return (m&n)==n;
}
int main(){
    int n,m;
    scanf("%d%d",&n,&m);
    if(n==0&&m==0)                              //特判
        printf("1\n");
    else if(n==0||m==0||n<m)                    //特判
        printf("0\n");
    else{
        int a=n-m;
        int b=(m+1)/2;
        int res=calc(b-1,a+b-1);
        printf("%d\n",res);
    }
    return 0;
}
```

两类斯特林数的关系：

两类斯特林数之间的递推式和实际含义类似，它们之间存在一个互为转置的转换关系：

$$\sum_{k=0}^{n} S_1(n,k)S_2(k,m) = \sum_{k=0}^{n} S_2(n,k)S_1(k,m)$$

11.7.3　二进制斯特林数

第二种斯特林数 $S(n,m)$ 代表将一个 n 个事物的集合分隔成 m 个非空子集的方法的数量。例如，有 7 种方法可以将一个四元素集合分成两部分。

$$\{1,2,3\}\bigcup\{4\},\{1,2,4\}\bigcup\{3\},\{1,3,4\}\bigcup\{2\},\{2,3,4\}\bigcup\{1\}$$
$$\{1,2\}\bigcup\{3,4\},\{1,3\}\bigcup\{2,4\},\{1,4\}\bigcup\{2,3\}$$

有一个递归，可以计算所有 m 和 n 的 $S(n,m)$。

$$S(0,0)=1; S(n,0)=0 \text{ for } n>0; S(0,m)=0 \text{ for } m>0$$
$$S(n,m)=mS(n-1,m)+S(n-1,m-1), \text{for } n,m>0$$

给定整数 n 和 m，满足 $1\leqslant m\leqslant n$，计算 $S(n,m)$ 的奇偶性，即 $S(n,m) \bmod 2$。

例子：

$S(4,2)\bmod 2=1$。

任务：

① 写一个程序，对每个数据集，读取两个正整数 n 和 m（$1\leqslant m\leqslant n$）。

② 计算 $S(n,m)\bmod 2$。

③ 写出结果。

输入：

输入的第一行正好包含一个正整数 d（$1\leqslant d\leqslant 200$），等于数据集的数量，接下来是数据集。

第 $i+1$ 行包含第 i 个数据集——正好是两个整数 n_i 和 m_i（$1\leqslant m_i\leqslant n_i\leqslant 10^9$），用一个

空格隔开。

输出：

输出应该由 d 行组成，每个数据集占一行。第 i 行,$1 \leqslant i \leqslant d$,应包含 0 或 1,即 $S(n_i, m_i) \bmod 2$ 的值。

输入样例：

```
1
4 2
```

输出样例：

```
1
```

题意：t 组数据,每组给出第二类斯特林数的 $S(n,m)$ 的 n、m,求其奇偶性。

思路：

首先,求 $S(n,m)$ 的奇偶性实质就是求 $S(n,m)\%2$。

对于第二类斯特林数,首先有 $S[i][j]=S[i-1][j-1]+j*S[i-1][j]$。

那么,在模 2 的情况下,有

当 j 为偶数：$S[i][j] \equiv (S[i-1][j-1]\%2)$;

当 j 为奇数：$S[i][j] \equiv ((S[i-1][j-1]+S[i-1][j])\%2)$。

于是,倒过来,即有

当 j 为偶数时：$S[i][j]$ 会被加到 $S[i+1][j+1]$ 和 $S[i+1][j]$;

当 j 为奇数时：$S[i][j]$ 会被加到 $S[i+1][j+1]$。

于是,令 $a=n-m$,$b=(m+1)/2$,则答案就相当于把 a 个相同的球分成 b 组,每组个数可以为 0 的方案总数,即 $C(b-1,a+b-1)$。

然后利用 $C(n,m)$ 为奇数时有 $n\&m=n$ 的结论进行判断即可。

最后,注意特判。

参考程序：

```cpp
#include<iostream>
#include<cstdio>
#include<cstdlib>
#include<string>
#include<cstring>
#include<cmath>
#include<ctime>
#include<algorithm>
#include<utility>
#include<stack>
#include<queue>
#include<vector>
#include<set>
#include<map>
#define EPS 1e-9
#define PI acos(-1.0)
#define INF 0x3f3f3f3f
#define LL long long
const int MOD = 1E9+7;
```

```
const int N = 10000+5;
const int dx[] = {0,0,-1,1,-1,-1,1,1};
const int dy[] = {-1,1,0,0,-1,1,-1,1};
using namespace std;

int calc(int n,int m){
    return (m&n)==n;
}
int main(){
    int t;
    scanf("%d",&t);
    while(t--){
        int n,m;
        scanf("%d%d",&n,&m);
        if(n==0&&m==0)                  //特判
            printf("1\n");
        else if(n==0||m==0||n<m)        //特判
            printf("0\n");
        else{
            int a=n-m;
            int b=(m+1)/2;
            int res=calc(b-1,a+b-1);
            printf("%d\n",res);
        }
    }
    return 0;
}
```

11.8　母　函　数

　　某个序列的母函数是一种形式幂级数,其每一项的系数可以提供关于这个序列的信息。

　　给定数列$\{a_0,a_1,a_2,\cdots,a_n,\cdots\}$,构造一个函数 $F(x)=a_0f_0(x)+a_1f_1(x)+a_2f_2(x)+\cdots+a_nf_n(x)+\cdots$,通常称 $F(x)$ 为数列$\{a_0,a_1,a_2,\cdots,a_n,\cdots\}$的母函数,其中,序列 $f_0(x),f_1(x),\cdots,f_n(x),\cdots$只作为标志用,称为标志函数。

　　标志函数最重要的形式是 x^n,这种情况下的母函数的一般形式为 $F(x)=a_0+a_1x+a_2x^2+\cdots+a_nx^n+\cdots$。

　　例如:$(1+x)^n=1+C(n,1)x+C(n,2)x^2+\cdots+C(n,n)x^n$ 就是序列$\{C(n,0),C(n,1),C(n,2),\cdots,C(n,n)\}$的母函数。

　　也就是说,可以利用$(1+x)^n$讨论序列$\{C(n,k)\}$的性质,此外,还可以引入适当的函数简化问题,把复杂的问题变成形式上的初等代数运算。

　　母函数可以分成许多种,如普通母函数、指数母函数、L 级数、贝尔级数、狄利克雷级数等。

≣11.8.1　方形硬币(母函数)

　　问题描述:

方形硬币不仅形状是方形的,而且其价值也是方形的数字。有价值为 $289(=17^2)$ 以内的所有方形数字的硬币,即 1 分硬币、4 分硬币、9 分硬币……289 分硬币。

支付 10 分硬币有四种组合。

① 10 枚 1 分硬币。

② 1 枚 4 分硬币和 6 枚 1 分硬币。

③ 2 枚 4 分硬币和 2 枚 1 分硬币。

④ 1 枚 9 分硬币和 1 枚 1 分硬币。

计算使用方形硬币支付给定金额的方式数量。

输入:

输入由每行组成,每行包含一个整数,表示要支付的金额,后面一行包含一个零。可以假设所有金额都是正整数且小于 300。

输出:

对于每一个给定的金额,应该输出一行包含一个整数的硬币组合数量。在输出中不应该出现其他字符。

输入样例:

```
2
10
30
0
```

输出样例:

```
1
4
27
```

题意:有 17 种硬币类型,其值为 $1^2,2^2,3^2,4^2,\cdots,17^2$,现在输入一个数 n,问有多少种 n 的组合。

思路:普通母函数。

根据题意,首先可以得出 $k=17$,数组 $v[i]=i*i$,$n_1[i]=0$,$n_2[i]=$INF,因此,内循环的 $j\leqslant n_2[i]$ 可以省略。

此外,由题意知 $P=n$。

最后修改模板套用即可。

参考程序:

```
#include<iostream>
#include<cstdio>
#include<cstdlib>
#include<string>
#include<cstring>
#include<cmath>
#include<ctime>
#include<algorithm>
#include<utility>
#include<stack>
#include<queue>
```

```
#include<vector>
#include<set>
#include<map>
#define EPS 1e-9
#define PI acos(-1.0)
#define INF 0x3f3f3f3f
#define LL long long
const int MOD = 1E9+7;
const int N = 10000+5;
const int dx[] = {0,0,-1,1,-1,-1,1,1};
const int dy[] = {-1,1,0,0,-1,1,-1,1};
using namespace std;

int a[N];                                    //权重为 i 的组合数
int b[N];                                    //临时数组
int P;                                       //最大指数
int v[N],n1[N],n2[N];
void cal(int k){
    memset(a,0,sizeof(a));
    a[0]=1;
    for(int i=1;i<=k;i++){                    //循环每个因子
        memset(b,0,sizeof(b));
        for(int j=n1[i];j*v[i]<=P;j++)
                            //循环每个因子的每一项,n2 是无穷,去掉原有的 j<=n2[i]
            for(int k=0;k+j*v[i]<=P;k++)      //循环 a 的每个项
                b[k+j*v[i]]+=a[k];            //把结果加到对应位
        memcpy(a,b,sizeof(b));                //b 赋值给 a
    }
}
int main(){
    for(int i=1;i<=17;i++)
        v[i]=i*i;
    int n;
    while(scanf("%d",&n)!=EOF&&n){
        memset(n1,0,sizeof(n1));
        P=n;
        cal(17);
        printf("%d\n",a[P]);
    }
    return 0;
}
```

11.8.2　寻找拉希德

问题描述：

格兰蒂亚是西部一座盛产葡萄酒的小镇,拉希德是镇上一个臭名昭著的酒鬼,欠了很多人钱却不还,由于债主催债,他已经消失很久了,但最近有消息说他藏在镇子里一个酒窖里。拉希德躲在酒窖里实在是太无聊了,平时自己做一些数学题,他说如果有人能解决他的问题,他就出来。显然,拉希德对自己的题目很自信,但是,他的题目是什么呢?

给定一些中国硬币(三种——1角、2角、5角),它们的数量分别是 num_1、num_2、num_5,请输出不能用给定硬币支付的最小值。

输入:

输入包含多个测试用例。每个测试用例包含 3 个正整数 num_1、num_2 和 num_5(0≤num_i≤1000)。测试用例为 0 0 0 时终止输入,这个测试用例不被处理。

输出:

输出给定硬币不能支付的最小值,一行为一例。

输入样例:

```
1 1 3
0 0 0
```

输出样例:

```
4
```

题意:每组给出 1 角、2 角、5 角硬币的个数 num1、num2、num5,问最小的不能组成的钱数。

思路:普通母函数。

根据题意,只考虑 n_2 数组的影响即可。

首先 $k=3$,$v[0]=1$,$v[1]=2$,$v[2]=3$,$n_2[0]=\text{num1}$,$n_2[1]=\text{num2}$,$n_2[2]=\text{num5}$,$n_1[0]=n_1[1]=n_1[2]=0$。

其次 p 可忽略,那么 last2 改为 last2 = last + $n[i] * v[i]$。

由于要求最小的不能组成的钱数,那么在跑完模板后,枚举所有的幂次从 0 到 last,寻找 $a[i]=0$ 的序号 i 即可。

参考程序:

```cpp
#include<iostream>
#include<cstdio>
#include<cstdlib>
#include<string>
#include<cstring>
#include<cmath>
#include<ctime>
#include<algorithm>
#include<utility>
#include<stack>
#include<queue>
#include<vector>
#include<set>
#include<map>
#define EPS 1e-9
#define PI acos(-1.0)
#define INF 0x3f3f3f3f
#define LL long long
const int MOD = 1E9+7;
const int N = 10000+5;
const int dx[] = {0,0,-1,1,-1,-1,1,1};
```

```
const int dy[] = {-1,1,0,0,-1,1,-1,1};
using namespace std;

int a[N];                                           //权重为 i 的组合数
int b[N];                                           //临时数组
int v[N],n1[N],n2[N];
int main(){
    v[0]=1;
    v[1]=2;
    v[2]=5;
    while(scanf("%d%d%d",&n2[0],&n2[1],&n2[2])!=EOF&&(n2[0]+n2[1]+n2[2])){
        a[0]=1;
        memset(n1,0,sizeof(n1));
        int last=0;
        for(int i=0; i<3; i++) {
            int last2=min(last+n2[i] * v[i],P);         //计算下一次的 last
            int last2=last+n2[i] * v[i];
            memset(b,0,sizeof(int) * (last2+1));        //只清空 b[0..last2]
            for(int j=n1[i]; j<-n2[i]&&j * v[i]<=last2; j++) //last2
                for(int k=0; k<=last&&k+j * v[i]<=last2; k++)
                                                        //一个是 last,一个是 last2
                    b[k+j * v[i]]+=a[k];
            memcpy(a,b,sizeof(int) * (last2+1));        //b 赋值给 a,只赋值 0..last2
            last=last2;                                 //更新 last
        }

        int i;
        for(i=0;i<=last;i++)
            if(a[i]==0)
                break;
        printf("%d\n",i);
    }
    return 0;
}
```

11.8.3 排列组合

有 n 种物品,并且知道每种物品的数量。要求从中选出 m 件物品的排列数。例如,有两种物品 A 和 B,并且数量都是 1,从中选两件物品,则排列有 AB、BA 两种。

输入描述:

每组输入数据占两行,第一行是两个自然数 n 和 m $(1 \leqslant m, n \leqslant 10)$,表示物品数,第二行有 n 个数,分别表示这 n 件物品的数量。

输出描述:

对应每组数据,输出排列数(任何运算结果都不会超出 2^{31})。

输入样例:

```
2 2
1 1
```

输出样例：

2

思路：指数型母函数模板题。

参考程序：

```cpp
#include<iostream>
#include<cstdio>
#include<cstdlib>
#include<string>
#include<cstring>
#include<cmath>
#include<ctime>
#include<algorithm>
#include<utility>
#include<stack>
#include<queue>
#include<vector>
#include<set>
#include<map>
#define EPS 1e-9
#define PI acos(-1.0)
#define INF 0x3f3f3f3f
#define LL long long
const int MOD = 1E9+7;
const int N = 4000000+5;
const int dx[] = {0,0,-1,1,-1,-1,1,1};
const int dy[] = {-1,1,0,0,-1,1,-1,1};
using namespace std;

double num[15];                          //第i个物品有num[i]个
double a[15],b[15];
double fac(int n) {                      //求阶乘
    double ans=1.0;
    for(int i=1; i<=n; i++)
        ans*=i;
    return ans;
}
int main() {
    int n,m;
    while(scanf("%d%d",&n,&m)!=EOF) {
        for(int i=1; i<=n; i++)
            cin>>num[i];

        memset(a,0,sizeof(a));
        memset(b,0,sizeof(b));

        for(int i=0; i<=num[1]; i++)//a[0]=1.0;
            a[i]=1.0/fac(i);
```

```
        for(int i=2; i<=n; i++) {
            for(int j=0; j<=m; j++) {
                for(int k=0; k<=num[i]&&j+k<=m; k++) {
                    b[j+k]+=a[j]/fac(k);
                }
            }
            for(int j=0; j<=m; j++) {
                a[j]=b[j];
                b[j]=0;
            }
        }
        printf("%.0lf\n",a[m] * fac(m));
    }
    return 0;
}
```

第 **12** 章

计算几何基础

计算几何是计算机科学的一个重要分支,主要研究几何形体的数学描述和计算机描述,在现代工程和数学领域,以及计算机辅助设计、地理信息系统、图形学、机器人技术、超大规模集成电路设计和统计等诸多领域都有重要的用途。在 ACM 竞赛中,出题相对独立,曾出现过与图论、动态规划相结合的题,大多数计算几何问题用程序实现都比较复杂。常用算法包括经典的凸包求解、离散化及扫描线算法、旋转卡壳、半平面交等。本章将介绍一些计算几何常用的算法。

12.1 矢 量

12.1.1 矢量的概念

如果一条线段的端点是有次序之分的,我们就把该线段称为有向线段(directed segment)。若有向线段 P_1P_2 的起点 P_1 在坐标原点,则可以把它称为矢量(vector)P_2。

12.1.2 矢量加减法

设二维矢量 $P=(x_1,y_1)$,$Q=(x_2,y_2)$,则矢量加法定义为 $P+Q=(x_1+x_2,y_1+y_2)$,同样,矢量减法定义为 $P-Q=(x_1-x_2,y_1-y_2)$。显然,有性质 $P+Q=Q+P$,$P-Q=-(Q-P)$。

12.1.3 矢量叉积

计算矢量叉积是与直线和线段相关算法的核心部分。设矢量 $P=(x_1,y_1)$,$Q=(x_2,y_2)$,则矢量叉积定义为由 $(0,0)$、P_1、P_2 和 P_1+P_2 所组成的平行四边形的带符号的面积,即 $P\times Q=x_1*y_2-x_2*y_1$,其结果是一个标量。显然,有性质 $P\times Q=-(Q\times P)$ 和 $P\times(-Q)=-(P\times Q)$。一般地,在不加说明的情况下,本文下述算法中所有的点都看作矢量,两点的加减法就是矢量相加减,而两点的乘法则看作矢量叉积。

叉积的一个非常重要的性质是可以通过它的符号判断两矢量之间的顺、逆时针关系。

若 $P \times Q > 0$，则 P 在 Q 的顺时针方向。

若 $P \times Q < 0$，则 P 在 Q 的逆时针方向。

若 $P \times Q = 0$，则 P 与 Q 共线，但可能同向，也可能反向。

12.1.4　矢量叉积的应用

1. 折线段的拐向判断

折线段的拐向判断方法可以直接由矢量叉积的性质推出。对于有公共端点的线段 $P_0 P_1$ 和 $P_1 P_2$，通过计算 $(P_2 - P_0) \times (P_1 - P_0)$ 的符号便可以确定折线段的拐向。

若 $(P_2 - P_0) \times (P_1 - P_0) > 0$，则 $P_0 P_1$ 在 P_1 点拐向右侧后得到 $P_1 P_2$。

若 $(P_2 - P_0) \times (P_1 - P_0) < 0$，则 $P_0 P_1$ 在 P_1 点拐向左侧后得到 $P_1 P_2$。

若 $(P_2 - P_0) \times (P_1 - P_0) = 0$，则 P_0、P_1、P_2 三点共线。

具体情况可参考图 12-1～图 12-3。

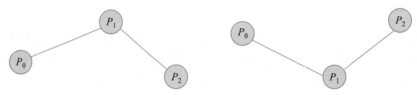

图 12-1　折线段的拐向判断(a)　　　图 12-2　折线段的拐向判断(b)

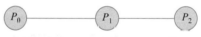

图 12-3　折线段的拐向判断(c)

2. 判断点是否在线段上

设点为 Q，线段为 $P_1 P_2$，判断点 Q 在该线段上的依据是：$(Q - P_1) \times (P_2 - P_1) = 0$ 且 Q 在以 P_1、P_2 为对角顶点的矩形内。前者保证 Q 点在直线 $P_1 P_2$ 上，后者保证 Q 点不在线段 $P_1 P_2$ 的延长线或反向延长线上，对这一步骤的判断，可以用以下过程实现。

```
ON-SEGMENT(pi,pj,pk)
  if (  min(xi,xj) <= xk <= max(xi,xj) and
          min(yi,yj) <= yk <= max(yi,yj)
   )
   return true;
  else
      return false;
```

特别要注意的是，由于需要考虑水平线段和垂直线段两种特殊情况，因此 $\min(x_i, x_j) \leqslant x_k \leqslant \max(x_i, x_j)$ 和 $\min(y_i, y_j) \leqslant y_k \leqslant \max(y_i, y_j)$ 两个条件必须同时满足才能返回真值。

3. 判断两线段是否相交

为了提高效率，下面分两步确定两条线段是否相交。

1）快速排斥试验

设以线段 $P_1 P_2$ 为对角线的矩形为 R，以线段 $Q_1 Q_2$ 为对角线的矩形为 T，如果 R 和 T 不相交，显然两线段不会相交。

2）跨立试验

如果两线段相交,则两线段必然相互跨立对方。若 P_1P_2 跨立 Q_1Q_2,则矢量 (P_1-Q_1) 和 (P_2-Q_1) 位于矢量 (Q_2-Q_1) 的两侧,即 $(P_1-Q_1)\times(Q_2-Q_1)*(P_2-Q_1)\times(Q_2-Q_1)<0$,也可改写成 $(P_1-Q_1)\times(Q_2-Q_1)*(Q_2-Q_1)\times(P_2-Q_1)>0$。当 $(P_1-Q_1)\times(Q_2-Q_1)=0$ 时,说明 (P_1-Q_1) 和 (Q_2-Q_1) 共线,但是因为已经通过快速排斥试验,所以 P_1 一定在线段 Q_1Q_2 上;同理,$(Q_2-Q_1)\times(P_2-Q_1)=0$ 说明 P_2 一定在线段 Q_1Q_2 上。所以,判断 P_1P_2 跨立 Q_1Q_2 的依据是:$(P_1-Q_1)\times(Q_2-Q_1)*(Q_2-Q_1)\times(P_2-Q_1)\geqslant0$。同理,判断 Q_1Q_2 跨立 P_1P_2 的依据是:$(Q_1-P_1)\times(P_2-P_1)*(P_2-P_1)\times(Q_2-P_1)\geqslant0$。

4．判断线段和直线是否相交

有了上面的基础,这个算法就很容易了。如果线段 P_1P_2 和直线 Q_1Q_2 相交,则 P_1P_2 跨立 Q_1Q_2,即 $(P_1-Q_1)\times(Q_2-Q_1)*(Q_2-Q_1)\times(P_2-Q_1)\geqslant0$。

12.2　包含关系

12.2.1　判断图形是否包含在矩形中

1．判断矩形是否包含点

只判断该点的横坐标和纵坐标是否夹在矩形的左右边和上下边之间即可。

2．判断线段、折线、多边形是否在矩形中

因为矩形是一个凸集,所以只判断所有端点是否都在矩形中就可以了。

3．判断矩形是否在矩形中

只要比较左右边界和上下边界就可以了。

4．判断圆是否在矩形中

很容易证明,圆在矩形中的充要条件是:圆心在矩形中且圆的半径小于或等于圆心到矩形四边的距离的最小值。

12.2.2　判断图形是否包含在多边形中

判断点 P 是否在多边形中是计算几何中一个非常基本但十分重要的算法。以点 P 为端点,向左方作射线 L,由于多边形是有界的,所以射线 L 的左端一定在多边形外,考虑沿着 L 从无穷远处开始自左向右移动,遇到和多边形的第一个交点的时候,进入多边形的内部,遇到第二个交点的时候,离开多边形……所以很容易看出,当 L 和多边形的交点数目 C 是奇数的时候,P 在多边形内;当是偶数时,P 在多边形外。

但是要考虑某些特殊情况,如图 12-4～图 12-7 所示。在图 12-4 中,L 和多边形的顶点相交,这时候交点只能计算一个;在图 12-5 中,L 和多边形顶点的交点不应被计算;在图 12-6 和图 12-7 中,L 和多边形的一条边重合,这条边应该忽略不计。

为了统一,在计算射线 L 和多边形的交点的时候,

（1）对多边形的水平边,不作考虑;

（2）对于多边形的顶点和 L 相交的情况,如果该顶点是其所属边上纵坐标较大的顶点,则计数,否则忽略;

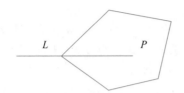

图 12-4 判断点是否在多边形中（a）

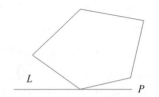

图 12-5 判断点是否在多边形中（b）

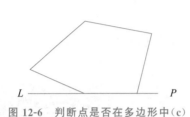

图 12-6 判断点是否在多边形中（c）

图 12-7 判断点是否在多边形中（d）

（3）对于 P 在多边形边上的情形，可直接判断 P 属于多边形，由此得出算法的伪代码如下。

```
count ← 0;
以 P 为端点，作从右向左的射线 L;
for 多边形的每条边 s
do if P 在边 s 上
then 返回 true;
if s 不是水平的
then if s 的一个端点在 L 上
if 该端点是 s 两端点中纵坐标较大的端点
then count ← count+1
else if s 和 L 相交
then count ← count+1;
if count mod 2 = 1
then 返回 true;
else 返回 false;
```

其中作射线 L 的方法是：设 P' 的纵坐标和 P 相同，横坐标为正无穷大（很大的一个正数），则 P 和 P' 就确定了射线 L。

判断点是否在多边形中的这个算法的时间复杂度为 $O(n)$。

另外，还有一种算法是用带符号的三角形面积之和与多边形面积进行比较，这种算法由于使用了浮点数运算，因此会有一定误差。

1. 判断线段是否在多边形内

线段在多边形内的一个必要条件是：线段的两个端点都在多边形内，但由于多边形可能为凹，所以这不能成为判断的充分条件。如果线段和多边形的某条边内交（两线段内交是指两线段相交且交点不在内线段的端点），因为多边形的边的左、右两侧分属多边形内外不同部分，所以线段一定有一部分在多边形外（见图 12-8）。于是我们得到线段在多边形内的第二个必要条件：线段和多边形的所有边都不内交。

线段和多边形交于线段的两端点并不会影响线段是否在多边形内；但是,如果多边形的某个顶点和线段相交,还必须判断两相邻交点之间的线段是否包含于多边形内部(反例见图 12-9)。

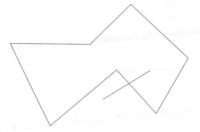

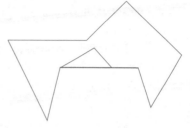

图 12-8　线段一定会有一部分在多边形外　　　图 12-9　线段是否包含于多边形内部

因此可以先求出所有和线段相交的多边形的顶点,然后按照 X-Y 坐标排序(X 坐标小的排在前面,对于 X 坐标相同的点,Y 坐标小的排在前面,这种排序准则也是为了保证水平和垂直情况的判断正确),这样相邻的两个点就是在线段上相邻的两个交点,如果任意相邻两点的中点也在多边形内,则该线段一定在多边形内。

证明如下。

命题 1:

如果线段和多边形的两相邻交点 P_1、P_2 的中点 P' 也在多边形内,则 P_1、P_2 之间的所有点都在多边形内。

证明:

假设 P_1、P_2 之间含有不在多边形内的点,不妨设该点为 Q,在 P_1、P' 之间,因为多边形是闭合曲线,所以其内外部之间有界,而 $P1$ 属于多边形内部,Q 属于多边形外部,P' 属于多边形内部,P_1-Q-P' 完全连续,所以 P_1Q 和 QP' 一定跨越多边形的边界,因此,在 P_1、P' 之间至少还有两个该线段和多边形的交点,这和 P_1、P_2 是相邻两交点矛盾,故命题成立。证毕。

由命题 1 可直接得出以下推论。

推论:

设多边形和线段 PQ 的交点依次为 $P_1,P_2,\cdots,P_2$,其中 P_i 和 P_{i+1} 是相邻两交点,线段 PQ 在多边形内的充要条件是:P、Q 在多边形内且对于 $i=1,2,\cdots,n-1$,P_i 和 P_{i+1} 的中点也在多边形内。

在实际编程中,没有必要计算所有交点,首先应判断线段和多边形的边是否内交,若线段和多边形的某条边内交,则线段一定在多边形外;若线段和多边形的每条边都不内交,则线段和多边形的交点一定是线段的端点或者多边形的顶点,只要判断点是否在线段上就可以了。

至此我们得出伪算法如下。

```
if 线段 PQ 的端点不都在多边形内
then 返回 false;
点集 pointSet 初始化为空;
for 多边形的每条边 s
```

```
do if 线段的某个端点在 s 上
then 将该端点加入 pointSet;
else if s 的某个端点在线段 PQ 上
then 将该端点加入 pointSet;
else if s 和线段 PQ 相交 //这时已经可以肯定是内交了
then 返回 false;
将 pointSet 中的点按照 X-Y 坐标排序;
for pointSet 中每两个相邻点 pointSet[ i ], pointSet[ i+1]
do if pointSet [ i ], pointSet[ i+1]的中点不在多边形中
then 返回 false;
返回 true;
```

这个过程中的排序因为交点数目肯定远小于多边形的顶点数目 n,所以最多是常数级的复杂度,几乎可以忽略不计。因此,算法的时间复杂度也是 $O(n)$。

2. 判断折线是否在多边形内

只要判断折线的每条线段是否都在多边形内即可。设折线有 m 条线段,多边形有 n 个顶点,则该算法的时间复杂度为 $O(m*n)$。

3. 判断多边形是否在多边形内

只要判断多边形的每条边是否都在多边形内即可。判断一个有 m 个顶点的多边形是否在一个有 n 个顶点的多边形内算法的时间复杂度为 $O(m*n)$。

4. 判断矩形是否在多边形内

将矩形转换为多边形,然后再判断是否在多边形内。

5. 判断圆是否在多边形内

只要计算圆心到多边形每条边的最短距离即可,如果该距离大于或等于圆半径,则该圆在多边形内。计算圆心到多边形每条边最短距离的算法在后文阐述。

12.2.3　判断图形是否包含在圆中

1. 判断点是否在圆内

计算圆心到该点的距离,如果小于或等于半径,则该点在圆内。

2. 判断线段、折线、矩形、多边形是否在圆内

因为圆是凸集,所以只要判断是否每个顶点都在圆内即可。

3. 判断圆是否在圆内

设两圆为 O_1、O_2,半径分别为 r_1、r_2,要判断 O_2 是否在 O_1 内,先比较 r_1、r_2 的大小,如果 $r_1 < r_2$,则 O_2 不可能在 O_1 内;否则,如果两圆心的距离大于 $r_1 - r_2$,则 O_2 不在 O_1 内,否则 O_2 在 O_1 内。

12.2.4　飞行员

问题描述:

在第二次世界大战中,一个飞行员由于飞机没油被强迫降落,飞机降落的地点固定在坐标系中的(0,0)点。但是,敌人在地面上修筑了一些多边形的包围区。如果飞行员降落在包围区外,他就是安全的。当飞行员降落在包围区内,他必须知道一种密码口令,才能通过包

围区。飞行员不可能降落在多边形的边上。这种密码是,给出两个不同的质数 p、q,密码就是不能用 $px+qy$ 形式表示的正整数的个数,其中 x、y 为大于或等于 0 的整数。比如,$p=3$,$q=5$,则有 4 个正整数 1、2、4、7 不能用其表示,因此密码口令为 4。

输入:

输入有多组测试数据,每组数据的第一行是一个数 n($3 \leqslant n \leqslant 16$),表示包围区的顶点的个数。当 $n=0$ 时表示输入结束。接下来有 n 行,每行有两个实数,用来表示顶点的坐标,顶点是按照顺时针或逆时针给出的。再接下来的一行是 p q。

输出:

首先输出测试数据的编号,第二行输出飞行员是否在包围区内,如果在包围区内,第三行输出密码口令。

输入样例:

```
4
-1.0 -1.0
2.0 -1.0
2.0 2.0
-1.0 2.0
3 5
5
-2.5 -2.5
10.5 -2.5
10.5 -1.5
-1.5 -1.5
-2.5 20.5
2 7
0
```

输出样例:

```
Pilot 1
The pilot is in danger!
The secret number is 4.
Pilot 2
The pilot is safe.
```

解题思路:

采用水平/垂直交义点数判别法确定点是否在多边形内时,如果 P 在多边形内部,那么这条射线与多边形的交点必为奇数;如果 P 在多边形外部,则交点个数必为偶数(0 也在内)。假如考虑边(P_1,P_2),如果射线正好穿过 P_1 或者 P_2,那么这个交点会被算作 2 次,这样就有如下一些特殊处理:

(1)(P_1 在射线上)P_0 和 P_2 在 L 的异侧算作交一次。

(2)(P_1 和 P_2 都在射线上)P_0 和 P_3 在射线的异侧算作交一次。

参考程序:

```
#include<stdio.h>
#include<stdlib.h>
#include<string.h>
```

```
#include<math.h>
#define MaxNode 51
#define INF 999999999
struct TPoint                                           //点
{
    double x;
    double y;
};
struct TSegment                                         //线
{
    TPoint p1;
    TPoint p2;
};
struct TPolygon                                         //多边形
{
    TPoint point[MaxNode];
    int n;
};
double multi(TPoint p1,TPoint p2,TPoint p0)
{
    //求矢量 P0 P1、P0 P2 的叉积
    return (P1.x-P0.x) * (P2.y-P0.y) - (P2.x-P0.x) * (P1.y-P0.y);
    //若结果等于 0,则这三点共线
    //若结果大于 0,则 P0 P2 在 P0 P1 的逆时针方向
    //若结果小于 0,则 P0 P2 在 P0 P1 的顺时针方向
}
double max(double x,double y)
{
    if(x>y) return x;
    else return y;
}
double min(double x,double y)
{
    if(x<y) return x;
    else return y;
}
bool Intersect(TSegment L1,TSegment L2)         //判断线段是否相交
{
    //若线段 L1 与 L2 相交而且不在端点上,则返回 true
    //判断线段是否相交
    //1.快速排斥试验,判断以两条线段为对角线的两个矩形是否相交
    //2.跨立试验
    TPoint s1=L1.p1;
    TPoint e1=L1.p2;
    TPoint s2=L2.p1;
    TPoint e2=L2.p2;
    if(
    (max(s1.x,e1.x)>min(s2.x,e2.x))&&
```

```
      (max(s2.x,e2.x)>min(s1.x,e1.x))&&
      (max(s1.y,e1.y)>min(s2.y,e2.y))&&
      (max(s2.y,e2.y)>min(s1.y,e1.y))&&
      (multi(s2,e1,s1) * multi(e1,e2,s1)>0)&&
      (multi(s1,e2,s2) * multi(e2,e1,s2)>0)
      ) return true;
      return false;
}
bool Online(TSegment L,TPoint p)                    //判断点 P 是否在直线上
{
      //若 p 在 L 上(不在端点),则返回 true
      //1.p 在 L 所在的直线上
      //2.p 在以 L 为对角线的矩形中
      double dx,dy,dx1,dy1;
      dx=L.p2.x-L.p1.x;
      dy=L.p2.y-L.p1.y;
      dx1=p.x-L.p1.x;
      dy1=p.y-L.p1.y;
      if(dx * dy1-dy * dx1!=0) return false;        //若不返回,则说明 p 在直线上
      if(dx1 * (dx1-dx)<0||dy1 * (dy1-dy)<0) return true;
                                                    //进一步确定 p 在射线上
      return false;
}
bool same(TSegment L,TPoint p1,TPoint p2)           //判断 p1、p2 是否在 L 的同侧,若在同侧,
                                                    //则返回 true
{
      if(multi(p1,L.p2,L.p1) * multi(L.p2,p2,L.p1)< 0) return true;
      return false;
}
bool Inside(TPoint q,TPolygon polygon)              //判断 q 点是否在多边形内
{
      int c,i;
      /*
      相交一次的情况有
      1.线段 P₀ P₁ 和 L 相交且交点不为端点
      2.(P₁ 在射线上) P₀ 和 P₂ 在 L 的异侧算作交一次
      3.(P₁ 和 P₂ 都在射线上) P₀ 和 P₃ 在射线的异侧算作交一次
      */
      TSegment L1,L2;
      c=0;
      L1.p1=q;
      L1.p2=q;
      L1.p2.x=INF;
      for(i=0;i<polygon.n;i++)
      {
          L2.p1=polygon.point[i];
          L2.p2=polygon.point[(i+1)%polygon.n];
          //if(Online(L2,q))       //提前判断点是否在多边形的边上,因为本题有,所以不需要
          //   return true;
```

```
        if(Intersect(L1,L2))                    //L1 和 L2 相交且不在端点上
        {
            c++;
            continue;
        }
        if(!Online(L1,polygon.point[(i+1)%polygon.n]))
            continue;
        if(!Online(L1,polygon.point[(i+2)%polygon.n]))
        //p[i+1]在直线上,p[i]和 p[i+2]在 L 的异侧
        &&!same(L1,polygon.point[i],polygon.point[(i+2)%polygon.n]))
        {
            c++;
            continue;
        }
        if(Online(L1,polygon.point[(i+2)%polygon.n])
        //p[i+1]和 p[i+2]都在直线上,p[i]和 p[i+3]在 L 的异侧
        &&!same(L1,polygon.point[i],polygon.point[(i+3)%polygon.n]))
            c++;
    }
    if(c%2==0)
        return false;
    else return true;
}
int main()
{
    int i, test, k;
    int primp, primq;
    TPoint p;
    p.x = 0;                                     //构造待测点
    p.y = 0;
    test = 1;
    TPolygon polygon;
    while(scanf("%d",&polygon.n)!=EOF)
    {
        if(polygon.n==0)
            break;
        for(i=0;i<polygon.n;i++)
            scanf("%lf%lf",&polygon.point[i].x,&polygon.point[i].y);
        scanf("%d%d",&primp,&primq);
        printf("Pilot %d\n",test);
        test++;
        if(Inside(p,polygon))                    //当(0,0)点在多边形内
        {
            printf("The pilot is in danger!\n");
            k=(primp-1) * (primq-1)/2;
            //不能用 xp+yq 表示的整数个数,找规律可得
            printf("The secret number is %d.\n",k);
        }
        else printf("The pilot is safe.\n");
        printf("\n");
```

```
    }
    return 0;
}
```

12.3 凸 包

12.3.1 凸包的概念

点集 Q 的凸包(convex hull)是指一个最小凸多边形,满足 Q 中的点或者在多边形边上,或者在其内。图 12-10 中由线段表示的多边形就是点集 $Q=$ $\{P_0,P_1,P_2,P_3,P_4,P_5,P_6\}$ 的凸包。

12.3.2 凸包的求法

现在已经证明了凸包算法的时间复杂度下界是 $O(n*\log n)$,但是当凸包的顶点数 h 也被考虑进去,Krikpatrick 和 Seidel 的剪枝搜索算法可以达到 $O(n*\log h)$,在渐进意义下达到最优。最常用的凸包算法是 Graham 扫描法和 Jarvis 步进法。Graham 算法是在某种意义上求解二维静态凸包的一种最优的算法,这种算法目前广泛应用于对各种以二维静态凸包为基础的 ACM 题目的求解。Graham 算法的时间复杂度大约是 $n\log n$,因此,在求解二维平面上多个点构成的凸包时,消耗时间相对较少。

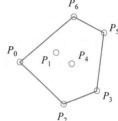

图 12-10　点集的凸包

本章只简单介绍 Graham 扫描法。

对于一个有 $m(m \geqslant 3)$ 个点的点集 Q,Graham 扫描法的过程如下。

选取 Q 中 Y 坐标最小的点当作基点。如果存在多个点的 Y 坐标相同,且都为最小值,则选取 X 坐标最小的点当作基点。基点设为 P_0。

设 $<P_1,P_2,\cdots,P_m>$ 为对其余点按以 P_0 为中心的极角逆时针排序所得的点集(如果有多个点有相同的极角,除距 P_0 最远的点外,全部移除,P_m 和 P_0 重合。

```
压 P0 进栈 S
压 P1 进栈 S
压 P2 进栈 S
for i ← 3 to m
{
while (由 S 的次顶元素、S 的栈顶元素以及 Pi 构成的折线段不是逆时针方向)
{
对 S 弹栈
}
压 Pi 进栈 S
}
return S;
```

此过程执行后,栈 S 由底至顶的元素就是 Q 的凸包顶点按逆时针排列的点序列。需要注意的是,对点按极角逆时针排序时,并不需要真正求出极角,只求出任意两点的次序就可以了。这个步骤可以用前述的矢量叉积性质实现。

举例说明：求点集 $Q = \{P_0, P_1, P_2, P_3, P_4, P_5, P_6\}$ 的凸包，如图 12-11 所示。

找到坐标序最小点 P_0，将 P_1、P_2、P_3、P_4、P_5、P_6 按极角排序，如图 12-12 所示。

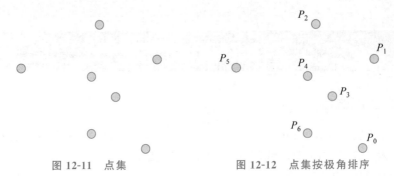

图 12-11　点集　　　　　　　　　　图 12-12　点集按极角排序

将 P_0、P_1、P_2 入栈，如图 12-13 所示。

折线段 $P_1P_2P_3$ 左拐，故 P_3 入栈，如图 12-14 所示。

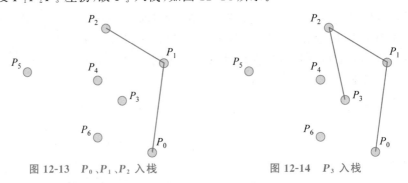

图 12-13　P_0、P_1、P_2 入栈　　　　　　　图 12-14　P_3 入栈

折线段 $P_2P_3P_4$ 右拐，故 P_3 弹栈，如图 12-15 所示。

折线段 $P_1P_2P_4$ 左拐，P_4 入栈，如图 12-16 所示。

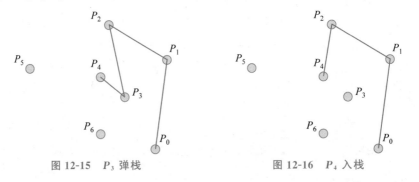

图 12-15　P_3 弹栈　　　　　　　　图 12-16　P_4 入栈

折线段 $P_2P_4P_5$ 右拐，故 P_4 弹栈，如图 12-17 所示。

折线段 $P_1P_2P_5$ 左拐，P_5 入栈，如图 12-18 所示。

折线段 $P_2P_5P_6$ 左拐，P_6 入栈，如图 12-19 所示。

折线段 $P_5P_6P_7(P_0)$ 左拐，P_7 入栈，如图 12-20 所示。

至此求得 Q 的凸包。

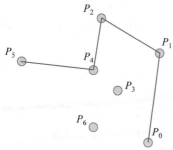

图 12-17 P_4 弹栈

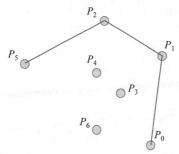

图 12-18 P_5 入栈

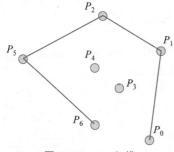

图 12-19 P_6 入栈

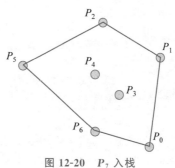

图 12-20 P_7 入栈

12.3.3 捕野猪

问题描述:

由于马克的家在未开发的原始森林,因此野生动物很多。春节前,马克和村民商谈决定大家一起捕野猪,将其作为年猪。捕野猪的方法很简单:去捕野猪的人一人站一个地方。他们抓住同一根绳子,将一大片森林围起来。只要野猪在里面,就跑不掉。(围成的多边形是简单多边形)

输入:

先输入一个正整数 t,表示有 t 组数据。然后输入一个正整数 n,表示有 n 个人。接下来 n 行每行有两个整数,表示一个人的位置(顺序是沿着绳子向一个方向输入)。最后一行有两个整数,表示野猪的位置。

输出:

输出是否野猪被捕。若是,则输出 yes,否则输出 no。

输入样例:

```
1
3
0 0
2 0
0 2
1 1
```

输出样例:

```
yes
```

解题思路：

根据给定的点构造一个最小凸边形，然后判断野猪的位置与凸包的关系，确定是在凸包内，还是在凸包外。

判断点是不是在凸包中，以点 P 为端点，向右边做一条射线，由于多边形是有界的，所以设 L 一定与多边形相交，当交点数为基数时，P 点在多边形内，否则 P 点在多边形外。其中特殊情况为：L 与多边形的顶点相交，当顶点的两相邻边在射线的同侧时，该顶点不算，否则算一个；当射线与一条边重合时，这条边不算，进行逐条线段的扫描。

参考程序：

```c
#include<stdio.h>
#include<string.h>
struct POINT {
    int x, y;
} pnts[101];
static int count_cross(const POINT& p0, const POINT& p1, const POINT& p2)
//判断线段 p1p2 与从 p0 横着向右画出的一条射线的交点个数
{
    //同侧的两种情况
    if (p1.y > p0.y && p2.y > p0.y) return 0;
    if (p1.y < p0.y && p2.y < p0.y) return 0;
    //正好通过
    if (p1.y == p0.y && p2.y == p0.y) return 0;
    //通过其中一点
    if (p1.y == p0.y)
        if (p1.x > p0.x && p2.y < p0.y)
            return 1;
        else
            return 0;
    else if (p2.y == p0.y)
        if (p2.x > p0.x && p1.y < p0.y)
            return 1;
        else
            return 0;
    //p1 和 p2 在 p0 的同侧
    if (p1.x <= p0.x && p2.x <= p0.x)
        return 0;
    if (p1.x > p0.x && p2.x > p0.x)
        return 1;
    //需要求交点的情况
    if (p2.y > p1.y)
        if ((p2.x - p1.x) * (p0.y - p1.y) > (p0.x - p1.x) * (p2.y - p1.y))
            return 1;
        else
            return 0;
    else
        if ((p2.x - p1.x) * (p0.y - p1.y) < (p0.x - p1.x) * (p2.y - p1.y))
            return 1;
        else
```

```
                return 0;

}
main() {
    int cas, i, n, s;
    scanf("%d", &cas);
    while (cas-- && scanf("%d", &n)) {
        s = 0;
        POINT p0;
        for (i = 0; i < n; i++)
            scanf("%d %d", &pnts[i].x, &pnts[i].y);
        scanf("%d %d", &p0.x, &p0.y);
        for (i = 0; i < n; i++)
            s += count_cross(p0, pnts[i], pnts[(i + 1) % n]);
        if (s % 2 == 1)
            printf("yes\n");
        else
            printf("no\n");
    }
    return 0;
}
```

第13章

博弈论

博弈论是二人或多人在平等的对局中各自利用对方的策略变换自己的对抗策略,达到取胜目标的理论。博弈论是研究互动决策的理论。博弈可以分析自己与对手的利弊关系,从而确立自己在博弈中的优势,因此有不少博弈理论,可以帮助对弈者分析局势,从而采取相应策略,最终达到取胜的目的。

13.1 博弈论的基本构成要素

(1) 参与者,参与博弈的利益主体叫作参与者(玩家,局中人)。在二人博弈中,有两个参与者;在三人博弈中,有三个参与者;在多人博弈中,有多个参与者;

(2) 策略,在给定条件博弈中,参与者完整的一套行动计划叫作策略;

(3) 收益,支付(pay-off):博弈结束时各方得到的收益,参与博弈的多个参与者的收益可以用一个矩阵或框图表示,这样的矩阵或框图叫作收益矩阵,见表 13-1。

表 13-1 收益矩阵

		对 手	
		X	Y
我	X	0,0	3,-1
	Y	-1,3	1,1

(4) 信息,是指参与人在作出决策前所了解的关于得失函数或支付函数的所有知识,包括其他参与人的策略选择给自己带来的收益或损失,以及自己的策略选择给自己带来的收益或损失;

(5) 均衡,当博弈的所有参与者都不想改换策略时所达到的稳定状态叫作均衡,均衡的结果叫作博弈的解。

13.1.1 零和博弈

零和博弈即“快乐必须建立在别人的痛苦之上”,意思是博弈中甲方的收益必然是乙方的损失,即各博弈方得益之和为零。非零和博弈即博弈中各方的收益或损失的总和不是零值。零和博弈是利益对抗程度最高的博弈。

13.1.2 严格优势策略

严格优势策略(strictly dominated strategy)也叫"占优策略":无论对方作何选择,这一策略都严格优于其他策略。如表13-1,无论对手选择 X 还是 Y,我方选择 X 的收益都比选择 Y 的收益高($0>-1,3>1$),那么 X 就是我的严格优势策略,同理,若 X 是对手的严格优势策略,则这个博弈的解为(X,X)。

13.1.3 囚徒困境

两个罪犯被审问时有招供和不招供两种选择,如果对方不招供而自己招供,自己就会得到宽大处理,其收益矩阵如表13-2所示。

表13-2 罪犯收益矩阵

		乙	
		招	不招
甲	招	-8,-8	0,-10
	不招	-10,0	-1,-1

可见,对于甲、乙两个囚徒来说,"招"都是各自的严格优势策略,博弈的解是(招,招),所以虽然看起来两者都不招可以两全其美,但是两个理性的囚徒都会选择招,导致两败俱伤。

13.1.4 智猪博弈

猪圈中有一头大猪和一头小猪,猪圈的一端有一个踏板,每踩一下,位于猪圈另一端的食槽中就会有10单位的猪食进槽,但每踩一下踏板会耗去相当于2单位猪食的成本。如果大猪踩踏板,则大猪会吃到6单位食物,小猪会吃到4单位食物,除去大猪消耗掉的2单位食物,两猪收益4∶4;如果两猪一起踩踏板,则大猪吃7单位食物,小猪吃3单位食物,除去消耗,两猪收益5∶1;如果小猪踩踏板,大猪吃9单位食物,而小猪吃1单位食物,除去小猪的消耗,两猪收益9∶-1;如果都不动,两头猪的收益自然都是0。每只猪都可以选择"踩"或者"不踩"踏板,其收益矩阵如表13-3所示。

表13-3 大、小猪收益矩阵

		小猪	
		踩	不踩
大猪	踩	5,1	4,4
	不踩	9,-1	0,0

经过分析,小猪有严格优势策略"不踩"($1<4,-1<0$),没有严格优势策略的大猪在已知这点后,会选择"踩"($4>0$),该博弈的解为(踩,不踩)。"智猪博弈"告诉我们,谁先踩踏板,就会造福其他人,但多劳不一定多得。破解智猪博弈的方法之一是:缩短食槽到猪的距

离，也就是减少踩踏板的成本，这样小猪不至于由于成本太高而收入太少选择不踩踏板，大猪、小猪都会争着踩踏板，这是一个最好的方案，成本不高，但收获最大。

13.1.5　纳什均衡

在给定其他参与者策略情况下，没有一个参与者能通过单方面改变自己的策略而使自己的收益提高，从而没有人有积极性打破这种均衡。纳什均衡（Nash equilibrium）是满足给定对手的行为，各博弈方所做的是他能做的最好的行为。

13.2　最小最大问题

最小最大问题（minimax）：用于确定计算机玩家在诸如井字游戏、跳棋、奥赛罗和国际象棋中的哪一步。这类游戏被称为完美信息游戏，因为它可以看到所有可能的动作。拼字游戏并不是一个完美信息的游戏，因为你看不到对手的手，所以无法预测对手的动作。

可以把这个算法想象成人类的思维过程：如果我做这个动作，那么我的对手只能做两个动作，每个动作都会让我赢。所以这是正确的选择。

用博弈树数据结构表示井字游戏如图 13-1 所示。

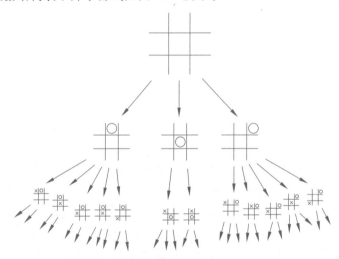

图 13-1　用博弈树数据结构表示井字游戏

如果你认为所谓最小最大就是穷举过程中找到的最差走法和最佳走法那就错了，既然是对立的概念，当然是两个对象，这里的最小最大是当前轮到 AI 走了，AI 进行穷举并选择一条对于 AI 来说最佳而对于人来说最差的走法，但是再考虑一下，机器也是有限的，对于象棋这样棋盘较大的游戏，穷举完博弈树在当前科技下不可能，因此我们的最小最大算法需要一个深度，即向前走几步，计算机就能在这个指定的比较小的整数下完成对博弈树的穷举。

当遍历若干树枝后不可能就结束了，如果在游戏没有结束的情况下我们还需要一个评价启发函数，这个函数用于判断当前策略的价值，如果使用某走法能赢，就返回一个大的正数；如果这种走法会输，就返回一个大的负值；如果走法会产生和局，就返回一个 0 左右的数；如果由于当前博弈树深度没办法判断局面，那么评价函数就会返回一个启发值。

参考程序：

```
#include<cstdio>
int MaxMin(int depth,int player_mode)
{
  int best = INFINITY(player_mode);
  //player_mode 是参照物,如果当前落子是人,则返回一个很小的值,反之返回一个很大的值
  if (depth <= 0)                        //当前以局面为博弈树的根
  {
    return Evaluate();                   //估值函数
  }
  GenerateLegalMoves();                  //生成当前所有走法
  while (MovesLeft())                    //遍历每一个走法
  {
    MakeNextMove();                      //实施走法
    val = -MaxMin(depth - 1);            //换位思考
    UnmakeMove();                        //撤销走法
    if (val > best)
      {
      best = val;
      }
  }
  return best;
}
```

13.3 尼姆博弈

尼姆博弈(Nimm game)：有任意堆物品,每堆物品的个数是任意的,双方轮流从中取物品,每次只能从一堆物品中取部分或全部物品,最少取一件,取到最后一件物品的人获胜。

它与二进制有密切关系,我们用(a,b,c)表示某种局势,首先$(0,0,0)$显然是奇异局势,无论谁面对奇异局势,都必然失败。第二种奇异局势是$(0,n,n)$,只要与对手拿走一样多的物品,最后都将导致$(0,0,0)$。仔细分析一下,$(1,2,3)$也是奇异局势,无论对手如何拿,接下来都可以变为$(0,n,n)$的情形。

计算机算法里有一种叫作按位模 2 加,也叫作异或的运算,我们用符号$(+)$表示这种运算。这种运算和一般加法不同的是$1+1=0$。先看$(1,2,3)$的按位模 2 加的结果：

1 = 二进制 01

2 = 二进制 10

3 = 二进制 11（＋）

0 = 二进制 00（注意不进位）

对于奇异局势$(0,n,n)$也一样,结果也是 0。

任何奇异局势(a,b,c)都有 $a(+)b(+)c = 0$。

如果我们面对的是一个非奇异局势(a,b,c),如何将其变为奇异局势呢？假设$a<b<c$,只要将 c 变为 $a(+)b$ 即可,因为有如下的运算结果：$a(+)b(+)(a(+)b) = (a(+)a)$

$(+)(b(+)b)=0(+)0=0$。要将 c 变为 $a(+)b$，只要从 c 中减去 $c-(a(+)b)$ 即可。

例 1：$(14,21,39)$，$14(+)21=27$，$39-27=12$，所以从 39 中拿走 12 个物体即可达到奇异局势 $(14,21,27)$。

例 2：$(55,81,121)$，$55(+)81=102$，$121-102=19$，所以从 121 中拿走 19 个物品就形成了奇异局势 $(55,81,102)$。

例 3：$(29,45,58)$，$29(+)45=48$，$58-48=10$，从 58 中拿走 10 个，变为 $(29,45,48)$。

下面是一道简单的尼姆博弈题目。

只要运用上面的知识即可解决问题（具体细节见代码）。

```cpp
//运用了性质:a²=0
#include<cstdio>
#include<algorithm>
using namespace std;
#define N 100+10
int main()
{
    freopen("game.in","r",stdin); freopen("game.out","w",stdout);
    int heapnum,heap[N];
    while(scanf("%d",&heapnum)!=EOF && heapnum)
    {
        int sum=0,ans=0;
        for(int i=1;i<=heapnum;i++)
        {
            scanf("%d",&heap[i]); sum^=heap[i];
        }
        for(int i=1;i<=heapnum;i++)
        {
            if(heap[i]>(sum^heap[i])) ans++;   //大于号的优先级要高于异或运算
        }
        printf("%d/n",ans);
    }
    return 0;
}
```

SG 值：一个点的 SG 值就是一个不等于它的后继点的 SG，且大于或等于零的最小整数。

也就是在步骤允许的情况下，与前面一个必败点的差（也就是说这个差是规定的、能走的其中一个步数）。

后继点：也就是按照题目要求的走法走一步到达的那个点。

例题：

大学英语四级考试前，你是不是在紧张地复习？也许紧张得连该学期的 ACM 都没工夫练习了，反正我知道的琪琪和萌萌都是如此。当然，琪琪和萌萌也会让自己放松，所谓"张弛有道"就是这个意思。这不，琪琪和萌萌每天晚上休息之前都要玩一会儿扑克牌以放松神经。

作为计算机学院的学生,琪琪和萌萌打牌的时候可没忘记专业,他们打牌的规则是这样的:

(1) 总共 N 张牌;

(2) 双方轮流抓牌;

(3) 每人每次抓牌的个数只能是 2 的幂次(即 1,2,4,8,16…);

(4) 抓完牌,胜负结果也出来了:最后抓完牌的人为胜者;

假设每次都是琪琪先抓牌,请问谁能赢?

当然,打牌无论谁赢问题都不大,重要的是在英语四级考试前能有好的状态。

题解:

枚举牌数为 2~10 的 SG 值:$SG(x)=mex\{SG(x-S[i])\}$。

x: 2 3 4 5 6 7 8 9 10

SG 值:2 0 1 2 0 1 2 0 1

具体代码如下:(当然,这道题用 P/N 分析要简单得多,这里仅理解 SG 值)

```cpp
#include<cstdio>
#include<algorithm>
using namespace std;
#define N 1000+10
int arr[11],sg[N];
int pre()                          //把1000以内的所有可能一次拿的牌都算出来
{
    arr[0]=1;
    for(int i=1;i<=10;i++) arr[i]=arr[i-1]*2;
    return 0;
}

int mex(int x)                     //这是求解该点的SG值的算法函数(采用记忆化搜索)
{
    if(sg[x]!=-1) return sg[x];
    bool vis[N];
    memset(vis,false,sizeof(vis));
    for(int i=0;i<10;i++)
    {
        int temp=x-arr[i];
        if(temp<0) break;
        sg[temp]=mex(temp);
        vis[sg[temp]]=true;
    }
    for(int i=0;;i++)
    {
        if(!vis[i])
        {
            sg[x]=i; break;
        }
    }
    return sg[x];
```

```
    }

int main()
{
    freopen("game.in","r",stdin); freopen("game.out","w",stdout);
    int num;
    pre();
    while(scanf("%d",&num)!=EOF)
    {
        memset(sg,-1,sizeof(sg));
        if(mex(num)) printf("Kiki/n");
        else printf("Cici/n");
    }
    return 0;
}
```

13.4　巴什博弈

　　A 和 B 一块报数,每人每次最少报 1 个,最多报 4 个,看谁先报到 30。这应该是最古老的关于巴什博弈(Bash game)的游戏了。

　　其实如果知道原理,这个游戏一点运气成分都没有,只和先手、后手有关,比如第一次报数,A 报 k 个数,那么 B 报 5-k 个数,那么 B 报数之后问题就变为,A 和 B 一起报数,看谁先报到 25 了,进而变为 20,15,10,5,当到 5 的时候,不管 A 怎么报数,最后一个数肯定是 B 报的,可以看出,作为后手的 B 在个游戏中是不会输的。

　　那么如果要报 n 个数,每次最少报 1 个,最多报 m 个,我们可以找到这么一个整数 k 和 r,使 $n=k*(m+1)+r$,代入上面的例子可以知道,如果 $r=0$,那么先手必败;否则先手必胜。

　　巴什博弈:有 n 个物品,两个人轮流从中取物,规定每次最少取 1 个,最多取 m 个,最后取光者为胜。

　　参考程序:

```
#include <iostream>
using namespace std;
int main()
{
    int n,m;
    while(cin>>n>>m)
        if(n%(m+1)==0)  cout<<"后手必胜"<<endl;
        else cout<<"先手必胜"<<endl;
    return 0;
}
```

　　例题如下。

　　题目大意:小唐和小红轮流写数字,小唐先写,每次写的数 x 满足 $1\leqslant x\leqslant k$,小红每次写的数 y 满足 $1\leqslant y-x\leqslant k$,谁先写到不小于 n 的数算输。

　　结论:$r=(n-1)\%(k+1)$,$r=0$ 时小红胜,否则小唐胜。

详解：

巴什博弈：同余理论。

从 n 个物品中两人轮流取，每次取 $1\sim m$ 个，最后取完者为胜。

比如 10 个物品，每次只能取 $1\sim 5$ 个，则先手方必赢。

（1）面对 $[1\cdots m]$ 个局面，必胜。

（2）面对 $m+1$ 个局面，必输。

（3）如果可以使对手面临必输局面，那么是必赢局面。

（4）如果不能使对手面临必输局面，那么是必输局面。

基础：$1,2,\cdots,m$ 是必赢局面，$m+1$ 是必输局面。

递推：$m+2,m+3,\cdots,2m+1$ 是必赢局面，$2m+2$ 是必输局面。

$k(m+1)$ 是必输局面，应该允许 $k=0$，因为 0 显然也是必输局面。

在必输局和必赢局中，赢的一方的策略是：拿掉部分物品，使对方面临 $k(m+1)$ 的局面。

例如，上例中 10 个物品，只能拿 $1\sim 5$ 个，先手方拿 4 个即可，对手无论拿多少个，你下次总能拿完。

从另一个角度思考这个问题，如果物品数量随机，那么先手方胜利的概率是 $m/(m+1)$，后手方胜利的概率是 $1/(m+1)$。

13.5 斐波那契博弈

两人轮流从一堆物品中取物品，先手最少取一个，至多无上限，但不能把物品取完，之后每次取的物品数不能超过上次取的物品数的二倍且至少为一件，取走最后一件物品的人获胜。

结论：先手胜当且仅当 n 不是斐波那契数（n 为物品总数）。

```cpp
# include <iostream>
#include <string.h>
#include <stdio.h>
using namespace std;
const int N = 55;
int f[N];
void Init()
{
    f[0] = f[1] = 1;
    for(int i=2;i<N;i++)
        f[i] = f[i-1] + f[i-2];
}
int main()
{
    Init();
    int n;
    while(cin>>n)
    {
```

```
            if(n == 0) break;
            bool flag = 0;
            for(int i=0;i<N;i++)
            {
                if(f[i] == n)
                {
                    flag = 1;
                    break;
                }
            }
            if(flag) puts("Second win");
            else     puts("First win");
        }
    return 0;
}
```

参 考 文 献

［1］ Aditya Bhargava. 算法图解［M］. 北京：人民邮电出版社，2017.

［2］ 陈小玉. 趣学算法［M］. 北京：人民邮电出版社，2022.

［3］ 刘汝佳. 算法竞赛入门经典［M］. 2 版. 北京：清华大学出版社，2014.

［4］ Thomas H.Cormen，Charles E.Leiserson，Ronald L.Rivest，Clifford Stein .算法导论［M］. 北京：机械工业出版社，2012.

［5］ 罗勇军，郭卫斌. 算法竞赛［M］. 北京：清华大学出版社，2022.

［6］ Jon Bentley. 编程珠玑［M］. 北京：人民邮电出版社，2019.

［7］ 刘汝佳，黄亮. 算法艺术与信息学竞赛［M］. 北京：清华大学出版社，2004.

［8］ 啊哈磊. 啊哈！算法［M］. 北京：人民邮电出版社，2014.

［9］ 张新华. 编程竞赛宝典［M］. 北京：人民邮电出版社，2021.

［10］ 周娟，杨书新，卢家兴. 程序设计竞赛入门［M］. 北京：中国水利水电出版社，2021.

［11］ 邱秋. 程序设计竞赛训练营：基础与数学概念［M］. 北京：人民邮电出版社，2022.

图书资源支持

感谢您一直以来对清华版图书的支持和爱护。为了配合本书的使用，本书提供配套的资源，有需求的读者请扫描下方的"书圈"微信公众号二维码，在图书专区下载，也可以拨打电话或发送电子邮件咨询。

如果您在使用本书的过程中遇到了什么问题，或者有相关图书出版计划，也请您发邮件告诉我们，以便我们更好地为您服务。

我们的联系方式：

地　　址：北京市海淀区双清路学研大厦 A 座 714

邮　　编：100084

电　　话：010-83470236　010-83470237

客服邮箱：2301891038@qq.com

QQ：2301891038（请写明您的单位和姓名）

资源下载：关注公众号"书圈"下载配套资源。

资源下载、样书申请

书圈

图书案例

清华计算机学堂

观看课程直播